"十四五"职业教育国家规划教材

全国优秀教材二等奖

"十三五"职业教育国家规划教材
"十二五"职业教育国家规划教材
高等职业教育农业农村部"十三五"规划教材

动物解剖生理 第三版

DONGWU JIEPOU SHENGLI

周其虎　主编

中国农业出版社
北　京

内容简介

本教材是畜牧兽医、动物防疫与检疫等专业的一门重要专业基础课教材。编写过程中始终遵循职业教育"以能力为本位,以岗位为目标"的原则,淡化学科体系,重视能力培养。

全书除绪论外,共分为7个项目,即动物体的基本结构、牛(羊)解剖生理、猪解剖生理特征、马解剖生理特征、家禽解剖生理特征、经济动物解剖生理特征、综合实训与生理实验。

本教材在介绍畜禽体基本结构的基础上,着重介绍牛(羊)各个系统的解剖构造和生理机能,而对猪、马、禽和经济动物,则只介绍其特征。本教材注重能力培养,把实验实习和技能训练作为教学内容的重要组成部分;在重要的知识点后添加了知识链接,注重学生的知识拓展;在文中重要知识点和较难于理解的地方配备了数字资源(视频、动画等),方便教师教学和学生自学。通过本教材的学习,学生将获得基层畜禽疫病防治人员、防疫检疫人员、养殖场饲养管理人员应具备的解剖生理方面的基本知识和基本技能,同时也为继续学习其他专业课打下坚实的基础。本教材亦可作为基层畜牧兽医工作人员的自学教材和参考书。

第三版编审人员

主　　编　周其虎
副 主 编　白彩霞　李庆梅
编　　者（以姓氏笔画为序）
　　　　　　田立余　白彩霞　巩新民　李庆梅
　　　　　　张　磊　张步彩　周其虎　郑美英
　　　　　　姜建波　覃建基
审　　稿　王树迎　张进林

数字资源制作团队成员

　　　　　　盖晋宏　李庆梅　祁根兄　纪丽丽
　　　　　　黄　忍　许　楠　解红梅　辛萍萍

第一版编审人员

主　　编　周其虎

副 主 编　张书杰　丁玉玲

参　　编　黄　辉　郑美英　王传锋

审　　稿　王树迎　盖晋宏

第二版编审人员

主　　编　周其虎

副 主 编　白彩霞　尹洛蓉

编　　者（以姓名笔画为序）

　　　　　尹洛蓉　白彩霞　宋臣锋　张步彩

　　　　　张　磊　周其虎　郑美英　姜建波

　　　　　覃建基

主　　审　王树迎

行业指导　张进林

第三版前言

动物解剖生理是高等农业职业院校畜牧业类专业的一门专业基础课。它的任务是：使学生具备动物疾病防治人员、检疫检验人员和饲养管理人员所必需的动物解剖生理的基本知识和基本技能，为学生进一步学习专业知识和技能，提高全面素质，增强适应职业变化的能力和继续学习的能力打下基础。

本教材前两版分别被评为"十一五"和"十二五"国家规划教材，第三版教材在修订过程中，贯彻党中央、国务院《关于加强和改进新形势下大中小学教材建设的意见》文件精神，紧紧围绕立德树人根本任务，强化产教融合、校企合作，淡化学科体系，重视学生创新意识、创新精神、实践应用能力、解决问题能力的培养。在保留前两版教材精华内容的基础上，结合行业企业调研的内容，对部分知识点、技能点作了修订，同时增加了大量数字资源，使教材具有了如下特点：

1. 以动物为主线进行项目化设计。改变过去将动物解剖、动物生理两部分内容分开讲授的做法，以动物为主线把解剖、生理内容融为一体，设计为7个项目、47个任务。并根据从共性到个性、从一般到复杂的原则，详细讲授动物体的基本结构和牛（羊）解剖结构及生理现象，其他动物则只讲特征。

2. 根据现代畜牧业岗位需求和后续专业课学习的需要选取教学内容，根据如何深化落实校企合作确定教学重点。把每种动物的消化系统、呼吸系统、生殖系统、免疫系统作为课程的重点，详细讲授，而对运动、神经系统内容则作了大量简化。使新版教材既紧密联系生产实际，又突出知识点和技能点，具备了适用、够用、实用的特点。

3. 注重学生动手能力培养。一是设计了26个技能训练任务，并将其视为教学内容的重要组成部分；二是设计了综合技能训练和生理实验。同时，在重要的知识点后面还增加了"知识链接"，便于学生拓宽知识面，激发学生对后续课程及职业产生兴趣。

4. 第三版教材最大的亮点也是修订重点是将现代信息技术引入教材，在重要知识点和技能点以及较难理解的内容后面，增加了数字资源，包括视频、动画、图片等，部分采用二维码的形式，扫码即可直接观看；还有更多资源如PPT、习题等，通过封底课程码登录"中国农业教育在线"即可免费学习，极大地方便了教师教学和学生自学。

5. 融入课程思政，坚持培根铸魂与启智增慧并重。以习近平新时代中国特色社会主义思想为指导，从畜牧兽医行业实际情况出发，弘扬社会主义核心价值观，有机融入传统优秀文化，弘扬劳动精神和工匠精神，培养学生爱岗敬业意识和职业责任感。

6. 顺应现代畜牧发展，及时更新教材内容。按照畜牧产业升级、技术进步和职业岗位变化的要求，及时将畜牧产业发展的新技术、新工艺、新规范纳入教材内容，使教材结构、内容与产业对接，有效服务国家乡村振兴战略和现代畜牧业转型升级。

我国幅员辽阔，各地家畜、家禽的种类和养殖比例有很大差别，各地对人才的需求也不尽相同。所以，在组织教学的过程中，可根据教学大纲和当地生产实际制订出实施性教学计划，对各部分内容的讲授可有所侧重。为保证综合技训练和生理实验的实施，可设计教学实习周。

本教材是在对畜牧生产岗位需求和后续课程需求充分论证的基础上，经过认真讨论，制订出编写提纲，并由学校和企业人员合作分工编写。参加编写的人员是：周其虎（山东畜牧兽医职业学院）、白彩霞（黑龙江职业学院）、张步彩（江苏农牧科技职业学院）、覃建基（广西农业职业技术学院）、张磊（黑龙江生物科技职业学院）、郑美英（山西农业大学原平农学院）、姜建波（山东畜牧兽医职业学院）、田立余（江苏益客食品集团）、巩新民（山东益生种畜禽有限公司），以李庆梅（山东畜牧兽医职业学院）为首的创作团队，进行了教材数字资源制作。最后由周其虎统稿，山东农业大学王树迎教授、山东动物疫病控制中心张进林研究员审定。在编写过程中，山东畜牧兽医职业学院解剖生理教研室的老师提出了许多宝贵意见，并对部分初稿进行了审阅，在此一并表示感谢。

由于编者水平有限，错误和疏漏之处在所难免，恳请广大师生提出宝贵意见。

编　者

2019 年 1 月

第一版前言

本教材是根据教育部《关于加强高职高专教育人才培养工作的意见》和《关于加强高职高专教育教材的若干意见》的精神而编写的，供全国高等农业职业院校畜牧兽医类专业使用。

动物解剖生理是高等农业职业院校畜牧兽医专业的一门专业基础课。编写中始终遵循职业教育"以能力为本位，以岗位为目标"的原则，淡化学科体系，重视能力培养。教材具有如下特点：

第一，以动物为主线设计教材结构，即把各种动物的解剖生理内容分开讲授。具体做法是以牛（羊）为重点，详细讲授其解剖结构及生理特征，其他动物则只讲特征。

第二，以各种动物的消化、生殖、免疫系统为重点，对运动、神经系统内容做了大量删简。这样，教材既紧密联系生产实际，又突出知识点和技能点，具备了适用、够用、实用的特点。

第三，强调实践教学和技能训练，把实验实习和技能训练作为教学内容的重要组成部分，使知识教学和技能教学紧密结合，融为一体。

第四，每一章前面都有学习目标，后面附有技能训练复习思考题，便于把握教学重点，也便于学生自学。

我国幅员辽阔，各地家畜的种类、比例有很大差别，各地对人才的需求也不尽相同。所以，在组织教学的过程中，可根据教学大纲和当地生产实际制定出实施性教学计划，对各部分内容的讲授可有所侧重，但大纲要求掌握的教学内容必须保质保量地完成。实验实习、技能训练、技能考核，既可在该章（节）理论知识讲完之后立即进行，亦可在教学实习周集中进行。

本教材是在充分领会教学大纲精神的基础上，经过认真讨论，制定出了编写提纲，分工编写。参加编写的人员是：周其虎、张书杰、丁玉玲、黄辉、郑美英、王传锋。最后由周其虎统稿，山东农业大学王树迎教授审定。在编写过程中，山东畜牧兽医职业学院解剖生理教研室的老师提出了许多宝贵意见，并对部分初稿进行了审阅，在此一并表示感谢。

本书内容充实简要,理论联系实际,在内容编排上也做了大胆的尝试。但由于编写时间仓促,编者水平有限,错误之处在所难免,恳切广大师生提出宝贵意见。

编 者

2008年1月

第二版前言

本教材是根据教育部《关于加强高职高专教育人才培养工作的意见》和《关于加强高职高专教育教材的若干意见》的精神而编写的，供全国高等农业职业院校畜牧兽医类专业使用。

动物解剖生理是高等农业职业院校畜牧兽医类专业的一门专业基础课。它的任务是：使学生具备动物疫病防治人员、检疫人员和饲养管理人员所必需的动物解剖生理的基本知识和基本技能，为学生进一步学习专业知识和技能，提高全面素质，增强适应职业变化的能力和继续学习的能力打下基础。

在进行第二版教材的编写过程中始终遵循职业教育"以能力为本位，以岗位为目标"的原则，淡化学科体系，重视能力培养，被评为"十二五"职业教育国家规划教材。第二版在吸收第一版教材精华的基础上，做了如下改进：

1. 以动物为主线进行项目化设计。改变过去将动物解剖、动物生理两部分内容分开讲授的传统做法，把各种动物的解剖、生理内容融为一体，设计为7个项目、47个任务。并根据从共性到个性、从一般到复杂的原则，详细讲授动物体的基本结构和牛（羊）解剖结构及生理现象，其他动物则只讲特征。

2. 根据畜牧生产和后续专业课学习的需要选取教学内容，确定教学重点。把每种动物的消化系统、呼吸系统、生殖系统、免疫系统作为教材的重点，详细讲授，而对运动系统、神经系统内容则做了大量删简。这样，教材既紧密联系生产实际，又突出知识点和技能点，具备了适用、够用、实用的特点。

3. 在重要的知识点后，增加了"知识链接"，加强了学生对知识点的理解，拓宽了知识面，同时也引导学生对后续课程及职业产生兴趣。

4. 注重学生动手能力的培养。一是设计了26个技能训练任务，并将其视为教学内容的重要组成部分；二是设计了综合技能训练和生理实验。

5. 为加强直观教学和学生对内容的理解，制作黑白插图165幅，彩色附图16幅。图文结合，易学易懂。

我国幅员辽阔，各地家畜、家禽的种类和养殖比例有很大差别，各地对人才的需求也不尽相同。所以，在组织教学的过程中，可根据教学大纲和当地生产实际制订出实施性教学计划，对各部分内容的讲授可有所侧重。为保证综合技能训练和生理实验的实施，可设计教学实习周。

本教材是在对畜牧生产和后续课程需求充分论证的基础上，经过认真讨论，制订出了编写提纲，分工编写。参加编写的人员是：周其虎（山东畜牧兽医职业学院）、白彩霞（黑龙江职业学院）、尹洛蓉（成都农业科技职业学院）、张步彩（江苏农牧科技职业学院）、覃建基（广西农业职业技术学院）、宋臣锋（沧州职业技术学院）、张磊（黑龙江生物科技职业学院）、郑美英（山西农业大学）、姜建波（山东畜牧兽医职业学院）。最后由周其虎统稿，山东农业大学王树迎教授、山东动物疫病控制中心张进林研究员审定。在编写过程中，山东畜牧兽医职业学院解剖生理教研室的老师提出了许多宝贵意见，并对部分初稿进行了审阅，在此一并表示感谢。

本教材内容充实简要，理论联系实际，在内容编排上做了大胆的尝试。但由于编者水平有限，错误之处在所难免，恳切希望广大师生提出宝贵意见。

编 者

2014 年 1 月

目 录
MULU

第三版前言
第一版前言
第二版前言

绪论

项目一　动物体的基本结构

- 任务一　细胞的认知 ·· 3
- 任务二　组织的认知 ·· 8
- 任务三　器官、系统和有机体的认知 ·· 17
- 任务四　畜（禽）体表主要部位及方位的认知 ·· 19
- 任务五　畜体基本结构技能训练 ·· 21
  - 技能训练一　显微镜的构造、使用和保养 ··· 21
  - 技能训练二　畜体基本组织的识别 ·· 23

项目二　牛（羊）解剖生理

- 任务一　运动系统认知 ·· 25
- 任务二　运动系统技能训练 ·· 41
  - 技能训练一　牛全身主要骨、关节和骨性标志的识别 ································· 41
  - 技能训练二　牛全身主要肌肉和肌性标志的识别 ······································· 42
- 任务三　被皮系统认知 ·· 42
- 任务四　被皮系统技能训练 ·· 46
  - 技能训练　皮肤、蹄形态构造的识别 ·· 46
- 任务五　消化系统认知 ·· 47
- 任务六　消化系统技能训练 ·· 67
  - 技能训练一　牛、羊消化器官形态构造的识别 ·· 67
  - 技能训练二　牛真胃、小肠、肝组织构造的识别 ······································· 67
  - 技能训练三　胃、肠体表投影位置识别及其蠕动音的听取 ··························· 68
- 任务七　呼吸系统认知 ·· 69

任务八 呼吸系统技能训练 …… 79
　技能训练一 呼吸器官形态构造的识别 …… 79
　技能训练二 肺组织构造的识别 …… 79
任务九 泌尿系统认知 …… 80
任务十 泌尿系统技能训练 …… 85
　技能训练一 泌尿器官的识别 …… 85
　技能训练二 肾组织结构的识别 …… 85
任务十一 生殖系统认知 …… 86
任务十二 生殖系统技能训练 …… 98
　技能训练一 牛生殖器官的识别 …… 98
　技能训练二 睾丸和卵巢组织构造的识别 …… 99
任务十三 心血管系统认知 …… 99
任务十四 心血管系统技能训练 …… 116
　技能训练一 心脏形态结构的识别 …… 116
　技能训练二 血细胞形状构造的识别 …… 116
　技能训练三 牛心脏体表投影位置与静脉注射、脉搏检查部位的识别 …… 116
任务十五 免疫系统认知 …… 117
任务十六 免疫系统技能训练 …… 123
　技能训练一 牛（羊）淋巴结、脾形态结构和位置识别 …… 123
　技能训练二 淋巴结和脾组织结构的识别 …… 123
任务十七 神经系统与感觉器官认知 …… 123
任务十八 神经系统技能训练 …… 138
　技能训练 脑、脊髓形态构造识别 …… 138
任务十九 内分泌认知 …… 139
任务二十 内分泌系统技能训练 …… 143
　技能训练 主要内分泌腺的形态、位置识别 …… 143
任务二十一 体温认知 …… 144

项目三　猪解剖生理特征

任务一 猪骨骼、肌肉与被皮认知 …… 147
任务二 猪内脏认知 …… 152
任务三 猪免疫系统认知 …… 163
任务四 猪解剖生理技能训练 …… 166
　技能训练 猪主要器官及淋巴结的识别 …… 166

项目四　马解剖生理特征

任务一 马骨骼、肌肉与被皮认知 …… 168

任务二	马内脏的认知	174
任务三	马解剖生理技能训练	183
技能训练一	马全身骨、骨性标志、四肢关节和肌性标志的识别	183
技能训练二	马主要内脏器官的识别	184

项目五　家禽解剖生理特征

任务一	家禽运动与被皮系统认知	185
任务二	家禽消化系统认知	189
任务三	家禽呼吸、泌尿、生殖系统的认知	193
任务四	家禽的心血管、免疫、内分泌、神经系统和体温的认知	199
任务五	家禽解剖技能训练	202
技能训练一	家禽体表特征的识别	202
技能训练二	鸡的采血	203

项目六　经济动物解剖生理特征

任务一	兔的解剖生理认知	204
任务二	犬的解剖生理认知	210
任务三	猫的解剖生理认知	214
任务四	狐的解剖生理认知	217
任务五	鹿的解剖生理认知	218
任务六	水貂的解剖生理认知	222
任务七	鸵鸟的解剖生理认知	225

项目七　综合技能训练与生理实验

任务一	综合技能训练	230
综合技能训练一	牛活体实习：体表投影、体表主要标志的识别和体温的测定	230
综合技能训练二	牛（羊）解剖实习：牛（羊）各系统器官形态、位置的识别	230
综合技能训练三	猪解剖实习：猪主要内脏器官及主要淋巴结的形态、位置识别	231
综合技能训练四	鸡解剖实习：鸡体表特征和主要内脏器官形态、位置识别	232
任务二	生理实验	232
生理实验一	小肠吸收实验	232
生理实验二	影响尿生成因素实验	233
生理实验三	蛙反射弧分析实验	233

参考文献 · · · · · · 235

绪 论

(一)动物解剖生理的内容

动物解剖生理是研究正常家畜和家禽的形态结构及其生命活动规律的科学,包括解剖学和生理学两部分。

1. 动物解剖学 是研究正常家畜和家禽机体形态结构及其发生发展规律的科学。因研究方法和对象不同,可分为大体解剖学、显微解剖学和胚胎学。

(1)大体解剖学。俗称解剖学,主要是借助刀、剪等解剖器械,采用分离切割的方法,通过肉眼观察研究畜(禽)体各器官的形态、结构、位置及相互关系。根据研究目的和方法的不同,又可分为系统解剖学、局部解剖学、比较解剖学等。

(2)显微解剖学。又称组织学,主要是借助显微镜研究畜(禽)体微细结构及其功能关系。其研究内容包括细胞、基本组织和器官组织三部分。

(3)胚胎学。是研究畜禽体发生发展规律的科学。即研究从受精卵开始通过细胞分裂、分化,逐步发育成新个体的全部过程。

2. 动物生理学 是研究家畜和家禽机体生命现象及其活动规律的科学。如家畜和家禽的运动、消化、呼吸、泌尿、生殖等。

(二)学习动物解剖生理的意义

动物解剖生理是畜牧兽医类专业的专业基础课。它与许多学科都有密切的联系,是学习这些课程的基础,如病理、药理、内科病、外科病、临床诊断、传染病等。通过学习动物解剖生理,可以掌握家畜和家禽机体各器官的位置、形态、结构、机能及它们之间的相互关系;了解家畜和家禽的消化、呼吸、泌尿、生殖、循环等生理过程和这些过程发生的原因、条件、影响因素等,为正确诊断疾病、正确用药提供解剖基础和理论依据。

作为畜牧兽医工作者,只有先掌握家畜和家禽解剖生理的知识和技能,才能进一步学习掌握畜牧兽医类专业的其他知识和技能,才能合理地饲养、科学地繁殖、能动地改良畜禽、有效地防治疾病,才能为加快畜牧业产业化、现代化进程服务,为广大农民致富提供技术支持,为社会提供丰富的畜产品,最大限度地满足人们日益增长的美好生活需要。

(三)学习动物解剖生理的方法

家畜和家禽机体的形态、构造和机能较为复杂,要想学好动物解剖生理,必须正确处理好以下四方面的关系:

1. 局部与整体的关系 家畜和家禽机体是一个有机的统一体,任何器官或系统都是整体不可分割的一部分,其生命活动都与整体的活动相适应。局部的结构和功能可以影响整体,整体的情况也可以在局部得到反映。所以在研究局部现象时,必须有整体的概念,要充分注意各器官系统间结构与功能上的相互联系、相互协调、相互影响。

2. 形态结构与机能的关系 家畜和家禽机体的形态结构与机能之间有着不可分割的联系,机能以形态结构为基础,形态结构又与机能相适应。形态构造决定器官的机能,有什么样的结构就有什么样的机能,而当生理机能在外界环境的影响下发生变化时,形态结构也将随之发生变化。因此,形态结构与机能是相互影响、相互制约、相互适应的。掌握这一规律,人们可以在一定的生理范围内,有意识地改变生活条件,强化功能活动,促进形态结构向人们所需要的方向改变,进而定向培育一些优良的畜禽品种。

3. 家畜和家禽与外界环境的关系　家畜和家禽生活在外界环境中,外界环境对家畜和家禽机体的生存、生长、发育和繁殖都有直接影响。外界环境的变化,必然引起机体形态构造和生理机能发生相应的改变。正是由于这些相应改变的发生,才能使机体有效地适应不断改变的环境。这就是畜禽体与外界环境间的对立统一。

4. 理论与实践的关系　动物解剖生理是一门形态学课程,名词、术语、概念繁多,学习时容易感到枯燥,难记易忘,易混淆。故在学习过程中一定要把理论与实践结合起来。一是认真听课,将形态构造与生理功能结合起来,将书本内容与畜牧生产和兽医临床实践结合起来;二是要多动手、动脑、动眼,对照书本和图谱,在标本、挂图或模型上亲自查找或触摸,以加深理解和记忆;三是注重活体实习和实验实习,强化实践技能训练,增加动手能力。

教师教学过程中,应当改变传统教学观念,打破学科体系,实施能力教育,为畜牧业生产第一线培养具有一定理论知识和较强动手能力的高素质技术技能人才。所以,应本着理论"够用"、"适用",强化实践技能训练的原则,组织教学活动。充分利用数字化资源、实物、标本、模型、图表等教具,加强信息化教学、实践教学、电化教学,注重活体教学和实验实习,增强学生的实践能力。

项目一
动物体的基本结构

学习目标和思政目标

理解细胞、组织、器官、系统等基本概念；掌握细胞的构造和机能，了解细胞的生命活动；掌握组织的分类、分布和机能，了解组织的构造；能正确使用和保养显微镜，能熟练地在活体上指出畜体各主要部位的技能。具有实事求是、严肃认真的科学态度与工作作风；善于调查、分析和总结工作中的问题并提出解决方法；把握好微观和宏观、特殊和一般的关系，具有逻辑思维、辩证思维、系统思维、创新思维能力。

畜、禽等动物有机体，尽管形态结构复杂，生理机能多样，但都是由细胞和细胞间质构成的。细胞和细胞间质共同组成组织、器官、系统和完整的有机体。

任务一　细胞的认知

一、细胞的概念

细胞是动物有机体形态结构、生理机能和生长发育的最基本单位。细胞的基本化学成分有蛋白质、核酸、脂类、糖类、水、无机盐、维生素和酶等。

二、细胞的形态和大小

动物体内的细胞，形态是多种多样的，有圆形、卵圆形、立方形、柱状、梭形、扁平形、星形等。细胞的形态与其所处的环境、执行的生理机能相适应。例如在血液内流动的血细胞，多呈圆形；接受刺激、传导冲动的神经细胞多呈星形，具有突起；能收缩的肌细胞呈长梭形或长柱状（图1-1）。

细胞的大小不一，相差悬殊。家畜体内最小的细胞，是小脑的小颗粒细胞，直径只有4μm；最大的是成熟的卵细胞，直径可达200μm；最长的细胞是神经细胞，其突起可长

图1-1　细胞的形态
1. 平滑肌细胞　2. 血细胞　3. 上皮细胞
4. 骨细胞　5. 软骨细胞　6. 成纤维细胞
7. 脂肪细胞　8. 腱细胞　9. 神经细胞

（马仲华.2002.家畜解剖学及组织胚胎学.第三版）

达1m左右。鸡的卵细胞直径可达2～3cm。鸵鸟的卵细胞直径可达10cm。一般动物的细胞直径为10～30μm。

三、细胞的构造

细胞的形态多样，大小不一，但都是由细胞膜、细胞质、细胞核三部分构成（图1-2）。

线粒体（动画）

核糖体（动画）

高尔基
复合体（动画）

溶酶体（动画）

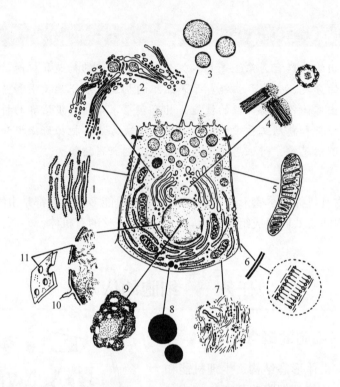

图1-2　细胞的构造模式
1. 内质网　2. 高尔基复合体　3. 分泌颗粒　4. 中心体　5. 线粒体
6. 细胞膜　7. 基质　8. 脂滴　9. 核仁　10. 核膜　11. 核孔
（马仲华.2002. 家畜解剖学及组织胚胎学. 第三版）

（一）细胞膜

细胞膜是细胞外表面的一层薄膜，具有通透性，也称质膜。

1. 细胞膜的构造　细胞膜在光学显微镜下，一般难以分辨。在电子显微镜下，细胞膜可分为明暗相间的三层结构：内外两层色暗，为电子致密层；中间层电子密度小，明亮。在细胞质内的某些细胞器，也具有这三层结构的膜，称为细胞内膜或单位膜。细胞膜和细胞内膜统称为生物膜。

细胞膜由规则排列的双层类脂分子和嵌入其中的蛋白质构成（图1-3）。类脂以磷脂为主，磷脂分子是极性分子，呈长杆状，一端为头部，另一端为尾部。头部亲水称为亲水端，尾部疏水称为疏水端。由于细胞膜周围接触的均为水溶液环境，所以亲水的头部朝向膜内、外表面，而疏水的尾部则朝向膜的内部，形成特有的类脂双分子层。正常情况下，类脂分子处于液态。

细胞膜内的蛋白质也称膜蛋白，以不同的方式镶嵌在脂质双分子层之间或附着在表面。按其机能不同可分为受体蛋白和载体蛋白；按分布不同可分为表在蛋白和嵌入蛋白。不同的蛋白质有不同的功能。

2. 细胞膜的生理功能

（1）维持细胞形态和结构的完整性。

（2）保护细胞内含物，控制和调节细胞与周围环境间的物质交换，为细胞的生命活动提供相对稳定的环境。

（3）参与细胞识别、细胞粘连、细胞运动和免疫反应。

（4）具有物质转运的功能，直接控制着离子与分子进出细胞。物质通过细胞膜转运，常见有以下几种形式：

①单纯扩散：是物质从浓度高的一侧透过细胞膜，向浓度低的一侧移动的过程。是一种被动的物理转运过程，不需消耗能量。苯、醇、乙醚、氯仿等脂溶性物质，尿素、甘油等小分子物质，水及溶于水的 O_2 及 CO_2，均以此种方式进出细胞膜。

图1-3 细胞膜的液态镶嵌模式
1.脂质双层 2.糖衣 3.表在蛋白 4.嵌入蛋白
5.糖脂 6.糖蛋白 7.糖链
（马仲华.2002.家畜解剖学及组织胚胎学.第三版）

②易化扩散：也称协助扩散，是某些不溶于脂的物质，在膜蛋白（载体蛋白）的帮助下，由高浓度一侧透过细胞膜，向低浓度一侧转运的过程，该过程不需消耗能量。葡萄糖、氨基酸、无机盐离子，以此种方式通过细胞膜。

③主动转运：是指某些物质逆浓度差，由细胞膜的低浓度侧向高浓度侧转运的过程。这种逆浓度差的物质转运，是在膜蛋白（镶嵌蛋白）的帮助下完成的，需要消耗能量（ATP）。人们形象地把完成主动转运的膜蛋白称为"泵"，例如 Na^+ 泵、K^+ 泵、Ca^{2+} 泵等。

④胞吞作用和胞吐作用：胞吞作用是指细胞外的大分子物质或物质团块，进入细胞的过程。如果进入的物质为固体，称为吞噬作用，如果进入的物质为液体，称为吞饮作用。胞吐作用是与胞吞作用相反的过程，常见于细胞的分泌过程。两者都是主动转运过程。

（二）细胞质

细胞质是填充在细胞膜与细胞核之间的物质，呈均匀的透明胶状。细胞质中悬浮有细胞器和内含物等。

1. 细胞器 是位于细胞质内具有一定形态和执行一定生理机能的微小器官。一般的细胞内有下列细胞器。

（1）线粒体（图1-4）。在光镜下，线粒体呈线状或粒状。电镜下，线粒体是由内、外

图1-4 线粒体结构模式
1.外膜 2.膜间腔 3.内膜 4.嵴间腔
5.内膜突起形成的嵴 6.基质颗粒
（马仲华.2003.家畜解剖学及组织胚胎学.第三版）

两层单位膜围成的大小不等的圆形或椭圆形小体，外膜光滑，内膜折叠形成许多板状或管状的嵴。线粒体内含有多种氧化酶，参与细胞内的物质氧化，释放能量，供细胞活动需要。所以线粒体又有细胞"能量供应站"之称。

（2）内质网。是由单位膜围成的互相连通、大小不等的扁平囊泡。有的扁平囊泡的表面附着有核蛋白体，表面粗糙，称为粗面内质网，有合成、分泌、运输蛋白质的作用；有的扁平囊泡表面没有核蛋白体附着，称为滑面内质网，其功能较复杂，参与糖原、脂类、激素的合成和解毒作用。

（3）核蛋白体（核糖体）。呈颗粒状结构，主要成分是核糖核酸和蛋白质。在电镜下，核蛋白体由大小两个亚基构成，呈不规则的哑铃状。有的核蛋白体散在于细胞质中，称为游离核蛋白体；有的核蛋白体附着在内质网的表面，称为膜旁核蛋白体。它们都有合成蛋白质的功能。

（4）中心体。位于细胞核的附近。光镜下，中心体是由两个中心粒和包绕在其周围的致密物质组成。电镜下，两个中心粒是呈圆筒状的小体，互相垂直排列。中心体参与细胞的分裂。

（5）高尔基复合体。在光镜下，高尔基复合体呈线状或网状结构，故又称内网器。在电镜下，高尔基复合体是由单位膜形成的扁平囊、大泡、小泡组成。高尔基复合体的主要机能，是对细胞合成的物质进行加工、浓缩、包装，像一个加工车间一样，有利于细胞合成物的排出。

（6）溶酶体。是由单位膜围成的圆形或椭圆形小体，散在于细胞质中。光镜下不易看到。溶酶体内含有多种水解酶，其主要作用是把进入细胞内的异物（如细菌、病毒等）和细胞本身衰老死亡的细胞器，进行消化分解。是细胞内的重要"消化器官"。

（7）微丝和微管。微丝是直径为5～7nm的细丝，与细胞的运动、吞噬等功能有关。微管是直径为18～25nm的细管，与细胞的有丝分裂、运动、支持、神经递质的运输有关。

2. 基质 是指细胞质内除细胞器、内含物以外的物质。基质呈均匀透明的胶状，是细胞的重要组成部分，约占细胞质体积的一半。内含有蛋白质、糖、无机盐、水和多种酶类，是细胞执行功能和化学反应的重要场所。

3. 内含物 是细胞内储存的营养物质和代谢产物。如脂类、糖原、蛋白质、色素等。其数量和形态可随细胞不同的生理状态而改变。

（三）细胞核

细胞核是细胞的重要组成部分，贮存有许多遗传信息，是细胞遗传和代谢活动的控制中心。在畜禽体内，除家畜成熟的红细胞没有细胞核外，所有的细胞都有细胞核。细胞核的形态多样，有圆形、椭圆形、杆状、分叶形等，多位于细胞的中央。大多数细胞只有一个核，少数也有两个核或多个核。如肝细胞、心肌细胞偶有两个核，骨骼肌细胞则有几十个到几百个核。

细胞核由核膜、核基质、核仁和染色质构成。

1. 核膜 是包在细胞核外面的一层界膜。电镜下，由内、外两层单位膜构成。面向核质的一层，称核内膜，面向细胞质的一层为核外膜，两层膜之间的间隙为核周隙，核外膜的表面有核蛋白体附着，与粗面内质网相连，使内质网与核周隙相通。核膜上有许多小孔，称核孔。核孔是细胞核与细胞质之间进行物质交换的通道。

2. 核基质与核内骨架 核基质是无定形的液态基质，又称核液，内含有水、糖蛋白、各种酶和无机盐等物质。核内骨架为核基质内直径 3~30nm 的蛋白质纤维，组成三维网络状结构充满整个核内空间，与核膜相连。

3. 核仁 是细胞核内的球形小体，一个细胞核内通常有 1~2 个核仁。核仁的化学成分主要是核糖核酸（RNA）和蛋白质。主要功能是形成核蛋白体，核蛋白体形成后，通过核孔进入细胞质内，参与蛋白质的合成。

4. 染色质和染色体 染色质是指细胞核内能被碱性染料着色的物质。染色质呈长纤维状，由 DNA、RNA 和蛋白质组成，含有大量的遗传信息，可控制细胞的代谢、生长、分化和繁殖，决定着子代细胞的遗传性状。在细胞分裂时，长纤维状的染色质复制加倍，发生高度螺旋化，变粗变短，形成棒状的染色体。可见，染色质与染色体实际上是同一物质在不同时期的不同功能状态。

同种动物细胞的染色体数目是恒定的，猪 38 条，黄牛 60 条，绵羊 54 条，山羊 60 条，鸡 78 条，鸭 80 条，马 64 条，驴 62 条。正常家畜成熟的生殖细胞的染色体为单倍体；体细胞染色体为双倍体，它们配合成对，其中有 1 对与性别有关，称为性染色体，其余称为常染色体。

知识链接

17 世纪，荷兰生物学家列文虎克用自制的复式显微镜首先发现了肉眼看不到的微小生物。此后，英国科学家胡克使用这种显微镜对动植物进行了广泛的观察和研究，认为有机体是由一些基本的生命单位构成，由此提出了细胞的概念。到 19 世纪，生物学家和医生们获得了一种共识，即有机体是由细胞构成的。1838—1839 年由德国植物学家施莱登和动物学家施旺提出细胞学说。恩格斯把细胞学说誉为 19 世纪三个最重要的自然科学发现之一。细胞学说成为今天现代生物学、现代医学的基础。

四、细胞的生命活动

凡是活的细胞，都具有下列的生命活动现象：

（一）新陈代谢

新陈代谢是生命活动的基本特征。每一个活的细胞，在生命活动过程中，都必须不断地从外界摄取营养物质，合成本身需要的物质，这一过程称为同化作用（合成作用）；同时也分解自身物质，释放能量供细胞活动需要，并排出废物，这一过程称异化作用（分解作用）。这两个过程的对立统一，就是新陈代谢。细胞的一切生命活动，都建立在新陈代谢的基础上，如新陈代谢停止，就意味着细胞的死亡。

有丝分裂（动画） 细胞分化（动画）

（二）感应性

感应性是指细胞受到外界刺激（如机械、温度、光、电、化学等）时会产生反应的特性，如神经细胞受到刺激后会产生兴奋和传导冲动、骨骼肌细胞受到刺激后会收缩、腺细胞受到刺激后会分泌等。

（三）运动

机体内的某些细胞，有一定的运动能力，在不同的环境下，可表现出不同的运动形式，如吞噬细胞的变形运动、骨骼肌细胞的收缩与舒张运动、精细胞的鞭毛运动、气管上皮细胞的纤毛运动等。

（四）细胞的生长与增殖

动物有机体的生长发育、创伤修复、细胞更新，都是细胞生长和繁殖的结果。细胞的体积增大，称生长。细胞生长到一定的阶段，在一定条件下，以分裂的方式进行增殖，产生新的细胞。机体通过细胞增殖促进机体生长发育和补充衰老死亡的细胞。细胞的繁殖是通过分裂的方式进行的，分裂的方式有两种，即有丝分裂和无丝分裂。

（五）细胞的分化、衰老和死亡

1. 细胞的分化 胚胎细胞或未分化细胞，转变为各种形态、功能不同细胞的过程，称细胞分化。在胚胎早期，细胞形态、机能都相似，随着细胞增殖和生长发育，细胞的形态、机能、生理特性逐渐出现差异，最终形成形态和机能各异的细胞。动物出生后，在动物体内仍保存有未分化的细胞，如疏松结缔组织内的间充质细胞、骨髓内的造血干细胞、卵巢内的卵母细胞、睾丸内的精母细胞等，具有分裂增殖的能力，在一定的条件下，能转变为某些成熟和稳定的细胞。

2. 细胞的衰老 细胞的衰老是细胞生命过程中的必然规律。衰老细胞的主要表现为代谢活动降低，生理机能减弱，并表现出形态和结构的改变。具体表现为细胞体积缩小，细胞质浓缩而深染，嗜酸性增强；核浓缩，染色加深，结构不清楚等。不同类型的细胞，其衰老进程不一样，寿命长的细胞衰老得慢，如神经细胞；寿命短的细胞衰老得快，如红细胞。

3. 细胞的死亡 细胞死亡是细胞生命现象不可逆的终止。细胞的死亡有两种不同的形式：一种是细胞的意外性死亡或称细胞坏死，它是由某些外界因素引起的，如局部贫血、高热造成的细胞急速死亡；另一种是细胞自然死亡或称细胞凋亡，也称细胞编程性死亡，它是细胞在衰老过程中，细胞的功能逐渐衰退的必然结果。

任务二 组织的认知

组织由来源相同、形态结构和机能相似的细胞群与细胞间质构成。畜禽体内的组织分为上皮组织、结缔组织、肌组织和神经组织四类。

一、上皮组织

上皮组织由一层或多层紧密排列的上皮细胞和少量的细胞间质构成。覆盖在动物的体表、内脏器官的表面和腔性器官的内表面，具有保护、吸收、分泌、排泄等功能。

上皮组织在形态结构上的特点是：上皮细胞呈层状分布，细胞多，间质少，细胞排列紧密；上皮组织具有极性，分为游离面和基底面，游离面朝向腔面或体表，基底面通过薄的一层基膜与深部的结缔组织相连；上皮组织无血管、淋巴管分布，其营养由深部的结缔组织中的毛细血管供给；上皮组织内神经末梢丰富。

根据上皮组织的形态结构和机能特点，上皮组织可分为被覆上皮、腺上皮和特殊上皮三类。

（一）被覆上皮

被覆上皮为上皮组织中分布最广的一类，根据细胞的排列层数可分单层上皮和复层上皮。

1. 单层上皮 由一层上皮细胞构成，每一个细胞都与基膜相连。根据细胞的形态又分为如下四类：

（1）单层扁平上皮。由一层扁平细胞构成，细胞从正面看呈不规则的多边形，侧面看呈梭形（图1-5）。分布在内脏器官的外表面和心脏、血管、淋巴管的内表面。衬在心、血管、淋巴管内表面的称内皮，薄而光滑，有利于液体的流动；被覆在胸膜、腹膜、心包膜或某些脏器表面的称间皮，光滑而湿润，可减少内脏器官在运动时的摩擦。

图1-5 单层扁平上皮
A. 单层扁平上皮模式 B. 浆膜切面
（马仲华.2002.家畜解剖学及组织胚胎学.第三版）

（2）单层立方上皮。由一层立方细胞构成，核圆形，位于细胞中央（图1-6）。分布在甲状腺、肾小管等处，有分泌和吸收机能。

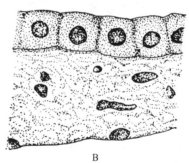

图1-6 单层立方上皮
A. 单层立方上皮模式 B. 肾小管集合管上皮侧面观
（马仲华.2002.家畜解剖学及组织胚胎学.第三版）

（3）单层柱状上皮。由一层高柱状细胞构成，核呈椭圆形，位于细胞的基部（图1-7）。主要分布在胃、肠黏膜，具有吸收、分泌和保护作用。

（4）假复层柱状纤毛上皮。由一层高矮不等、形态不同的上皮细胞构成。典型的假复层柱状纤毛上皮的细胞有柱状、杯状、梭形和锥形四种类型，柱状细胞的游离缘有纤毛。每一个细胞都与基底膜相连，但由于细胞高矮不等，核不在同一水平线上，看起来像复层，实为一层，故称为假复层柱状纤毛上皮（图1-8）。主要分布在呼吸道黏膜，有保护和分泌作用。

2. 复层上皮 由两层以上的细胞构成，仅基底层细胞与基膜接触。根据细胞的形态不同，又分为两类。

图1-7 单层柱状上皮
A. 单层柱状上皮模式 B. 小肠黏膜上皮切面
(马仲华.2002.家畜解剖学及组织胚胎学.第三版)

图1-8 假复层柱状纤毛上皮
A. 假复层柱状纤毛上皮模式 B. 气管黏膜切面
1. 纤毛 2. 杯状细胞
(马仲华.2002.家畜解剖学及组织胚胎学.第三版)

(1) 复层扁平上皮。由数层细胞紧密排列而成，表层细胞呈扁平形，中间几层细胞呈多边形，深层细胞多为立方形（图1-9）。深层细胞有分裂繁殖的能力，可补充表层衰老死亡的细胞。主要分布在皮肤表面和口腔、食道、阴道的内表面，有保护作用。

(2) 变移上皮。由多层上皮细胞构成，其特点是上皮细胞的层数、形态可随器官的胀缩而发生改变。当所分布的器官空虚时，细胞可达5～6层，表层细胞体积大，呈立方形；当器官扩张时，细胞的层数减少至2～3层，表层细胞呈扁平形（图1-10）。主要分布在膀胱、输尿管等处，有保护作用。

（二）腺上皮

腺上皮由具有分泌机能的上皮细胞组成。以腺上皮为主要成分构成的器官称为腺体。腺细胞多呈立方形，核较大，位于细胞中央。

（三）特殊上皮

特殊上皮是指具有特殊功能的上皮，包括感觉上皮、生殖上皮等。感觉上皮是与视觉、味觉、嗅觉和听觉有关的上皮；生殖上皮是与生殖有关的上皮。

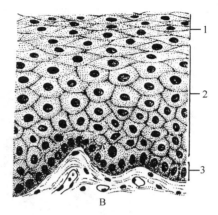

图1-9 复层扁平上皮
A. 复层扁平上皮模式　B. 表皮切面
1. 表层　2. 中间层　3. 深层
(马仲华.2002.家畜解剖学及组织胚胎学.第三版)

图1-10 变移上皮（膀胱）
A. 收缩状态　B. 扩张状态
(马仲华.2002.家畜解剖学及组织胚胎学.第三版)

二、结缔组织

（一）结缔组织的分布、机能和结构特点

结缔组织是动物体内分布最为广泛、形态结构最为多样的一类组织。具有连接、支持、保护、营养、防御、修复和运输等作用。结缔组织由细胞和细胞间质组成，其特点是细胞种类多，数量少，分散在间质中，无极性；细胞间质多，由纤维和基质所组成；不直接与外界接触，因而也称内环境组织。

（二）结缔组织的分类

1. 疏松结缔组织　又称蜂窝组织，其结构疏松，肉眼观呈白色的网泡状（图1-11）。主要分布在皮下和各种器官内，其特点是基质含量多，细胞和纤维含量较少。具有支持、营养、填充、连接和保护作用。

（1）细胞。主要有成纤维细胞、组织细胞、浆细胞、肥大细胞和脂肪细胞。

图 1-11 疏松结缔组织
1. 巨噬细胞　2. 成纤维细胞　3. 胶原纤维　4. 弹性纤维
5. 肥大细胞　6. 浆细胞　7. 淋巴细胞　8. 脂肪细胞　9. 毛细血管
(马仲华．2002．家畜解剖学及组织胚胎学．第三版)

①成纤维细胞：细胞体积较大，呈星形或梭形，细胞核呈椭圆形。能产生纤维和分泌基质，具有较强的再生能力。

②组织细胞：细胞呈不规则的星形、梭形，与成纤维细胞相似，但细胞体较小，染色较深。组织细胞能做变形运动，具有较强的吞噬能力，故又称为巨噬细胞。能吞噬进入机体内的细菌、异物及衰老、死亡的细胞等，有保护和防御作用。

③浆细胞：细胞呈卵圆形、球形，大小不一。细胞核呈圆形，偏于细胞的一侧，核内染色质沿核膜作放射状排列，呈车轮状。浆细胞多分布于消化道、呼吸道等黏膜的固有层内，能产生抗体，参与机体的免疫。

④肥大细胞：细胞呈球形或卵圆形，细胞核较小，位于细胞的中央，细胞质内含有大量的异染颗粒，能产生组织胺、肝素。肥大细胞多分布于小血管的附近，有参与抗凝血、增强毛细血管通透性、使毛细血管扩张等作用。

⑤脂肪细胞：呈球形，体积较大，细胞质中常充满脂肪滴，将核挤向一侧。在 HE 染色的切片上，因脂肪滴被溶解，细胞呈空泡状。脂肪细胞有合成和贮存脂肪的作用。

(2) 纤维。主要有胶原纤维、弹性纤维和网状纤维。

①胶原纤维：数量多，常聚集成束，有较强的韧性。新鲜时呈白色，又称白纤维。能被胃液溶解，水煮可呈胶状。

②弹性纤维：数量少，常单根存在，较细，有较强的弹性，韧性较差。新鲜时呈黄色，又称黄纤维。不易被胃液溶解。

③网状纤维：纤维细、短而分支较多，常交织成网。HE 染色时不易着色，用银染色法可染成棕黑色，故又称嗜银纤维。

(3) 基质。基质是无色透明的胶状物，黏性较强，主要成分是蛋白多糖。蛋白多糖是一种蛋白质与多糖分子结合成的大分子复合物，内含有大量的透明质酸。基质具有很强的黏滞性，有阻止细菌等病原微生物扩散的作用。但有些病原微生物可分泌透明质酸酶，将透明质酸溶解，使炎症蔓延，如溶血性链球菌。

2. 致密结缔组织 由大量紧密排列的纤维和细胞构成（图1-12）。其特点是细胞和基质很少，纤维多，结构致密。纤维为胶原纤维和弹性纤维。根据基质中纤维的排列方向不同，可把致密结缔组织分为两类：

（1）规则性致密结缔组织。纤维有规则地平行排列，在纤维间可见成行排列的成纤维细胞。如肌腱、项韧带等。

（2）不规则性致密结缔组织。纤维排列得不规则，互相交织，形成坚韧的纤维膜。如皮肤的真皮。具有支持和保护作用。

3. 脂肪组织 由大量的脂肪细胞在疏松结缔组织中聚集而成。脂肪细胞呈圆形或多边形，细胞质中充满脂肪滴，细胞核被挤向细胞的一边（图1-13）。在HE染色的切片上，因脂肪滴被溶解，脂肪细胞呈空泡状。脂肪组织主要分布于皮下、大网膜、肠系膜等处。有贮脂、保温、缓冲等作用。

图1-12 致密结缔组织（肌腱）
1. 腱细胞 2. 胶原纤维束
（范作良.2001.家畜解剖）

图1-13 脂肪组织
1. 小叶间结缔组织 2. 毛细血管 3. 脂肪细胞 4. 脂肪细胞核
（马仲华.2002.家畜解剖学及组织胚胎学.第三版）

4. 网状组织 由网状细胞、网状纤维和基质构成（图1-14）。网状细胞的突起互相连接成网，网状纤维紧贴在网状细胞的表面。在网眼内有淋巴细胞、巨噬细胞等。网状组织主要分布于骨髓、淋巴结、肝、脾等器官内，构成这些器官的支架。

5. 软骨组织 软骨组织简称软骨，由少量的软骨细胞和大量的间质构成。间质由纤维和基质构成，基质呈固体的凝胶状。软骨细胞埋藏在由基质形成的软骨陷窝内。根据纤维的性质、数量不同，软骨又分为透明软骨、纤维软骨和弹性软骨。

（1）透明软骨。基质中的纤维主要是较细的胶原纤维，呈半透明状，坚韧而有弹性。主要分布于肋软骨、喉、气管等处。

（2）弹性软骨。基质中的纤维主要是弹性纤维，略显黄色，不透明，具有较强的弹性。主要分布在耳郭、会厌等处。

（3）纤维软骨。基质内的纤维主要是成束的胶原纤维，呈不透明的乳白色，具有较强的韧性。主要分布在椎间盘、半月板、耻骨联合等处。

6. 骨组织 是一种较坚硬的结缔组织，主要由骨细胞和坚硬的基质构成。

（1）骨细胞。位于骨陷窝内，呈扁椭圆形，突起多，突起通过骨小管与其他细胞形成缝隙连接，与陷窝及小管中的组织液进行物质交换。

（2）骨基质。由有机物和无机物两种成分构成。有机物比较少，主要是胶原纤维（又称骨胶原），它决定骨组织的韧性；无机物较多，主要是钙盐，如碳酸钙、磷酸钙等，它决定骨组织的硬度。动物体内90%的钙以钙盐的形式贮存于骨内。

7. 血液和淋巴 血液和淋巴是存在于心脏、血管、淋巴管内的液体结缔组织。（详见心血管系统、免疫系统）

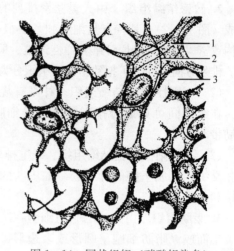

图1-14 网状组织（硝酸银染色）
1. 网状细胞 2. 网状纤维 3. 网眼
（马仲华.2002.家畜解剖学及组织胚胎学.第三版）

三、肌组织

肌组织由肌细胞构成。肌细胞多呈长纤维状，故称肌纤维。其细胞膜又称肌膜，细胞质又称肌浆。肌细胞具有收缩和舒张的机能，机体的各种运动，都是肌细胞收缩和舒张的结果。根据肌细胞的结构特点和机能，把肌组织分为骨骼肌、心肌、平滑肌三种。

（一）骨骼肌

肌纤维呈长的圆柱状，细胞核有一百多个，呈椭圆形，位于肌纤维的边缘。在细胞质内有与细胞长轴平行排列的肌原纤维，每条肌原纤维上都可见到折光性不同的明带、暗带。所有肌原纤维的明带与暗带都整齐地排列在同一平面上，在肌纤维上形成明暗相间的横纹，故又称为横纹肌（图1-15）。

骨骼肌收缩强而有力，作用迅速，但易疲劳，不能持久。骨骼肌多附着在骨骼上。

（二）平滑肌

平滑肌细胞呈长梭形，两端尖细，核呈长椭圆形，位于细胞中央（图1-16）。平滑肌不受意识支配，收缩缓慢，作用持久，不容易发生疲劳。主要分布于内脏器官及血管和淋巴管壁内，故又称内脏肌。

（三）心肌

心肌细胞呈短柱状，有分支并相互吻合成网。在细胞彼此相连的接头处，形成"闰盘"。心肌细胞有1~2个椭圆形的核，位于细胞中央（图1-17）。肌纤维上也有横纹，但不明显。心肌的收缩不受意识支配，有很强的自动节律性。心肌分布于心脏。

图1-15 骨骼肌纵切
1. 毛细血管 2. 肌纤维膜 3. 成纤维细胞
4. 肌细胞核 5. 明带 6. 暗带
（范作良.2001.家畜解剖）

项目一　动物体的基本结构

图1-16　平滑肌的纵切面及横断面
1. 肌纤维纵切面　2. 肌细胞核
3. 毛细血管　4. 肌纤维横断面
（范作良.2001.家畜解剖）

图1-17　心肌纵切面及横断面
1. 肌纤维横断面　2. 肌细胞核
3. 肌纤维纵切面　4. 毛细血管　5. 闰盘
（范作良.2001.家畜解剖）

四、神经组织

神经组织是由神经细胞和神经胶质细胞构成。神经细胞又称神经元，在体内分布广泛，形成脑、脊髓和神经节，具有感受体内外刺激和传导冲动的作用。神经胶质细胞，分布于神经元之间，对神经元有支持、营养和保护作用。

（一）神经元

神经元是神经系统基本结构和功能单位，是神经组织的主要成分。

1. 神经元的结构　神经元由细胞体和突起两部分构成（图1-18）。

（1）细胞体：包括细胞核与核周围的细胞质（又称为核周体）。细胞体呈星形或圆形，位于脑、脊髓和神经节内，是神经元的代谢和营养中心。细胞核位于细胞的中央，呈圆形，核仁大而明显，核膜清楚。核周体除与一般的细胞质相同外，还有尼氏小体和神经元纤维。尼氏小体是一些嗜碱性物质，光镜下呈颗粒状或小块状，如虎皮上的花纹，也称虎斑小体。神经元纤维呈细丝状，在胞体内排列成网状，在突起内排列成束状。

（2）突起：由细胞体发出，根据突起的形态分为树突和轴突。树突有多条，较短，有分支，呈树枝状，细能接受刺激，把冲动传给细胞体。轴突是一条长的突起，能把细胞体发出的冲动传递给另一个神经元或效应器。

2. 神经细胞的分类

（1）按神经元突起的数目，可把神经元分为如下三类（图1-19）：

图1-18　运动神经元模式
1. 树突　2. 神经细胞核　3. 侧支
4. 雪旺氏细鞘　5. 朗飞氏结
6. 神经末梢　7. 运动终板
8. 肌纤维　9. 雪旺氏细胞核
10. 髓鞘　11. 轴突　12. 尼氏小体
（范作良.2001.家畜解剖）

图1-19 神经元的类型
1. 假单极神经元　2. 双极神经元　3. 多极神经元
(马仲华.2002.家畜解剖学及组织胚胎学.第三版)

①假单极神经元：从细胞体发出一个突起，在离细胞体不远处分成两支，一支到外周器官，称外周突；另一支走向脑和脊髓，称中央突。如脊神经节细胞。

②双极神经元：有两个方向相反的突起从细胞体发出，一个为树突，一个为轴突。如嗅觉细胞和视网膜中的双极细胞。

③多极神经元：有三个以上的突起从细胞体发出。一个为轴突，其余均为树突。畜体内的大多数神经元为多极神经元。

(2) 按神经元的机能，可把神经元分为如下三类：

①传入神经元：也称感觉神经元，其细胞体位于外周神经的神经节内，能接受内外环境的各种信息，并传入中枢。

②传出神经元：其细胞体也称运动神经元。其细胞体位于脑和脊髓内，能将神经冲动从中枢沿其轴突传向外周，支配骨骼肌、平滑肌和腺体，引起肌肉收缩和腺体分泌等活动。

③中间神经元：也称联络神经元。其细胞体多位于脑和脊髓内，作用是联系感觉神经元和运动神经元。

3. 神经纤维　是指神经元的突起，主要功能是传导神经冲动。

根据髓鞘的有无，可把神经纤维分为两类：具有髓鞘的称为有髓神经纤维，其构造是以轴突为中轴，外面包有髓鞘和薄的神经膜，如脑神经、脊神经内的神经纤维；没有髓鞘的称为无髓神经纤维，如植物性神经的节后纤维。

根据机能不同可把神经纤维分为感觉神经纤维和运动神经纤维。感觉神经纤维能把感受器接受的刺激传向中枢，故又称传入神经纤维；运动神经纤维能把中枢产生的兴奋传到效应器，故又称传出神经纤维。

4. 神经末梢　神经末梢是外周神经纤维末端的分支，终止于其他组织内，并形成一定的结构。按其生理机能的不同，可分为感觉神经末梢和运动神经末梢。感觉神经末梢是感觉神经元外周突的末梢装置，又称感受器，分布在皮肤、肌腱、胸膜、腹膜等处，能感受痛觉、压觉、本体感觉等。运动神经末梢是运动神经元轴突末梢，终止于肌肉和腺体内，并与之形成效应器。

5. 神经元之间的联系——突触　神经元是神经系统结构、机能的基本单位，神经元之间紧密联系，共同完成复杂的神经活动。神经元之间发生联系的功能性接触点，称突触。

（1）突触的结构（图1-20）。电镜下观察，突触分为三部分，即突触前膜、突触后膜、突触间隙。突触前膜，是前一个神经元轴突末端的轴膜与另一个神经元接触处特化增厚的部分。突触后膜，是后一个神经元的细胞膜。突触间隙，是突触前膜与突触后膜之间的间隙。在靠近突触前膜的轴突内有许多突触小泡和线粒体。突触小泡内含有许多化学递质，如乙酰胆碱、去甲肾上腺素等。突触后膜上有多种能与化学递质结合的特异性受体，如胆碱受体、肾上腺素受体等。

（2）突触的分类。突触按其形态结构分为轴-树突触、轴-体突触、轴-轴突触等。按机能分为化学性突触和电突触。化学性突触是以神经递质（化学物质）作为信息传递媒介，电突触是以电讯号（电流）传递信息。

图1-20　突触超微结构模式
1. 突触前膜　2. 突触后膜
3. 突触小泡　4. 线粒体
（马仲华.2002.家畜解剖学及组织胚胎学.第三版）

（二）神经胶质

神经胶质即神经胶质细胞，分布在中枢和外周神经系统中，如星形胶质细胞、小胶质细胞等。神经胶质细胞的外形与神经细胞相似，其特点是突起不分树突和轴突，无尼氏小体和神经元纤维，不能接受刺激、传导冲动。对神经细胞有支持、营养、保护和修复等作用。

> **Z 知识链接**
>
> 各种机体组织结构和机能的不同决定了动物在发生疾病的时候，发病部位的变化是不一样的。所以，掌握不同组织的结构特征是进行临床诊断和治疗的重要基础。

任务三　器官、系统和有机体的认知

（一）器官

几种不同的组织按一定的规律结合在一起，形成的具有一定形态和机能的结构，称为器官。器官可分为两大类，即中空性器官和实质性器官。

中空性器官是内部有较大腔隙的器官，如食管、胃、肠管、气管、膀胱、血管、子宫等。实质性器官是内部没有较大管腔的器官，如肝、肾、脾等。

（二）系统

由几个功能相关的器官联合在一起，共同完成机体某一方面的生理机能，这些器官就构成一个系统。如鼻腔、咽、喉、气管、支气管、肺等器官构成呼吸系统，共同完成呼吸机能；口腔、咽、食管、胃、肠、肝、胰等器官构成消化系统，共同完成消化和吸收机能。

畜禽体由十大系统组成：运动系统、被皮系统、消化系统、呼吸系统、泌尿系统、生殖系统、心血管系统、免疫系统、神经系统和内分泌系统。其中消化系统、呼吸系统、泌尿系统和生殖系统，合称为内脏。构成内脏的器官称为内脏器官，简称脏器。内脏器官大部分位于脊柱下方的体腔内，为直径大小不同的中空器官，有孔直接或间接与外界相通。

（三）有机体

由器官、系统构成完整的有机体。有机体内器官、系统之间有着密切的联系，在机能上互相影响，协调配合构成一个有生命的完整统一体。同时，有机体与其生活的周围环境间也必须保持经常的动态平衡。这种统一，是通过神经、体液调节和器官、组织、细胞的自身调节来实现的。

神经调节（动画）

1. 神经调节 神经调节是指神经系统对各个器官、系统的活动进行的调节。神经调节的基本方式是反射。所谓反射，是指在神经系统的参与下，机体对内外环境的变化所产生的应答性反应。例如饲料进入口腔，就引起唾液分泌；蚊虫叮咬皮肤，则引起皮肤颤动或尾巴摆动，来驱赶蚊虫，等等。实现反射的径路，称反射弧。反射弧一般由五个环节构成，即感受器→传入神经→反射中枢→传出神经→效应器。实现反射活动，必须有完整的反射弧，如果反射弧的任何一部分遭到破坏，反射活动就不能实现。

神经调节的特点是作用迅速、准确，持续的时间短，作用的范围较局限。

体液调节（动画）

2. 体液调节 体液调节是指体液因素对某些特定器官的生理机能进行的调节。体液因素主要是内分泌腺和具有分泌机能的特殊细胞或组织所分泌的激素。此外，组织中的一些代谢产物，如 CO_2、乳酸等局部体液因素，对机体也有一定的调节作用。

体液调节的特点是作用缓慢，持续的时间较长，作用的范围较广泛。这种调节对维持机体内环境的相对恒定以及机体的新陈代谢、生长、发育、生殖等，都起着重要的作用。

有机体内大多数生理活动，经常是既有神经调节参与，又有体液因素的作用，二者是相互协调、相互影响的。但从整个有机体看，神经调节占主要地位。

3. 自身调节 是指动物有机体在周围环境变化时，许多组织细胞不依赖于神经调节或体液调节而产生的适应性反应。这种反应是组织细胞本身的生理特性，所以称自身调节。如血管壁中的平滑肌受到牵拉刺激时，发生收缩性反应。自身性调节是全身性神经调节和体液调节的补充。

知识链接

体液调节和神经调节有密切的关系，一方面，许多体液因素的生成和释放直接或间接地受神经系统的调节。例如，交感神经直接控制肾上腺素分泌；又如下丘脑释放神经激素间接地控制垂体、甲状腺、肾上腺皮质和性腺的内分泌活动。因此，体液调节可看作神经调节的延伸，激素成为反射弧传出途径的体液环节，所以称为神经—体液调节。近年来，神经系统的肽类激素在消化道中发现，原属于胃肠的肽类激素也在神经系统发现，总称为脑肠肽。由此可见，神经调节与激素调节关系甚为密切，某些方面甚至难以划分。研究神经和内分泌两大调节系统的相互关系及其统一体系已形成一门边缘学科，称为神经内分泌学。

任务四 畜（禽）体表主要部位及方位的认知

一、畜（禽）体表主要部位名称

为了便于说明家畜（禽）身体的各部分的位置，可将畜（禽）体划分为头部、躯干部、四肢三大部分（图1-21）。各部的划分和命名，都是以骨为基础。

图1-21 牛体表部位名称

1. 颅部 2. 面部 3. 颈部 4. 鬐甲部 5. 背部 6. 肋部 7. 胸骨部 8. 腰部
9. 髋结节 10. 腹部 11. 荐臀部 12. 坐骨结节 13. 髋关节 14. 股部 15. 膝部
16. 小腿部 17. 跗部 18. 跖部 19. 趾部 20. 肩胛部 21. 肩关节 22. 臂部
23. 肘部 24. 前臂部 25. 腕部 26. 掌部 27. 指部

（马仲华.2002.家畜解剖学及组织胚胎学.第三版）

（一）家畜体表的主要部位名称

1. 头部 又分为颅部和面部。

（1）颅部。位于颅腔周围。可分为枕部、顶部、额部、颞部等。

（2）面部。位于口、鼻腔周围。分眼部、鼻部、咬肌部、颊部、唇部、下颌间隙部等。

2. 躯干部 除头和四肢以外的部分称躯干。包括颈部、背胸部、腰腹部、荐臀部和尾部。

（1）颈部。以颈椎为基础，颈椎以上的部分称颈上部；颈椎以下的部分称颈下部。

（2）背胸部。位于颈部和腰荐部之间，其外侧被前肢的肩胛部和臂部覆盖。前方较高的部位称为鬐甲部，后方为背部；侧面以肋骨为基础称为肋部；前下方称胸前部；下部称胸骨部。

（3）腰腹部。位于背胸部与荐臀部之间。上方为腰部，两侧和下面为腹部。

（4）荐臀部。位于腰腹部后方，上方为荐部；侧面为臀部。后方与尾部相连。

（5）尾部。分为尾根、尾体、尾尖。

3. 四肢部

（1）前肢。前肢借肩胛和臂部与躯干的背胸部相连，分为肩带部、臂部、前臂部、前脚部。前脚部包括腕部、掌部、指部。

（2）后肢。由臀部与荐部相连，分为股部、小腿部、后脚部。后脚部包括跗部、跖部、趾部。

（二）家禽体表的主要部位名称

家禽也分为头部、躯干部、四肢部。头部又分为肉冠、肉髯、喙、鼻孔、眼、耳孔、脸等。躯干部分为颈部、胸部、腹部、背腰部、尾部等。前肢衍变成翼，分为臂部、前臂部等。后肢部又分为股、胫、飞节、跖、趾和爪等（图1-22）。

二、方位术语

（一）面

1. 矢状面 是与机体长状轴平行且与地面垂直的面。可分为正中矢状面和侧矢状面。正中矢状面在动物机体的正中线上，只有一个，将动物机体分为左右对称的两部分；侧矢面位于正中矢状面的侧方，与正中矢状面平行，有无数个（图1-23）。

图1-22 鸡体外貌部位名称

1.冠 2.头顶 3.眼 4.鼻孔 5.喙 6.肉髯 7.耳孔
8.耳叶 9.颈和颈羽 10.胸 11.背 12.腰 13.主尾羽
14.大翅羽 15.小翅羽 16.覆尾羽 17.鞍羽 18.翼羽
19.腹 20.胫 21.飞节 22.跖 23.距 24.趾 25.爪

（徐建义.2000.禽病防治）

图1-23 畜体的三个基本切面及方位
A. 正中矢状面 B. 横断面 C. 额面
1.前 2.后 3.背侧 4.前背侧 5.后背侧 6.腹侧 7.前腹侧
8.后腹侧 9.内侧 10.外侧 11.近端 12.远端 13.背侧 14.掌侧 15.跖侧

（马仲华.2002.家畜解剖学及组织胚胎学.第三版）

2. 额面 是与地面平行且与矢面、横断面垂直的面。额面将动物体分为背侧和腹侧两部分。

3. 横断面 是指横过动物体，与矢状面、额面都垂直的面。把动物体分为前、后两部分。

（二）轴

家畜都是四肢着地的，其身体长轴（或称纵轴）从头端至尾端，是与地面平行的。长轴也可以用于四肢和各器官，均以纵长的方向为基准，如四肢的长轴是四肢的上端至四肢的下端，与地面垂直。

（三）方位术语

靠近畜体头端的称前侧或头侧；靠近尾端的称后侧或尾侧；靠近脊柱的一侧称背侧；靠近腹部的一侧称腹侧；靠近正中矢状面的一侧称内侧；远离正中矢状面的一侧称外侧。

在四肢部，近端为靠近躯干的一端；远端是远离躯干的一端。前肢和后肢的前面称背侧；前肢的后面称掌侧；后肢的后面称跖侧。

任务五　畜体基本结构技能训练

技能训练一　显微镜的构造、使用和保养

【目的要求】了解显微镜的构造，掌握显微镜的使用方法、保养方法。

【材料及设备】显微镜、组织切片。

【方法步骤】

1. 显微镜的构造 生物显微镜的种类很多，但基本构造可分为两大部分。

（1）机械部分。有镜座、镜柱、镜臂、镜筒、活动关节、粗调节器、细调节器、载物台、推进器、压夹、转换器、聚光器、聚光器升降螺旋等。

镜座：呈马蹄铁形或方形，是直接与实验台接触的部分。

镜柱：是与镜座相连接的部分，与镜座一起支持和稳定整个显微镜。在斜行显微镜的镜柱内有细调节器的螺旋。

镜臂：与镜柱连接的弯曲部分，握持移动显微镜时使用。

镜筒：是附着于镜臂上端前方的圆筒。

活动关节：可使镜臂倾斜，用于调节镜柱与镜臂之间的角度。

粗调节器：可调节物镜与组织切片标本之间的距离。

细调节器：可调节切片中物体的清晰度，用以精确调节焦距。旋转一周，可使镜筒升降 0.1mm。

载物台：是放组织切片的平台，有圆形和方形的。中央有通光孔。

压夹：用于固定组织切片。

推进器：用于移动组织切片。可使标本前、后、左、右移动。

转换器：在镜筒下部，内有不同倍数的物镜，用于转换物镜。

聚光器升降螺旋：能使聚光器升降，从而调节光线的强弱。

(2) 光学部分。包括目镜、物镜、反光镜和聚光器。

目镜：在镜筒的上端，其上有数字，表示放大的倍数。目镜有5×、8×、10×、15×、16×等不同的倍数。

物镜：安装在转换器上，是显微镜中最贵重的部分。有低倍镜、高倍镜、油镜三种。低倍物镜有8×、10×、20×、25×。高倍物镜有40×、60×。油镜一般为100×。显微镜的放大倍数是目镜和物镜倍数的乘积。

反光镜：有平面和凹面。大多数显微镜无反光镜，直接安装灯泡作为光源。

聚光器：在载物台的下方，内装有光圈。

2. 显微镜的使用方法

(1) 显微镜的取放。取放显微镜时，必须右手握镜臂，左手托镜座，靠在胸前，轻轻地将其放在实验台上或显微镜箱内。

(2) 先用低倍镜对光（避免光线直射），直至获得清晰、均匀、明亮的视野为止。如用自然光源（阳光），可用反光镜的平面；如果用点状光源（灯光）可用反光镜的凹面。

(3) 置组织切片于载物台上（有盖玻片的组织切片，盖玻片朝上），将欲观察的组织切片中的组织块，对准通光孔的中央，用压夹固定。

(4) 旋动粗调节器，使显微镜载物台徐徐上升，将头偏于一侧，用眼睛注视载物台的上升程度（原则上物镜与组织切片之间的距离缩到最小），防止压碎组织切片，当转换高倍镜或油镜时更要注意。

(5) 观察组织切片。观察组织切片时，应先将低倍镜旋至镜筒正下方，用左眼自目镜观察，右眼睁开，同时转动粗调节器，物镜上升到一定的程度，就会出现模糊的物像，再慢慢转动细调节器进行调节，直到物像清晰为止。注意在转动调节器使载玻片与镜头靠近时，一定要缓慢，以防物镜压碎标本片，损伤物镜镜头。

在低倍镜观看后，如果需要更细致地观察某一局部构造，可改用高倍镜。用转换器将高倍镜旋至镜筒正下方，并转动细调节器进行调节，以其获得清晰的物像。有些显微镜在转换高倍镜时，必须先转动粗调节器，将载物台下移（或镜筒上移）以使镜头远离标本片，转换高倍镜后，再转动粗调节器，将载物台上移（或镜筒下移）以使镜头接近标本片，出现模糊物像后再用细调节器调节至物像清晰为止。

组织学的切片标本，大多数在高倍镜下即能辨认。如果需要采用油镜观察时，应先用高倍镜观察，把欲观察的部位置于视野的中央，然后移开高倍镜，将香柏油滴在欲观察的标本上，转换油镜与标本上的油液相接触，再轻轻转动细调节器，直到获得最清晰的物像为止。

(6) 在调节光线时，可扩大或缩小光圈的开孔；也可调节聚光器的螺旋，使聚光器上升和下降；有的还可以直接调节灯光的强度。

3. 显微镜的保养方法

(1) 使用完显微镜后，取下组织切片标本，旋动转换器，使物镜叉开呈"八字"形，转动粗调节器，使载物台下移，然后用绸布包好，放入显微镜箱内。

(2) 若显微镜的目镜或物镜落有灰尘时，要用擦镜纸擦净，严禁用口吹或手抹。

(3) 切勿粗暴转动粗、细调节器，并保持该部的清洁。

(4) 切勿将显微镜置于日光下或靠近热源处。

(5) 不要随意弯曲显微镜的活动关节，防止机件因磨损而失灵。

(6) 不许随意拆卸显微镜任何部件，以免损坏和丢失。

(7) 在使用的过程中，切勿用酒精或其他药品污染显微镜。一定将其保存在干燥处，不能使其受潮，否则会使光学部分发霉、机械部分生锈，尤其是在多雨季节或多雨地区更应注意。

(8) 用完油镜后，应立即用擦镜纸蘸少量的二甲苯擦去镜头、标本的油液，再用干的擦镜纸擦。对无盖玻片的标本片，可采用"拉纸法"，即把一小张擦镜纸盖在玻片上的香柏油处，加数滴二甲苯，趁湿向外拉擦镜纸，拉去后丢掉，如此3～4次，即可把标本上的油擦净。

【技能考核】 认识显微镜的主要构造和作用，熟练使用显微镜。

技能训练二 畜体基本组织的识别

【目的要求】 掌握单层柱状上皮、单层立方上皮、疏松结缔组织、骨骼肌、平滑肌、神经元的结构特点。

【材料及设备】 显微镜、单层柱状上皮、单层立方上皮（肾髓质切片）、疏松结缔组织铺片、骨骼肌、平滑肌、神经组织切片及相关的图。

【方法步骤】

1. 单层柱状上皮的观察 先用低倍镜观察，找到比较典型的部位，再换高倍镜观察细胞的结构。细胞呈高柱状，核椭圆形，位于细胞的基底部，比较均匀地排列在同一水平线上。

2. 单层立方上皮的观察（示教） 先用低倍镜观察，找到比较典型的部位，如肾集合管的纵切或横切面，再用高倍镜。观察到呈立方形的细胞，核圆形，位于细胞的中央。

3. 疏松结缔组织的观察 先用低倍镜找到比较典型的部位，可见到交织成网的纤维，与许多散在分布于纤维之间的细胞，以及纤维与细胞间无定型的基质。再用高倍镜观察。可看到胶原纤维呈红色，粗细不等，呈索状或波浪状，数量多；还有细的弹性纤维。还可看到轮廓不清、具有突起的成纤维细胞、形态不固定的组织细胞；椭圆形、细胞质内有粗大颗粒的肥大细胞；胞核呈车轮状、偏于一侧的浆细胞。

4. 骨骼肌的观察 用低倍镜观察呈圆柱状的骨骼肌细胞，换高倍镜，可看到在细胞膜的下方有许多卵圆形的细胞核，肌原纤维沿细胞的长轴排列，有清楚的横纹。

5. 神经元的观察（示教） 可用脊髓的切片或运动神经元的切片，先用低倍镜，后用高倍镜，可清楚看到大而圆的核、清楚的核膜、核仁。细胞质内有细丝状的神经元纤维，尼氏小体。从胞体向四周发出突起，树突短，分支多。

6. 平滑肌的观察（示教） 低倍镜下可看到红色的平滑肌纤维；高倍镜下可看到平滑肌纤维呈长梭形，两头尖，中央宽，有椭圆形的细胞核。

【技能考核】 在显微镜下正确识别上述组织切片，并绘出结构图。

复习思考题

1. 名词解释：细胞、组织、器官、系统、内脏、染色质。
2. 简述细胞构造。

3. 简述细胞膜的构造,细胞膜进行物质转运的方式、特点及转运的物质。
4. 什么是染色质?染色质与染色体有何不同?
5. 什么是组织?构成畜体的组织有几类?
6. 简述被覆上皮组织的特点、分类、分布和功能。
7. 简述结缔组织的特点、分类、分布和功能。
8. 简述肌组织的种类、分布及生理特性。
9. 绘出牛的体表名称图。

项目二 牛（羊）解剖生理

学习目标和思政目标

了解牛运动系统的组成和机能；掌握骨的化学成分和物理特性；掌握牛全身主要骨、关节和肌肉的位置。能在活体上识别牛全身主要骨、关节、肌肉和骨性、肌性标志。具备劳动精神和工匠精神，践行"三牛"精神，能吃苦耐劳、爱岗敬业、团结协作；树立健康中国理念，增强安全防护意识；敬畏生命，关注动物福利。

任务一 运动系统认知

运动系统由骨、骨连结、肌肉三部分组成。全身骨由骨连结连接成骨骼，骨骼构成畜体的支架，在维持体型、保护脏器和支持体重方面起着重要作用。肌肉附着于骨骼上，肌肉收缩时，以关节为支点，使骨的位置移动而产生各种运动。因此，在运动中，骨起杠杆作用，关节是运动的枢纽，肌肉则是运动的动力。

骨骼和肌肉共同构成了畜体的轮廓，构成了畜体的外型。位于皮下的一些骨性突起和肌肉，可以在体表看到或触摸到，在畜牧生产中常用来作为确定内部器官位置和进行体尺测量的标志。

一、骨　骼

家畜每一块骨都有一定的形态和功能，是一个复杂的器官。骨由骨组织构成，坚硬而有弹性，有丰富的血管、淋巴管及神经，具有新陈代谢及生长发育的特点，并具有改建和再生能力。骨基质内沉积有大量的钙盐和磷酸盐，是畜体的钙、磷库，参与钙、磷的代谢与平衡。

（一）骨

1. 骨的形态　骨的形状是多种多样的，根据形状的不同，可分为长骨、短骨、扁骨和不规则骨四种类型。

（1）长骨。主要分布于四肢的游离部，呈圆柱状。两端膨大，称骺；中部较细，称骨干或骨体。骨干中的空腔为骨髓腔，容纳骨髓。长骨的作用是支持体重和形成运动杠杆。

（2）扁骨。为板状，主要位于颅腔、胸腔的周围及四肢的带部，能保护脑等重要器官。如颅骨、肩胛骨等。

（3）短骨。呈不规则的立方形，多成群地分布于四肢的长骨之间，除起支持作用外，还有分散压力和缓冲振动的作用。如腕骨、跗骨等。

（4）不规则骨。形状不规则，一般构成畜体的中轴，具有支持、保护和供肌肉附着的作用。如椎骨等。

2. 骨的构造　骨由骨膜、骨质、骨髓和血管、神经构成（图2-1）。

图 2-1 骨的构造模式
A. 臂骨的纵切面，上端表示骨松质的结构　B. 长骨骨干示骨膜
1. 骨密质　2. 骨髓腔　3. 骨松质　4. 骨膜
(马仲华.2002.家畜解剖学及组织胚胎学.第三版)

(1) 骨膜。是覆盖在骨表面的一层结缔组织膜，呈淡粉红色。骨膜分为深浅两层。浅层为纤维层，富有血管和神经，具有营养和保护作用；深层为成骨层，富含成骨细胞，参与骨的形成。在骨受损伤时，成骨层有修补和再生骨质的作用。

(2) 骨质。是构成骨的主要成分，分为骨密质和骨松质两种。骨密质致密而坚硬，耐压性强，分布在长骨的骨干和其他类型骨的外层；骨松质结构疏松，由许多骨板和骨针交织成海绵状，分布在长骨骺和其他类型骨的内部。骨密质和骨松质在骨内的这种配布，使骨既轻便又坚固，适于运动。

(3) 骨髓。位于长骨的骨髓腔和骨松质的间隙。胎儿和幼龄动物的骨髓全是红骨髓。随着年龄的增长，骨髓腔中的红骨髓逐渐被黄骨髓取代，因此成年动物有红、黄两种骨髓。红骨髓内含有不同发育阶段的各种血细胞，有造血功能；黄骨髓主要由脂肪组织构成，具有贮存营养的作用。家畜失血过多时，黄骨髓可变成红骨髓，恢复造血功能。

(4) 血管、神经。骨具有丰富的血液供应，分布在骨膜上的小血管经骨表面的小孔进入并分布于骨密质。较大的血管称滋养动脉，穿过滋养孔分布于骨髓。骨膜、骨质和骨髓均有丰富的神经分布。

3. 骨的化学成分和物理特性　骨是体内坚硬的组织，且具有很好的弹性，能承受相当大的压力和张力。骨的这种性质，与骨的化学成分有密切的关系。

骨由有机物和无机物组成。有机物主要是骨胶原（蛋白质），是骨的弹性和韧性的物质基础；无机物主要是钙盐（碳酸钙、磷酸钙等），是骨的坚固性的物质基础。成年家畜的骨约含 1/3 的有机物和 2/3 的无机物，这样的比例使骨具有最大的坚固性，又具有较好的韧性。幼畜的骨内有机物较多，故弹性和韧性大，不易骨折，但易弯曲变形；老年家畜骨内无机物含量增多，故脆性较大，易发生骨折。妊娠和泌乳母畜骨内的钙质可被胎儿吸收或随乳汁排出，造成无机质的减少，易发生软骨病。因此，应注意饲料成分的合理调配，以预防软骨病的发生。

项目二 牛（羊）解剖生理

> **知识链接**
>
> 如果饮食中摄入钙不足或肠道对钙的吸收减少，就会引起机体缺钙。为了维持正常的血钙水平，机体会通过溶解骨骼中的钙进入血液中，从而导致骨骼骨质减少。这种钙入不敷出的状态长期延续，骨质就会变得疏松多孔而易于骨折。

（二）骨连结

骨与骨相互连接的部位称为骨连结。骨连结可分为两大类：直接连结和间接连结。

1. 直接连结 两骨的相对面或相对缘借结缔组织直接相连，其间无腔隙，不活动或仅有小范围活动。直接连结分为三种类型：

（1）纤维连结。两骨之间以纤维结缔组织连结，比较牢固，一般无活动性。如头骨间的连结。这种连结老龄时常骨化，变成骨性结合。

（2）软骨连结。两骨相对面之间借软骨连结，基本不能运动。由透明软骨连结的，到老龄时，常骨化为骨性结合，如长骨与骨骺之间的骺软骨等；由纤维软骨连结的，终生不骨化，如椎体间的椎间盘等。

（3）骨性结合。两骨相对面以骨组织连结，完全不能运动。这种连结常由纤维连结和软骨连结骨化而成。如荐骨椎体间的结合，髂骨、坐骨和耻骨间的结合等。

2. 间接连结 又称关节，是骨与骨之间可灵活活动的连结，为骨连结中较为普遍的一种形式。如四肢的关节等。

（1）关节的构造。关节由关节面、关节软骨、关节囊和关节腔构成（图2-2）。有的关节尚有韧带、关节盘等辅助结构。

图2-2 关节构造模式
1. 关节囊纤维层 2. 关节囊滑膜层
3. 关节腔 4. 关节软骨
（马仲华.2002.家畜解剖学及
组织胚胎学.第三版）

关节面：是骨与骨相接触的光滑面，骨质致密，形状彼此互相吻合。其中的一个面略凸，称关节头；另一个略凹，称关节窝。

关节软骨：是附着在关节面上的一层透明软骨，光滑而有弹性和韧性，可减少运动时的冲击和摩擦。

关节囊：是包围在关节周围的结缔组织囊。囊壁分内、外两层：外层为纤维层，由致密结缔组织构成，厚而坚韧，有保护作用；内层为滑膜层，由疏松结缔组织构成，薄而柔软，有丰富的血管网。内层能分泌透明的滑液，有营养软骨和润滑关节的作用。

关节腔：是关节软骨和关节囊之间的密闭腔隙，内有少量淡黄色的滑液，有润滑、缓冲震动及营养关节的作用。

关节的辅助结构：是适应关节的功能而形成的一些结构，主要有韧带和关节盘。韧带是在关节囊外连在相邻两骨间的致密结缔组织带，有增强关节稳定性的作用。关节盘是位于两个关节面间的纤维软骨板，有加强关节稳定性、缓冲震动等作用。

（2）关节的类型。不同的分类方法可把关节分成不同的类型。

根据构成关节骨的数目，可把关节分为单关节和复关节两类。单关节由相邻两块骨构成,如前肢的肩关节;复关节由多块骨构成,如腕关节、膝关节。

根据关节运动轴的数目,可把关节分为单轴关节、双轴关节和多轴关节三类:单轴关节一般由中间有沟或嵴的滑车状关节面构成,只能沿横轴作屈、伸运动;双轴关节由椭圆形的关节面和相应的关节窝构成,能作屈、伸运动及左右摆动,如寰枕关节;多轴关节由半球形的关节头和相应的关节窝构成,能作屈、伸、内收、外展及旋转运动,如肩关节和髋关节。

知识链接

关节受到外界因素的作用使滑膜受到损伤而引发的炎症,称为关节炎。因外伤(如挫伤、扭伤)引起滑膜损伤,浆液性分泌物增多而致关节肿胀,称为浆液性关节炎;因化脓性细菌侵入关节内引起滑膜损伤而致化脓,称为化脓性关节炎。

(三)全身骨骼的构成

牛的全身骨骼,按其所在部位分为头部骨骼、躯干骨骼、前肢骨骼和后肢骨骼(图2-3)。

图2-3 牛的全身骨骼

1.头骨 2.颈椎 3.胸椎 4.腰椎 5.荐骨 6.尾椎 7.髋骨 8.股骨 9.髌骨
10.腓骨 11.胫骨 12.踝骨 13.跗骨 14.跖骨 15.近籽骨 16.趾骨
17.肋骨 18.胸骨 19.肩胛骨 20.臂骨 21.尺骨 22.桡骨 23.腕骨 24.掌骨 25.指骨

(马仲华.2002.家畜解剖学及组织胚胎学.第三版)

1. 头部骨骼

(1)头骨的组成。头骨多为扁骨和不规则骨,分颅骨和面骨两部分(图2-4、图2-5)。

①颅骨:位于头部后上方,围成颅腔,容纳并保护脑。

枕骨:单骨,位于颅骨后部,构成颅腔后底壁,后方中部有枕骨大孔与椎管相通,大孔的两侧有卵圆形的关节面为枕髁,与寰椎关节窝构成关节。

顶骨与顶间骨:构成颅腔后壁,与枕骨愈合。

项目二 牛(羊)解剖生理
XIANGMUER NIU(YANG)JIEPOUSHENGLI

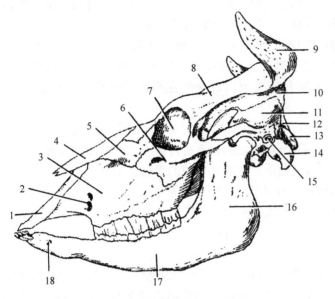

图 2-4 牛的头骨（侧面）
1. 切齿骨 2. 眶下孔 3. 上颌骨 4. 鼻骨 5. 泪骨 6. 颧骨 7. 眶窝
8. 额骨 9. 角突 10. 顶骨 11. 颞骨 12. 枕骨 13. 枕髁
14. 颈静脉突 15. 外耳道 16. 下颌支 17. 下颌体 18. 颏孔
（马仲华.2002.家畜解剖学及组织胚胎学.第三版）

关节的结构（动画）

滑膜囊和腱鞘（动画）

友情提示：
本教材所配数字资源大部分以犬的解剖构造为例，供您学习参考。

图 2-5 牛的头骨（背侧面）
1. 顶骨 2. 顶间骨及枕骨 3. 枕嵴 4. 颞骨 5. 角突 6. 额骨 7. 眶窝 8. 泪泡
9. 泪骨 10. 颧骨 11. 鼻骨 12. 上颌骨 13. 面结节 14. 切齿骨 15. 犁骨 16. 眶上孔
（马仲华.2002.家畜解剖学及组织胚胎学.第三版）

额骨：构成颅腔顶壁，很大，约占头骨背面的一半，呈四方形，宽而平坦。其后缘与顶骨之间，形成额隆起，为头骨的最高点。额骨后方两侧有角突。

颞骨：位于头骨的后外侧，构成颅腔侧壁。分为鳞颞骨和岩颞骨。鳞颞骨向外伸出颧突，是头骨背面的最宽处，其基部有眶上沟及眶上孔。颧突与颧骨的颞突相结合，形成颧弓。在颧突的腹侧有颞髁，与下颌骨成关节。岩颞骨在鳞颞骨的后方，构成位听器官的支架。

蝶骨：位于颅腔底壁，形似蝴蝶，由蝶骨体、两对翼和一对翼突构成。

筛骨：位于颅腔前壁，介于颅腔与鼻腔之间，上有许多小孔，有嗅神经通过。

②面骨：位于头部前下方，构成眼眶、鼻腔和口腔的骨性支架。

鼻骨：对骨，构成鼻腔的顶壁，短而窄，前后几乎等宽。

上颌骨：对骨，构成鼻腔的侧壁、底壁和口腔的上壁。几乎与所有的面骨相接。上颌骨的外侧面宽大，有面嵴和眶下孔。上颌骨的下缘称齿槽缘，有臼齿齿槽；上颌骨内、外骨板间形成发达的上颌窦。

泪骨：对骨，位于眼眶前部。其眶面有一漏斗状的泪囊窝，为骨性鼻泪管的开口。

颧骨：位于泪骨的下方，前面与上颌骨相接，构成眼眶的下壁。颧骨向后方伸出颞突，与颞骨的颧突形成颧弓。

颌前骨（切齿骨）：对骨，位于上颌骨的前方。骨体薄而扁平，无切齿齿槽。两侧的切齿骨互相分开，前部距离较宽。

鼻甲骨：是两对卷曲的薄骨片，附着于鼻腔的侧壁上，形成鼻腔黏膜的支架。

下颌骨：是面骨中最大的一块，分为左、右两半，每半分为下颌骨体和下颌支两部分。下颌骨体位于前方，骨体厚，前缘上方有切齿齿槽，后方有臼齿齿槽，切齿齿槽与臼齿齿槽间的平滑区域为齿槽间隙。下颌支位于后方，呈上下垂直的板状，上部后方有一平滑的关节面为下颌髁，与颞髁构成颞下颌关节；下颌髁的前方有一突起称冠状突。两侧下颌骨之间的空隙为下颌间隙。在下颌骨体与下颌支交界处下缘，有下颌血管切迹。

舌骨：位于下颌间隙后部，由数块小骨构成，支持舌根、咽及喉。

(2) 副鼻窦。又称鼻旁窦，是鼻腔附近一些头骨内的含气腔体的总称。它们直接或间接与鼻腔相通，故称鼻旁窦。主要有额窦和上颌窦。

额窦：很大，伸延于整个额部、颅顶壁和部分后壁，并与角突的腔相通连。正中有一隔，将左、右两窦分开。

上颌窦：主要在上颌骨、泪骨和颧骨内。上颌窦在眶下管内侧的部分很发达，伸入上颌骨腭突与腭骨内，故又称腭窦。

(3) 头骨的连结。头骨的连接大部分为缝隙连结，骨与骨之间不能活动。颞下颌关节是头部唯一的活动关节，由下颌骨和颞骨构成，能做开口、闭口运动。

2. 躯干骨骼

(1) 躯干骨。包括椎骨、肋和胸骨。它们连接起来构成脊柱和胸廓。

①椎骨：可分为颈椎、胸椎、腰椎、荐椎和尾椎。牛有7块颈椎，13块胸椎，6块腰椎，5块荐椎，18～20块尾椎。各椎骨相互连接起来，形成脊柱。脊柱中央有纵行的椎管，由各椎骨的椎孔相连而成，内藏脊髓。椎管两侧各有一排椎间孔，有脊神经通过。椎骨由椎体、椎弓和突起三部分构成（图2-6）。

椎体：呈短柱状，位于椎骨腹侧，前面略凸为椎头，后面略凹为椎窝。

椎弓：是位于椎体背侧的拱形骨板，与椎体围成椎孔。椎弓基部的前后缘各有一对切迹，相邻椎弓的切迹合成椎间孔，供血管、神经通过。

突起：有三种。由椎弓背侧向上方伸出一个突起，称棘突；从椎弓基部向两侧伸出的一对突起，称横突；从椎弓背侧的前、后缘各伸出一对关节突，分别称为前、后关节突。

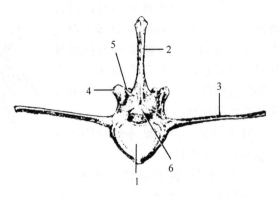

图2-6 椎骨的构造
1. 椎头 2. 棘突 3. 横突
4. 前关节突 5. 后关节突 6. 椎孔
（范作良．2001．动物解剖）

各部椎骨因所执行的机能及所在部位的不同，其形态结构略有差异。颈椎形状不规则，第3～6颈椎形态结构相似，第一颈椎呈环状又称寰椎，第二颈椎称枢椎，第七颈椎与胸椎相似。胸椎棘突发达，其中第2～6胸椎棘突最高，是构成鬐甲的骨质基础。腰椎横突发达，构成腹腔顶壁的骨质基础。荐椎愈合在一起称为荐骨，构成了盆腔顶壁的骨质基础，其横突相互愈合并向两侧突出，形成宽阔的荐骨翼，翼的背外侧有耳状关节面与髂骨成关节。尾椎腹侧有一血管沟，供尾中动脉通过。

②肋：为左右成对的弓形长骨，连于胸椎与胸骨之间，构成胸腔的侧壁。相邻肋之间的间隙，称肋间隙。肋的对数与胸椎枚数一致，牛有13对。每根肋包括背侧的肋骨和腹侧的肋软骨。

肋骨：肋骨的椎骨端前方有肋骨小头，与胸椎的肋窝成关节；肋骨小头的后方有肋结节，与胸椎横突成关节。

肋软骨：由透明软骨构成。第1～8对肋以肋软骨直接与胸骨相连，称真肋。其余的肋，以肋软骨依次连于前一肋的肋软骨上，称假肋。最后肋骨与假肋肋软骨依次连接所形成的弓形结构，称为肋弓。

③胸骨：位于胸廓底壁的正中，由7块胸骨片（马有6～8块胸骨片）借软骨连接而成，呈上下略扁的船形。胸骨由前向后分为胸骨柄、胸骨体和剑状软骨（剑突）三部分。胸骨柄、胸骨体的两侧有肋窝，与真肋的肋软骨直接成关节。

④胸廓：由胸椎、肋和胸骨共同构成，呈前小后大的截顶圆锥形。胸廓前口由第一胸椎、第一对肋和胸骨柄围成；胸廓后口由最后一个胸椎、左右肋弓和剑状软骨围成。胸廓前部的肋短而粗，具有较大的坚固性，以保护心、肺并便于连接前肢；胸廓后部的肋细而长，具有较大的活动性，以适应呼吸运动。

（2）躯干骨的连接。包括脊柱连结和胸廓连结。

①脊柱连结：分为椎体间连结、椎弓间连结和脊柱总韧带。椎体间连结是相邻椎骨的椎体借椎间盘相连结；椎弓间连结是相邻椎骨的前后关节突间形成的滑动关节；脊柱总韧带是分布在脊柱上起连结加固作用的辅助结构，除椎骨间的短韧带外还有三条贯穿脊柱的长韧带，即棘上韧带、背纵韧带和腹纵韧带。

棘上韧带：位于棘突顶端，由枕骨伸至荐骨。棘上韧带在颈部变得宽大，称为项韧带。项韧带由弹性纤维构成，呈黄色，分为背侧的索状部和腹侧的板状部（图2-7）。项韧带的作用是辅助颈部肌肉支持头部。

背纵韧带：位于椎体的背侧，起于枢椎，止于荐椎。

腹纵韧带：位于椎体的腹侧面，并紧紧附着于椎间盘上。由胸椎中部开始，止于荐骨。

②胸廓连结：包括肋椎关节和肋胸关节。前者是肋骨与胸椎形成的关节，后者是肋软骨与胸骨形成的关节。

图2-7 牛的项韧带
1. 索状部 2. 板状部
（马仲华.2002.家畜解剖学及组织胚胎学.第三版）

3. 前肢骨骼

（1）前肢骨。包括肩胛骨、臂骨、前臂骨、腕骨、掌骨、指骨和籽骨（图2-8）。

肩胛骨：为三角形的扁骨，斜位于胸侧壁前上部。其上缘附着肩胛软骨，外侧有一纵行的嵴，称为肩胛冈。肩胛冈前上方为冈上窝，后下方为冈下窝，下端有一突起，称为肩峰。肩胛骨内侧面的凹窝为肩胛下窝，远端的关节窝为肩臼。

臂骨：为一管状长骨，斜位于胸部两侧的前下部，由前上方斜向后下方。近端粗大，前方两侧有内、外结节，外侧结节又称大结节，两结节间是臂二头肌沟；后方有球形的臂骨头，与肩臼成关节。臂骨骨干呈扭曲的圆柱状，外侧有三角肌结节，远端有髁状关节面，与桡骨成关节。髁的后面有一深的肘窝（鹰嘴窝）。

前臂骨：包括桡骨和尺骨。成年后两骨彼此愈合，二骨间的缝隙为前臂骨间隙。桡骨位于前内侧，大而粗，近端与臂骨成关节，远端与近列腕骨成关节。尺骨位于后外侧，近端粗大，突向后上方，称肘突（鹰嘴）；远端稍长于桡骨。

腕骨：由6块短骨组成，排成上、下两列。近列4块，由内向外依次是桡腕骨、中间腕骨、尺腕骨和副腕骨；远列2块，内侧一块较大，由第二、第三腕骨构成；外侧一块为第四腕骨。

掌骨：牛有3块掌骨，即3、4、5掌骨。第三、四掌骨发达，称为大掌骨。第五掌骨为小掌骨，为一圆锥形小骨，附于第四掌骨的近端外侧。大掌骨的近端、骨干愈合在一起，只有其远端分开。

指骨：牛有4个指，即2、3、4、5指。其中第三、四指发育完整，称主指，每指有三个指节骨，依次为系骨、冠骨和蹄骨。第二、五指退化，不与地面接触，称悬指，每指仅有两块指节骨，即冠骨与蹄骨。

籽骨：为块状小骨，分为近籽骨和远籽骨。近籽骨共有4块，位于大掌骨下端与系骨之间的掌侧；远籽骨2块，位于冠骨与蹄骨之间的掌侧。

（2）前肢关节。前肢与躯干之间不形成关节，借强大的肩带肌与躯干连接。前肢各骨之间以关节的形式相连，自上而下依次为：

图 2-8 牛的前肢骨
A. 外侧（左） B. 内侧（右）
1. 肩胛骨 2. 肩胛冈 3. 肩峰 4. 臂骨 5. 臂骨头 6. 外侧结节 7. 桡骨 8. 尺骨
9. 鹰嘴 10. 前臂骨间隙 11. 桡腕骨 12. 中间腕骨 13. 尺腕骨 14. 副腕骨 15. 第二、三腕骨
16. 第四腕骨 17. 第五掌骨 18. 大掌骨 19. 近籽骨 20. 系骨 21. 冠骨 22. 蹄骨
（马仲华.2002.家畜解剖学及组织胚胎学，第三版）

肩关节：由肩胛骨的肩臼与臂骨头构成，角顶向前，属多轴关节。
肘关节：由臂骨远端与前臂骨的近端构成，角顶向后，属单轴关节。
腕关节：为复关节，由前臂骨远端、腕骨及掌骨近端构成，角顶向前。
指关节：包括系关节（球节）、冠关节和蹄关节。系关节由掌骨远端、近籽骨与系骨近端构成；冠关节由系骨远端、冠骨近端构成；蹄关节由冠骨远端、远籽骨及蹄骨近端构成。这些关节主要进行屈、伸运动。

4. 后肢骨骼（图 2-9）

（1）后肢骨。包括髋骨、股骨、膝盖骨、小腿骨、跗骨、跖骨、趾骨和籽骨。
髋骨：由髂骨、耻骨和坐骨结合而成。三骨结合处形成一个深的杯状关节窝，称髋臼。髂骨位于背外侧，其前部宽而扁，呈三角形，称髂骨翼；后部呈三棱形，称髂骨体。髂骨翼的外侧面称臀肌面，内侧面（骨盆面）称耳状面，外侧角称髋结节，内侧角称荐结节。耻骨位于腹侧前方，坐骨位于腹侧后部。两骨之间的结合处，分别称为耻骨联合和坐骨联合，合称为骨盆联合。两侧坐骨后缘形成坐骨弓，弓的两端突出且粗糙，称坐骨结节。

图2-9 牛的后肢骨
A.外侧（左） B.内侧（右）
1.荐骨 2.尾椎 3.髂骨 4.坐骨 5.耻骨 6.股骨 7.髌骨 8.腓骨 9.胫骨
10.腓跗骨 11.距骨 12.中央、第四跗骨 13.第二、三跗骨 14.第一跗骨
15.第二跖骨 16.大跖骨 17.近籽骨 18.系骨 19.冠骨 20.蹄骨 21.荐结节
22.髋结节 23.坐骨结节 24.股骨头 25.大转子 26.踝骨
(马仲华.2002.家畜解剖学及组织胚胎学.第三版)

股骨：为一大的管状长骨。由后上方斜向前下方，近端内侧有球形的股骨头，外侧有一粗大的突起称为大转子。远端粗大，前方为滑车状关节面，与髌骨成关节；后方为股骨髁，与胫骨成关节。

膝盖骨：又称髌骨，呈圆锥形，位于股骨远端的前方。其前面粗糙，供肌腱、韧带附着；后面为关节面，与滑车状关节面成关节。

小腿骨：包括胫骨和腓骨。胫骨发达，呈棱柱状。近端粗大，有内、外髁，与股骨成关节；远端有滑车状关节面，与胫跗骨成关节。腓骨位于胫骨外，已退化，为一向下的小突起。

跗骨：由5块短骨组成，排成三列。近列跗骨两块，内侧是距骨，外侧是跟骨；中列的中央跗骨和远列的第四跗骨愈合；远列两块，第一跗骨小，第二、三跗骨愈合。

跖骨、趾骨和籽骨：分别与前肢相应的掌骨、指骨和籽骨相似。

(2) 后肢关节及骨盆。

①后肢关节：后肢以荐髂关节与躯干牢固相连，以便把后肢肌肉收缩时产生的推动力传

向躯体。为保持站立时的稳定，后肢各关节与前肢相适应，除趾关节外，各关节的方向相反。后肢关节由上向下依次是：

荐髂关节：由荐骨翼与髂骨的耳状关节面构成，关节面不平整，周围有短而强的关节囊，并有一层短的韧带加固。因此，荐髂关节几乎不能活动。

髋关节：由髋臼和股骨头构成，属多轴关节。髋关节能进行多方面运动，但主要是屈、伸运动。在关节屈曲时常伴有外展和旋外，在伸展时伴有内收和旋内。

膝关节：为复关节，包括股胫关节和股髌关节，关节角顶向前。股胫关节由股骨远端的髁和胫骨近端的关节面构成；股髌关节由髌骨和股骨远端的滑车关节面构成。膝关节为多轴关节，但由于受到肌肉和韧带的限制，主要作屈、伸运动。

跗关节：又称飞节，是由小腿骨远端、跗骨和跖骨近端构成的复关节。跗关节为单轴关节，主要作屈、伸运动。

趾关节：包括系关节、冠关节和蹄关节。其构造与前肢指关节相同。

②骨盆：由左右髋骨、荐骨、前四个尾椎和两侧的荐坐韧带围成，呈前宽后窄的圆锥形（图2-10）。骨盆腔具有保护盆腔脏器和传递推力的作用。骨盆的形状和大小，因性别而异。总的说来，母畜的骨盆腔较公畜的大而宽敞，荐骨与耻骨的距离（骨盆纵径）较公畜大；髋骨两侧对应点的距离较公畜远，也就是骨盆的横径也较大；骨盆底的耻骨部较凹，坐骨部宽而平；骨盆后口也较大。

图2-10 牛的髋骨（背侧面）
1.荐结节 2.髋结节 3.髂骨翼 4.髂骨体
5.耻骨 6.闭孔 7.坐骨 8.坐骨结节
9.坐骨弓 10.髋臼

（马仲华.2002.家畜解剖学及组织胚胎学.第三版）

二、肌 肉

运动系统的肌肉属于横纹肌，因其附着在骨上，故又称骨骼肌。每块肌肉都是一个器官，都具有一定的形态构造和功能。

（一）概述

1. 肌肉的形态和构造 畜体肌肉的形状多种多样，根据形态可将其分为长肌、短肌、阔肌和环形肌四种。长肌多分布于四肢；短肌主要存在于脊柱相邻椎骨之间；阔肌多见于胸、腹壁；环形肌分布在自然孔周围。每一块肌肉都分肌腹和肌腱两部分。

（1）肌腹。由许多骨骼肌纤维借结缔组织结合而成，肌腹收缩，产生运动。肌纤维是肌肉的实质部分，结缔组织则为间质部分。由结缔组织把肌纤维先集合成小肌束，再集合成大的肌束，然后集合成肌肉块。包在肌肉外面的结缔组织称为肌外膜，包在肌束外的称为肌束膜，包在肌纤维外的称为肌内膜。间质内有血管、神经和脂肪，对肌肉起连接、支持和营养作用。

（2）肌腱。在肌肉的两端，致密结缔组织取代肌纤维而形成肌腱。肌腱在四肢多呈索状，在躯干多呈薄板状。肌腱不能收缩，但具有很强的韧性和抗张力，其纤维伸入到骨膜和骨质中，而使肌肉牢固地附于骨上。

2. 肌肉的起止点 肌肉一般都以两端附着于骨或软骨，中间越过一个或多个关节。当肌肉收缩时，肌腹变短，以关节为运动轴，牵引骨发生位移而产生运动。肌肉收缩时，固定不动的一端为起点，活动的一端为止点。但随着运动状况发生变化，起止点也可发生改变。

3. 肌肉的种类及命名 肌肉一般根据作用、形态、位置、结构、起止点及肌纤维方向等特征命名。如伸肌、屈肌、内收肌等是根据其作用命名；二头肌、三角肌等是根据其形态命名；直肌、横肌、斜肌等是根据其纤维方向命名；臂头肌、胸头肌等是根据起止点命名。大多数肌肉是综合了数个特征而命名。

4. 肌肉的辅助器官 在肌肉周围，还有一些肌肉的辅助器官，如筋膜、黏液囊和腱鞘等。

（1）筋膜。为覆盖在肌肉表面的结缔组织膜，可分为浅筋膜和深筋膜。浅筋膜位于皮下，由疏松结缔组织构成，覆盖在整个肌肉表面。浅筋膜内有血管、神经、脂肪及皮肌分布，有保护、贮存营养和调节体温的作用；深筋膜由致密结缔组织构成，致密而坚韧，包围在肌群的表面，并伸入肌间，附着于骨上，有连接和支持肌肉的作用。

（2）黏液囊。是密闭的结缔组织囊，囊壁薄，内衬滑膜，囊内有少量黏液。黏液囊多位于骨的突起与肌肉、肌腱、皮肤之间，有减少摩擦的作用。关节附近的黏液囊常与关节腔相通，称为滑膜囊。

（3）腱鞘。是卷曲成长筒状的黏液囊，分内、外两层。外层为纤维层，由深筋膜增厚而成；内层为滑膜层，又分壁层和脏层。壁层紧贴在纤维层的内面，脏层紧包在腱上，壁层与脏层之间形成空腔，内有少量滑液。腱鞘包围于腱的周围，多位于四肢关节部，有减少摩擦、保护肌腱的作用。

（二）全身主要肌肉的分布

牛的全身肌肉，按所在部位，可分为头部肌肉、躯干肌肉、前肢肌肉和后肢肌肉（图2-10）。在头颈等部位还有皮肌。

1. 皮肌 皮肌为分布于浅筋膜中的薄层骨骼肌，大部分与皮肤深面紧密相连。皮肌并不覆盖全身，根据其部位可分为面皮肌、颈皮肌、肩臂皮肌及躯干皮肌。皮肌的作用是颤动皮肤，以驱除蚊蝇及抖掉灰尘及水滴等。

2. 头部肌肉 主要分为面部肌和咀嚼肌。

（1）面部肌。是位于口腔、鼻孔、眼孔周围的肌肉，分为开张自然孔的开肌和关闭自然孔的括约肌。

开肌：起于面部，止于自然孔周围。主要有鼻唇提肌、鼻外侧开肌、上唇提肌、下唇降肌。

括约肌：位于自然孔周围，有关闭自然孔的作用。主要有口轮匝肌和颊肌。

（2）咀嚼肌。咀嚼肌是使下颌发生运动的肌肉，可分为闭口肌和开口肌。

闭口肌：是闭口的肌肉，为磨碎食物的动力来源，所以很发达且富有腱质，主要有咬肌、翼肌和颞肌。

开口肌：有向下牵引下颌骨而使口腔打开的作用，主要肌肉是二腹肌。

3. 躯干的主要肌肉 可分为脊柱肌、颈腹侧肌、胸壁肌和腹壁肌。

（1）脊柱肌。是支配脊柱活动的肌肉，可分为背侧肌和腹侧肌。

①脊柱背侧肌：位于脊柱的背侧，很发达，尤其在颈部。其作用是：两侧同时收缩时，

图 2-11 牛的全身浅层肌

1. 鼻唇提肌 2. 上唇固有提肌 3. 鼻外侧开肌 4. 上唇降肌 5. 颧肌 6. 下唇降肌
7. 胸头肌 8. 臂头肌 9. 肩胛横突肌 10. 颈斜方肌 11. 胸斜方肌 12. 背阔肌
13. 后上锯肌 14. 胸下锯肌 15. 胸深后肌 16. 腹外斜肌 17. 腹内斜肌
18. 肋间外肌 19. 三角肌 20. 臂三头肌 21. 臂肌 22. 腕桡侧伸肌 23. 胸浅肌
24. 指总伸肌 25. 指内侧伸肌 26. 腕斜伸肌 27. 指外侧伸肌 28. 腕外侧屈肌
29. 腕桡侧屈肌 30. 腕尺侧屈肌 31. 臀中肌 32. 阔筋膜张肌 33. 臀股二头肌
34. 半腱肌 35. 腓骨肠肌 36. 第三腓骨肌 37. 趾外侧伸肌 38. 趾深屈肌

(马仲华.2002.家畜解剖学及组织胚胎学.第三版)

可伸脊柱、举头颈；一侧肌肉收缩时，可向一侧偏脊柱。主要包括如下两块肌肉：

背最长肌：是体内最大的肌肉，呈三棱形，位于胸椎、腰椎的棘突两侧的三棱形沟内。起于髂骨前缘及腰荐椎，向前止于最后颈椎及前部肋骨近端。

髂肋肌：位于背最长肌的外侧，由一系列斜向前下方的肌束组成。髂肋肌与背最长肌之间的肌沟，称为髂肋肌沟。

②脊柱腹侧肌：不发达，仅存于颈部和腰部。位于颈部的有颈长肌，位于腰部的有腰小肌和腰大肌。腰小肌狭长，位于腰椎腹侧面的两侧；腰大肌较大，位于腰椎横突腹外侧。

（2）颈腹侧肌。位于颈部气管、食管的腹外侧，呈长带状肌肉。主要肌肉有胸头肌、肩胛舌骨肌和胸骨甲状舌骨肌。

胸头肌：位于颈部腹外侧皮下，臂头肌的下缘。胸头肌与臂头肌之间的沟称为颈静脉沟，内有颈静脉，为牛、羊采血和输液的常用部位。

肩胛舌骨肌：位于颈侧部，臂头肌的深面。

胸骨甲状舌骨肌：位于气管腹侧。

（3）胸壁肌。主要有肋间外肌、肋间内肌和膈。

肋间外肌：位于肋间隙的表层，肌纤维由前上方斜向后下方。收缩时，牵引肋骨向前外方移动，使胸腔横径扩大，助吸气。

肋间内肌：位于肋间外肌的深面，肌纤维由后上方斜向前下方。收缩时，牵引肋骨向后内方移动，使胸腔缩小，助呼气。

膈：为一大圆形板状肌，位于胸腹腔之间，又称横膈膜。膈由周围的肌质部和中央的腱质部构成。腱质部由强韧的腱膜构成，凸向胸腔。收缩时，膈顶后移，扩大胸腔纵径，助吸气；舒张时，膈顶回位，助呼气。膈上有三个裂孔：上方是主动脉裂孔，中间是食管裂孔，下方是腔静脉裂孔，分别有主动脉、食管和后腔静脉通过。

（4）腹壁肌。腹壁肌构成腹腔的侧壁和底壁，由四层纤维方向不同的薄板状肌构成。由外向内依次是：腹外斜肌、腹内斜肌、腹直肌和腹横肌。其表面覆盖有一层坚韧的腹壁筋膜，称为腹黄膜，有协助腹壁支持内脏的作用。

腹外斜肌：为腹壁肌的最外层，肌纤维由前上方走向后下方。起于第五至最后肋的外面，起始部为肌质，至肋弓下约一掌处变为腱膜，止于腹白线。

腹内斜肌：为腹壁肌的第二层，肌纤维由后上方斜向前下方。起于髋结节及腰椎横突，向前下方伸延，至腹侧壁中部转为腱膜，止于最后肋后缘及腹白线。

腹直肌：为腹壁肌的第三层，肌纤维纵行。呈宽带状，位于腹白线两侧的腹底壁内，起于胸骨和后部肋软骨，止于耻骨前缘。

腹横肌：腹壁肌的最内层，较薄。起于腰椎横突及肋弓内侧，肌纤维上下走行，以腱膜止于腹白线。

腹肌的作用：腹壁肌各层肌纤维走向不同，彼此重叠，加上被覆在腹肌表面的腹黄筋膜，构成柔软而富有弹性的腹壁，对腹腔脏器起着重要的支持和保护作用。腹肌收缩，能增大腹压，协助呼气、排便和分娩等活动。

腹白线：位于腹底壁正中线上，剑状软骨与耻骨之间。由两侧腹壁肌的腱膜交织而成。在白线中部稍后方有一瘢痕称脐，公牛的尿道开口于此。

腹股沟管：位于股内侧，为腹外斜肌和腹内斜肌之间的一个斜行裂隙。管的内口通腹腔，称腹环；外口通皮下，称皮下环。腹股沟管是胎儿时期睾丸从腹腔堕入阴囊的通道。公牛的腹股沟管内有精索。动物出生后如果腹环过大，小肠易进入腹股沟管内，形成疝。

4. 前肢的主要肌肉 前肢的主要肌肉可分为肩带肌和作用于前肢各关节的肌肉（图2-12）。

（1）肩带肌。是连结前肢与躯干的肌肉，大多数为板状肌。起于躯干骨，止于肩胛骨、臂骨及前臂骨。根据其位置可分为背侧肌群和腹侧肌群。

①背侧肌群：主要有斜方肌、菱形肌、臂头肌和背阔肌。

斜方肌：为扁平的三角形肌，起于项韧带索状部、棘上韧带，止于肩胛冈。斜方肌分为颈、胸两部，颈斜方肌纤维由前上方斜向后下方，胸斜方肌纤维由后上方斜向前下方。

菱形肌：位于斜方肌和肩胛骨的深面，起于项韧带索状部、棘上韧带，止于肩胛软骨内侧面。

臂头肌：呈长而宽的带状，位于颈侧部浅层，自头伸延至臂，构成颈静脉沟的上界。起于枕骨、颞骨和下颌骨，止于臂骨。

背阔肌：位于胸侧壁的上部，为一三角形的大板状肌，肌纤维由后上方斜向前下方，部分被躯干皮肌和臂三头肌覆盖。主体部分起自腰背筋膜，止于臂骨内侧。

②腹侧肌群：主要有腹侧锯肌和胸肌。

图 2-12 牛的前肢肌肉
A. 内侧 B. 外侧

1. 冈上肌 2. 冈下肌 3. 三角肌 4. 臂三头肌长头 5. 臂三头肌外侧头 6. 臂二头肌
7. 臂肌 8. 腕桡侧伸肌 9. 指内侧伸肌 10. 指总伸肌 11. 腕斜屈肌 12. 指外侧伸肌
13. 腕外侧屈肌 14. 指深屈肌 15. 指浅屈肌腱 16. 指深屈肌腱 17. 悬韧带
18. 肩胛下肌 19. 背阔肌 20. 大圆肌 21. 臂三头肌内侧头 22. 喙臂肌
23. 腕尺侧屈肌 24. 腕桡侧屈肌 25. 指浅屈肌

(马仲华. 2002. 家畜解剖学及组织胚胎学. 第三版)

躯干肌肉群

前肢肌肉群

后肢肌肉群

腹侧锯肌：为一宽大的扇形肌，下缘呈锯齿状。腹侧锯肌分为颈、胸两部，颈腹侧锯肌位于颈部外侧，发达，几乎全为肌质；胸腹侧锯肌位于胸外侧，较薄，表面和内部混有厚而坚韧的腱层。

胸肌：位于胸壁腹侧与肩臂内侧之间的强大肌群，分胸浅肌和胸深肌两层。有内收和摆动前肢的作用。

（2）**肩部肌**。为作用于肩关节的肌肉，分布于肩胛骨的外侧面及内侧面，起于肩胛骨，止于臂骨，跨越肩关节，可伸、屈肩关节和内收、外展前肢。

冈上肌：位于冈上窝内，全为肌质。起于冈上窝和肩胛软骨，止于臂骨的内、外侧结节。有伸展及固定肩关节的作用。

冈下肌：位于冈下窝内，大部分被三角肌覆盖。作用为外展及固定肩关节。

三角肌：位于冈下肌的浅层，呈三角形，以腱膜起于肩胛冈、肩胛骨后角及肩峰，止于臂骨三角肌结节。有屈肩关节的作用。

肩胛下肌：位于肩胛骨内侧的冈下窝内，可内收前肢。

大圆肌：位于肩胛下肌后方，呈带状，有屈肩关节的作用。

（3）**臂部肌**。分布于臂骨周围，主要作用于肘关节。

臂三头肌：位于肩胛骨后缘与臂骨形成的夹角内，呈三角形，是前肢最大的一块肌肉。它以长头和内、外侧头分别起于肩胛骨及臂骨的内外侧，止于尺骨的鹰嘴。有伸肘关节的作用。

前臂筋膜张肌：位于臂三头肌后缘，为一狭长肌肉。起于肩胛骨后角，止于鹰嘴。可伸肘关节。

臂二头肌：位于臂骨前面，呈纺锤形。起于肩胛结节，止于桡骨近端前内侧。有屈肘关节的作用。

臂肌：位于臂骨前内侧的肌沟内，有屈肘关节的作用。

（4）前臂及前脚部肌。为作用于腕关节、指关节的肌肉，分为背外侧肌群和掌侧肌群。这部分肌肉的肌腹多在前臂部，至腕关节附近移行为腱。

背外侧肌群：背外侧肌群的肌腹位于前臂部上部的背外侧，是腕、指关节的伸肌。由前向后依次是腕桡侧伸肌、指内侧伸肌、指总伸肌、指外侧伸肌和腕斜伸肌。

掌侧肌群：掌侧肌群的肌腹位于前臂骨的掌侧面，是腕、指关节的屈肌。包括腕外侧屈肌、腕尺侧屈肌、腕桡侧屈肌、指浅屈肌和指深屈肌。

5. 后肢的主要肌肉 后肢肌肉较前肢发达，是推动躯体前进的主要动力。后肢肌肉可分为臀股部肌、小腿部肌及后脚部肌（图2-13）。

图2-13 牛的后肢肌（外侧臀股二头肌已切除）
A. 外侧 B. 内侧
1. 臀中肌 2. 腹内斜肌 3. 股四头肌 4. 荐结节阔韧带 5. 半膜肌 6. 半腱肌
7. 腓肠肌 8. 比目鱼肌 9. 趾深屈肌 10. 胫骨前肌 11. 腓骨长肌 12. 趾长伸肌及趾内侧伸肌
13. 第三腓骨肌 14. 趾外侧伸肌 15. 趾浅屈肌腱 16. 趾深屈肌腱 17. 悬韧带
18. 腰小肌 19. 髂腰肌 20. 阔筋膜张肌 21. 趾骨肌 22. 缝匠肌 23. 股薄肌 24. 内收肌

（马仲华. 2002. 家畜解剖学及组织胚胎学. 第三版）

（1）臀股部肌。为全身最发达的肌群，构成臀部和股部。起于荐骨、髂骨，止于股骨、小腿骨和跗骨。主要作用于髋关节、膝关节。

臀肌：发达，起于髂骨翼和荐坐韧带，前与背最长肌筋膜相连，止于股骨大转子。臀肌有伸髋结节作用，并参与竖立、踢踺及推进躯干的作用。

股二头肌：长而宽大，位于臀肌之后。起点有两个肌头：椎骨头起于荐骨，坐骨头起于坐骨结节。向下以腱膜止于膝部、胫部及跟结节。该肌有伸髋结节、膝关节及跗关节的作用。

半腱肌：位于股二头肌之后，起于坐骨结节，以腱膜止于胫骨嵴及跟结节。作用同股二头肌。

半膜肌：位于半腱肌的后内侧，起于坐骨结节，止于股骨远端、胫骨近端内侧。作用同股二头肌。

股阔筋膜张肌：位于股部前方浅层，起于髋结节，向下呈扇形展开。上部为肌质，较厚，向下延续为阔筋膜，止于髌骨和胫骨近端。它有屈髋关节、伸膝关节的作用。

股四头肌：很强大，位于股骨的前方和两侧，被股阔筋膜张肌覆盖。有四个肌头，即直头、内侧头、外侧头和中间头。直头起于髂骨体，其余三头分别起于股骨的外侧、内侧及前面，向下共同止于髌骨。它有伸膝关节的作用。

股薄肌：薄而宽，位于股内侧皮下，有内收后肢的作用。

内收肌：呈三棱形，位于半膜肌前方，股薄肌深面，有内收后肢的作用。

（2）小腿及后脚部肌。多为纺锤形，起自股骨、小腿骨，止于跗骨、跖骨和趾骨，有伸、屈跗关节和趾关节的作用。这部分肌肉的肌腹多位于小腿上部，在跗关节附近变为肌腱。肌腱在通过跗关节处大部分包有腱鞘。可分为背外侧肌群和跖侧肌群。

背外侧肌群：肌腹位于小腿上部的背外侧，包括屈跗关节的肌肉和伸趾关节的肌肉。屈跗关节的肌肉有三块，即第三腓骨肌、胫骨前肌、腓骨长肌。伸趾关节的肌肉有三块，即趾内侧伸肌（第三趾固有伸肌）、趾长伸肌、趾外侧伸肌（第四趾固有伸肌）。

跖侧肌群：肌腹位于小腿上部的跖侧，主要有腓肠肌、趾浅屈肌、趾深屈肌。其中腓肠肌发达，肌腹呈纺锤形，有内、外两个肌头分别起于股骨远端，在小腿中部合为一强腱，止于跟结节。有伸跗关节的作用。

跟腱：为圆形强腱，是腓肠肌腱、趾浅屈肌腱、股二头肌腱、半腱肌腱合成的一强韧的腱索，连于跟结节上。有伸跗关节的作用。

任务二　运动系统技能训练

技能训练一　牛全身主要骨、关节和骨性标志的识别

【目的要求】能在标本、活体上识别牛主要的骨、关节和骨性标志。

【材料及设备】牛的整体骨骼标本、活牛。

【方法步骤】

（1）在牛的骨骼标本上观察、识别头部、躯干部和四肢的主要骨、骨性标志，前后肢的

主要关节。

(2) 在牛活体上识别前、后肢的主要骨、关节和骨性标志。

【技能考核】在牛的骨骼或活体上识别牛全身的主要骨、关节和临床上常用的骨性标志。

技能训练二　牛全身主要肌肉和肌性标志的识别

【目的要求】能在标本、活体上识别牛的主要肌肉和肌性标志。

【材料及设备】牛的整体肌肉标本、活牛。

【方法步骤】

(1) 在牛的肌肉标本上观察、识别牛全身的主要肌肉、肌沟。

(2) 在牛活体上识别全身主要的肌肉和肌沟。

【技能考核】在牛的肌肉标本或活体上识别牛全身的主要肌肉和临床上常用的肌性标志。

复习思考题

1. 名词解释：肋弓、真肋、假肋、副鼻窦、腹股沟管。
2. 骨的化学成分、物理特性随着家畜年龄的变化会发生什么样的变化？为什么泌乳性能好的母畜易发生软骨症？
3. 简述骨的构造。
4. 说明成年牛骨髓的种类、分布和作用。
5. 关节由哪几部分构成？
6. 说明牛各段椎骨的数目和特点。
7. 牛的前肢自上而下有哪些骨？哪些关节？
8. 牛的后肢自上而下有哪些骨？哪些关节？
9. 颈静脉沟主要由哪两块肌肉构成？
10. 肩带部的肌肉有哪些？
11. 腹壁从外向内由哪些肌肉构成？其肌纤维走向如何？
12. 兽医临床肌内注射的常用注射肌肉是哪些？

任务三　被皮系统认知

学习目标

掌握皮肤和蹄的构造；了解皮肤和蹄的机能。能够在皮肤和蹄的标本上识别其结构。

被皮系统由皮肤和皮肤的衍生物构成。皮肤的衍生物是由皮肤演化来的特殊器官，包括毛、皮肤腺、蹄、角等。

一、皮 肤

（一）皮肤的构造

皮肤由表皮、真皮和皮下组织构成（图2-14）。

图2-14 皮肤构造半模式示意

Ⅰ.表皮 Ⅱ.真皮 Ⅲ.皮下组织 Ⅳ.触毛 Ⅴ.被毛 Ⅵ.毛囊 Ⅶ.皮脂腺 Ⅷ.汗腺
1.毛干 2.毛根 3.毛球 4.毛乳头 5.毛囊 6.根梢 7.皮脂腺断面 8.汗腺的断面
9.竖毛肌 10.毛囊的血窦 11.新毛 12.神经 13.皮肤的各种感受器 14.动脉
15.静脉 16.淋巴管 17.血管丛 18.脱落的毛

（马仲华.2002.家畜解剖学及组织胚胎学.第三版）

1. 表皮 表皮位于皮肤的表层，由复层扁平上皮构成。表皮的厚薄因部位不同而不同，凡长期受摩擦的部位，表皮较厚，角化也较显著。表皮内无血管和淋巴管，但有丰富的神经末梢。皮肤的表皮由外向内依次为角化层、颗粒层和生发层。

角化层：是表皮的最表层，由数层已角化的扁平细胞构成，细胞内充满角质蛋白。老化的角质层不断脱落，形成皮屑。

颗粒层：由数层已开始角化的梭形细胞构成，细胞界限不清，细胞质内含有嗜碱性的透明角质颗粒。

生发层：由数层形态不同的细胞组成。其中最深一层（基底层）细胞呈立方形，能不断分裂，产生新的细胞，以补充表层脱落的细胞。生发层深部细胞间有星状的色素细胞，含有色素。色素决定皮肤的颜色，并能防止日光中的紫外线损伤深部组织。

2. 真皮 真皮位于表皮的深面，由致密结缔组织构成，坚韧而富有弹性，是皮肤最厚的一层。皮革就是由真皮鞣制而成的。真皮分布有汗腺、皮脂腺、毛囊及丰富的血管、淋巴管和神经等。临床上所进行的皮内注射，就是把药液注入真皮层内。牛的真皮厚，绵羊的薄；老龄的厚，幼畜的薄；公畜的厚，母畜的薄；同一家畜，背部和四肢外侧的厚，腹部和四肢内侧的薄。真皮又分为乳头层和网状层，两层互相移行，无明显的界限。

(1) 乳头层。紧靠表皮，由纤细的胶原纤维和弹性纤维交织而成，形成许多圆锥状乳头伸入表层的生发层内。乳头的高低与皮肤的厚薄有关，无毛或少毛的皮肤，乳头高而细；反之，乳头则小或没有。该层有丰富的毛细血管、淋巴管和感觉神经末梢，具有营养表皮和感受外界刺激的作用。

(2) 网状层。位于乳头层的深面，较厚，由粗大的胶原纤维束和弹性纤维交织而成。内含有较大的血管、神经、淋巴管，并分布有汗腺、皮脂腺和毛囊。

3. 皮下组织　皮下组织位于真皮之下，由疏松结缔组织构成。皮肤借皮下组织与深部的肌肉、筋膜、腱膜相连接。皮下组织结构疏松而有弹性，利于皮肤作有限度的往返滑动。在皮下组织发达的部位，如颈部，皮肤易于拉起形成皱褶，临床上常在此进行皮下注射。

皮下组织内除较大的血管、淋巴管和神经外，还有较多的间隙以容纳组织液，或贮存大量的脂肪。皮下脂肪的多少是动物营养状况的标志。

> **知识链接**
>
> 皮内注射是指将注射液注入真皮内的注射方法，主要用于牛结核、副结核、牛肝蛭病等某些疾病的变态反应诊断，或做药物过敏实验，以及炭疽疫苗、绵羊痘苗等的预防接种。
>
> 皮下注射指将注射液注入皮下疏松结缔组织的注射方法。多于皮肤较薄、富有皮下组织、活动性较大的背胸部、股内侧、颈部和肩胛后部等部位进行。常用于注射易溶解、无强刺激的药品及疫苗、菌苗、血清、抗蠕虫药等。

(二) 皮肤的机能

皮肤包被身体，既能保护深层的软组织，防止体内水分的蒸发，又能防止有害物质侵入体内，是畜体和周围环境的屏障。此外，皮肤能产生溶菌酶和免疫体，对微生物有较强的抵抗力。因此，皮肤是畜体重要的保护器官。

皮肤中存在着各种感受器，能够感受触、压、温、冷、痛等不同刺激。因此，皮肤是畜体重要的感觉器官。

皮肤能吸收一些脂类、挥发性液体（如醚、酒精等）和溶解在这些液体中的物质，但不能吸收水和水溶性物质。只有在皮肤破损或有病变时，水和水溶性物质才会渗入。因此，应用外用药物治疗皮肤病时，应当注意药物浓度和擦药面积的大小，以防止吸收过多而引起中毒。

皮肤还能通过排汗排出体内的代谢物，并具有调节体温、分泌皮脂、合成维生素 D 和贮存脂肪的功能。

二、皮肤衍生物

(一) 毛

毛是一种角化的表皮组织，坚韧而有弹性，是热的不良导体，具有保温作用。

1. 毛的形态和分布　畜体的毛可分为被毛和长毛两类。牛的被毛短而直，均匀分布；长毛粗而长，生长在特殊部位，如唇部的触毛、尾部的尾毛等。

2. 毛的构造　各种毛都斜插在皮肤里，可分为毛干和毛根两部分。露在皮肤外面的称毛干，埋在真皮和皮下组织内的称毛根。毛根周围有由上皮组织和结缔组织形成的管状鞘，称毛囊。在毛囊的一侧有一束斜行平滑肌，称竖毛肌，该肌收缩可使毛竖立。毛根的末端膨大部称毛球，细胞分裂能力很强，是毛的生长点。毛球的底部凹陷，真皮的结缔组织突入其内形成毛乳头，内含丰富的血管、神经，可营养毛球。

3. 换毛 毛有一定的寿命，生长到一定时期，就会衰老脱落，为新毛所代替，这个过程称为换毛。

换毛的机制：当毛长到一定时期，毛乳头的血管萎缩，血流停止，毛球的细胞停止增生，并逐渐角化和萎缩，最后与毛乳头分离，毛根逐渐脱离毛囊向皮肤表面移动，同时紧靠毛乳头的细胞增殖形成新毛。最后旧毛被新毛推出而脱落。

换毛的方式：换毛分季节性换毛和经常性换毛。季节性换毛发生在春、秋两季，全身的粗毛多以此种方式脱换；经常性换毛不受季节的限制，随时脱换一些长毛。

（二）皮肤腺

皮肤腺包括汗腺、皮脂腺和乳腺。

1. 汗腺 汗腺位于真皮和皮下组织内，为盘曲的单管状腺，开口于毛囊或皮肤表面。绵羊的汗腺发达，黄牛次之，水牛没有汗腺。汗腺的主要机能是分泌汗液，以散发热量调节体温。汗液中除水（98%）外，还含有盐和尿素、尿酸、氨等代谢产物。故汗腺分泌还是畜体排泄代谢产物的一个重要途径。

2. 皮脂腺 位于真皮内毛囊附近，为分支的泡状腺，开口于毛囊。皮脂腺分布广泛，其分泌物称皮脂，是一种不定形的脂肪性物质，有滋润皮肤和被毛的作用。绵羊分泌的皮脂与汗液混合为脂汗。脂汗对羊毛的质量影响很大，若缺乏，则被毛粗糙、无光泽，而且易折断。

3. 乳腺 具体见本项目任务十一生殖系统认知。

（三）蹄

蹄是指（趾）端着地的部分，由皮肤演化而成，具有支持体重的作用。

牛和羊为偶蹄动物，每肢有四个蹄。其中前面两个蹄较大，与地面接触，称主蹄；后面两个蹄较小，不与地面接触，称悬蹄。主蹄位于3、4指（趾）的远端，两蹄间的空隙称为蹄间隙，前端稍接触。蹄由蹄匣和肉蹄两部分组成（图2-15）。

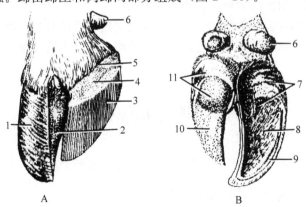

图2-15 牛蹄（一侧的蹄匣除去）
A. 背面 B. 底面
1. 蹄的远轴面 2. 蹄壁的轴面 3. 肉壁 4. 肉冠 5. 肉缘 6. 悬蹄
7. 蹄球 8. 蹄底 9. 白线 10. 肉底 11. 肉球

（马仲华. 2002. 家畜解剖学组织胚胎学. 第三版）

1. 蹄匣 是蹄的角质层，由蹄壁、蹄底和蹄球组成。

（1）蹄壁。是牛站立时可见的蹄匣部分。蹄壁的上缘突起部分为蹄冠，内有冠状沟。蹄冠与皮肤相连的无毛区域为蹄缘，蹄缘的角质柔软而有弹性，可减少蹄壁对皮肤的压迫。蹄壁与地面接触的部分称蹄壁底缘，在蹄壁底缘上有一条浅白色的环状线，称蹄白线，是装蹄时进钉的标志。

蹄壁由外、中、内三层构成。外层又称釉层，由角化的扁平细胞构成，幼畜明显，成年时常脱落。中层又称冠状层，较厚，主要由平行排列的角质小管构成。内层为小叶层，由许多纵行排列的角质小叶构成。小叶层的角质小叶与肉壁的肉小叶互相嵌合，使蹄匣与肉蹄牢固结合。

（2）蹄底。是蹄朝向地面而略凹陷的部分，位于蹄壁底缘与蹄球之间。

（3）蹄球。位于蹄底后方的球形突起，质地柔软，有缓冲作用。

2. 肉蹄 肉蹄位于蹄匣内，有丰富的血管和神经，呈鲜红色。肉蹄供应蹄匣营养，并有感觉作用。肉蹄的形状与蹄匣相似，可分为肉壁、肉底和肉球三部分。肉壁的表面有许多纵行排列的肉小叶，与蹄壁的角质小叶对应。

> **知识链接**
>
> 马、牛、羊、猪等动物要经常修蹄。因为蹄经常因粪尿清扫不及时而浸泡其中，使蹄匣角质软化，角质生长发育不良，且脆弱，极易引起趾间腐烂、蹄底蹄球负面腐烂等蹄病。此处，养牛场地面凹凸不平或有尖锐异物，也可造成肉蹄损伤，形成化脓、溃烂。

（四）角

角是皮肤的衍生物，套在额骨的角突上。角可分为角根、角体和角尖三部分。角根与额部皮肤相连，角质薄而软，并出现环状的角轮；角体是角根向角尖的延续，角质逐渐变厚；角尖由角体延续而来，角质层最厚，甚至成为实体。

角的表面有环状的隆起，称角轮。母牛角轮的出现与怀孕有关，每一次产犊之后，角根就出现新的角轮。牛的角轮仅见于角根，羊的角轮明显，几乎遍及全角。

任务四　被皮系统技能训练

技能训练　皮肤、蹄形态构造的识别

【目的要求】掌握皮肤、蹄的形态和构造。

【材料及设备】牛的皮肤、蹄的标本或模型。

【方法步骤】

（1）在皮肤模型上，识别表皮、真皮、皮下组织和毛、皮肤腺。

（2）在牛蹄标本或模型上，识别蹄的蹄壁、蹄冠、蹄缘、蹄球、蹄小叶、蹄白线等。

【技能考核】在皮肤、蹄的标本或模型上，识别皮肤、蹄的上述构造。

项目二 牛(羊)解剖生理
XIANGMUER NIU(YANG)JIEPOUSHENGLI

复习思考题

1. 简述皮肤的构造和机能。
2. 牛蹄有何特点？由哪几部分构成？
3. 蹄白线位于蹄的哪一部位？在生产上有何意义？

任务五 消化系统认知

学习目标

掌握牛消化系统的组成，理解消化、吸收的概念；掌握消化器官的形态、结构、位置及机能；了解三大营养物质消化吸收的机理和过程。能在牛新鲜标本上识别主要消化器官形态结构；能在显微镜下识别胃、肠、肝组织构造；能在活体上识别胃、肠的体表投影。

一、概　述

（一）消化系统的组成

消化系统包括消化管和消化腺两部分。消化管为食物通过的通道，起于口腔，经咽、食管、胃、小肠、大肠，止于肛门。消化腺为分泌消化液的腺体，包括唾液腺、胃腺、肠腺、肝和胰。其中胃腺和肠腺分别位于胃壁和肠壁内，称为壁内腺；而唾液腺、肝和胰则在消化管外形成独立的腺体，由腺管连通消化管，称壁外腺（图2-16）。

图2-16　牛消化系统模式
1.口腔　2.咽　3.食管　4.肝　5.网胃　6.瓣胃　7.皱胃　8.十二指肠　9.空肠
10.回肠　11.结肠　12.盲肠　13.直肠　14.瘤胃　15.腮腺
（马仲华.2002.家畜解剖学组织胚胎学.第三版）

（二）消化管的一般构造

消化管各段虽然在形态、机能上各有特点，但其管壁的基本构造都是一样的，由内向外可分为四层：黏膜层、黏膜下层、肌层和外膜（图2-17）。

1. 黏膜层 是消化管的最内层，柔软而湿润，色泽淡红，富有伸展性。当管腔空虚时，常形成皱褶。黏膜层又分为三层：

（1）上皮。是消化管执行机能活动的主要部分。在口腔、食管、前胃和肛门为复层扁平上皮，有保护作用；在真胃、肠为单层柱状上皮，有吸收作用。

（2）固有层。由疏松结缔组织构成，内含有丰富的血管、神经、淋巴管、淋巴组织和腺体等。

（3）黏膜肌层。是固有层下的薄层平滑肌，收缩时可使黏膜形成皱褶，有利于内容物的吸收、血液的流动和腺体分泌物的排出。

2. 黏膜下层 由疏松结缔组织构成，有连接黏膜和肌层的作用。内含有较大的血管、淋巴管、神经丛和腺体（食管腺和十二指肠腺）。

3. 肌层 主要由平滑肌构成，但在口腔、咽、食管和肛门等处为横纹肌。肌层可分为内层的环形肌和外层的纵行肌，两层之间有少量结缔组织和神经丛。肌层收缩，可使消化管产生运动。

图2-17 消化管构造模式
1.上皮 2.固有层 3.黏膜肌层 4.黏膜下层
5.内环形肌 6.外纵行肌 7.腺管 8.壁外腺
9.淋巴集结 10.淋巴孤结 11.浆膜
12.十二指肠腺 13.肠系膜 14.肠腔
（马仲华．2002．家畜解剖学组织胚胎学．第三版）

4. 外膜 位于管壁的最表面，是富有弹性纤维的结缔组织膜。胃、肠外膜表面尚有一层间皮覆盖，称为浆膜。浆膜表面光滑湿润，有减少摩擦的作用。

（三）腹腔与骨盆腔

1. 腹腔 腹腔是动物体内最大的腔。其前壁为膈，后通骨盆腔，两侧与底壁为腹肌和腱膜，顶壁主要为腰椎和腰肌。绝大多数内脏器官都位于腹腔内。为了便于说明各器官在腹腔中的位置，常把腹腔划分为十个区域（图2-18），其划分方法如下：

通过两侧最后肋骨后缘突出点和髋结节前缘作两个横断面，将腹腔划分为腹前部、腹中部和腹后部。

腹前部：又分为三部分。以肋弓为界，下部为剑状软骨部；上部又以正中矢状面为界分为左、右季肋部。

腹中部：又分为四部分。沿腰椎两侧横突顶点各作一个侧矢面，将腹中部分为左、右髂部和中间部；在中间部再沿第一肋骨的中点作额面，将中间部分为背侧的腰部和腹侧的脐部。

腹后部：又分为三部分。把腹中部的两个侧矢面平行后移，使腹后部分为左、右腹股沟部和中间的耻骨部。

2. 骨盆腔 骨盆腔为腹腔向后延续的部分。由背侧的荐骨和前4个尾椎、两侧的髂骨和荐坐韧带、腹侧的耻骨和坐骨围成。前宽后窄，呈圆锥形。内有直肠、膀胱和大部分生殖器官。

腹腔的划分
（动画）

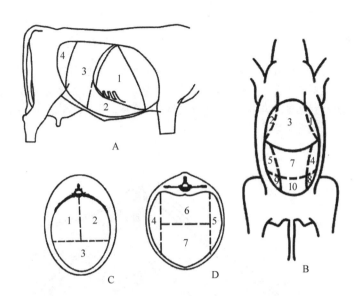

图 2-18 腹腔分区
A. 右侧面　1. 右季肋部　2. 剑状软骨部　3. 腹中部　4. 腹后部
B. 腹面　C. 腹前部横断面　D. 腹中部横断面　1. 左季肋部　2. 右季肋部　3. 剑状软骨部
4. 左髂部　5. 右髂部　6. 腰部　7. 脐部　8. 左腹股沟部　9. 右腹股沟部　10. 耻骨部

（马仲华. 2002. 家畜解剖学组织胚胎学. 第三版）

（四）腹膜

腹膜是腹腔与骨盆腔内的浆膜。其中紧贴在腹腔内表面的部分称为腹膜的壁层，壁层从腹腔的顶壁折转而下覆盖在内脏器官的外表面，称为腹膜的脏层。脏层与壁层之间形成的空隙称腹膜腔，腔内有少量浆液，具有润滑作用，可减少脏器运动时相互间的摩擦。

腹膜从腹腔、骨盆腔内壁移行到脏器，或从某一脏器移行到另一脏器，形成了许多皱褶，分别称为系膜、网膜、韧带。系膜为连于腹腔顶壁与肠管之间宽而长的腹膜褶，如空肠系膜；韧带为连于腹腔、骨盆腔与脏器之间或脏器与脏器之间短而窄的腹膜褶，如回盲韧带、肝韧带等；网膜是连于胃与其他脏器之间的腹膜褶，呈网状，如大网膜和小网膜。它们多数由双层腹膜构成，其中含有结缔组织、脂肪、淋巴结及分布到脏器的血管、神经等，起着联系和固定脏器的作用。

二、消化系统的构造

（一）口腔

口腔是消化器官的起始部，具有采食、咀嚼、吸吮、味觉、吞咽等功能。其前壁为唇，两侧壁为颊，顶壁为硬腭，底壁为下颌骨和舌，后壁为软腭（图 2-19）。口腔前由口裂与外界相通，后以咽峡与咽腔相通。唇、颊与齿弓之间的腔隙为口腔前庭，齿弓以内的部分为固有口腔。

口腔内面衬有黏膜，在唇缘处与皮肤相接。口腔黏膜较厚，富有血管，呈粉红色，常含有色素。黏膜上皮为复层扁平上皮，细胞不断脱落、更新，脱落的上皮细胞混入唾液中。

知识链接

口腔黏膜中分布有丰富的血管，身体机能的许多变化都能从口腔黏膜颜色的变化看出来。如口腔黏膜颜色潮红见于口炎，苍白见于贫血，黄染见于各型黄疸；口腔黏膜湿润见于口炎、咽炎、狂犬病等，干燥见于热性病及腹泻等；口腔黏膜破损如表现疱疹、结节、溃疡，则牛、羊见于口蹄疫、传染性水疱病及维生素缺乏症等。

图2-19 牛头纵剖面

1.上唇 2.下鼻道 3.下鼻甲 4.中鼻道 5.上鼻甲 6.上鼻道 7.鼻咽部 8.咽鼓管咽口 9.食管 10.气管 11.喉咽部 12.喉 13.口咽部 14.软腭 15.硬腭 16.舌 17.下唇

（马仲华．2002．家畜解剖学及组织胚胎学．第三版）

1.唇 分上、下两部分，上、下唇的游离缘共同围成口裂。唇以口轮匝肌为基础，内衬黏膜，外被皮肤。唇黏膜内有唇腺。

牛唇坚实、短厚、不灵活。上唇中部和两鼻孔之间有一无毛区，称鼻唇镜。鼻唇镜表面有鼻唇腺分泌的液体，故其表面常湿润且温度较低。羊唇薄而灵活，上唇中间有明显的纵沟，在鼻孔间形成无毛的鼻镜。

2.颊 构成了口腔侧壁。颊以颊肌为基础，内衬黏膜，外被皮肤。牛、羊的颊黏膜上有许多尖端向后的锥状乳头，并有颊腺和腮腺管的开口。

3.硬腭 构成固有口腔的顶壁。硬腭的黏膜厚而坚硬，上皮高度角质化，黏膜下有丰富的静脉丛。硬腭正中有一纵行的腭缝，腭缝的两侧为横行的腭褶。硬腭的前端有一突起，称为切齿乳头。切齿乳头两侧有鼻腭管的开口，鼻腭管的另一端通鼻腔。

4.软腭 由硬腭延续而来，构成口腔的后壁。其游离端伸向后下方，与舌根之间形成咽峡，是口腔与咽之间的通道。软腭是个活性瓣，在吞咽时可以上提盖住鼻后口，防止食物进入鼻腔，呼吸时下垂，使空气顺利经过咽部。

5.舌 附着于舌骨上，占据固有口腔的绝大部分。舌分为舌根、舌体和舌尖三部分。舌尖向前呈游离状态，舌尖与舌体交界处的腹侧面有两条舌系带，与口腔底部相连。舌系带的两侧各有一突起,称为舌下肉阜(又称卧蚕),是颌下腺的开口处。舌根为舌体后部附着于舌骨上的部分,其背侧黏膜内含有大量的淋巴组织,称为舌扁桃体。

牛舌宽而厚,舌尖灵活,是采食的主要器官。舌背后部有一隆起,称舌圆枕。

舌主要由舌肌和表面的黏膜构成。舌肌为横纹肌,在舌背面的黏膜表面有许多大小不一的突起,称舌乳头。牛的舌乳头可分为三种:锥状乳头、菌状乳头、轮廓乳头。锥状乳头为尖端向后的角质化乳头,呈圆锥形,分布于舌尖和舌体的背面;菌状乳头呈大头针帽状,数量较多,散布于舌背和舌尖的边缘;轮廓乳头排列于舌背和舌尖的两侧,每侧有8~17个。后两种乳头的黏膜上皮内分布有味蕾,为味觉器官。

6. 齿 是咀嚼和采食的器官,由坚硬的骨组织构成。齿镶嵌于上、下颌骨的齿槽内,因其排列成弓形,所以又分别称为上齿弓和下齿弓。每一侧的齿弓由前向后排列为切齿、犬齿和臼齿。其中切齿由内向外又分别称为门齿、内中间齿、外中间齿和隅齿;臼齿可分为前臼齿和后臼齿(图2-20)。齿在牛出生后逐个长出。除臼齿外,其余齿到一定年龄均按一定顺序进行脱换。脱换前的齿称为乳齿,一般个体较小、颜色乳白,磨损较快;脱换后的齿称恒齿或永久齿,相对较大,坚硬,颜色较黄。

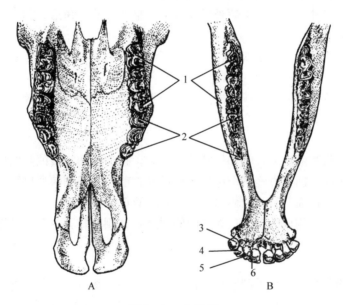

图2-20 牛的齿
A. 上颌 B. 下颌
1. 后臼齿 2. 前臼齿 3. 隅齿 4. 外中间齿 5. 内中间齿 6. 门齿
(马仲华. 2002. 家畜解剖学与组织胚胎学. 第三版)

牛无上切齿和犬齿,上切齿被坚硬的齿板代替。齿的位置和数目可用齿式表示:
即 $2\left(\dfrac{\text{切齿}\cdot\text{犬齿}\cdot\text{前臼齿}\cdot\text{后臼齿}}{\text{切齿}\cdot\text{犬齿}\cdot\text{前臼齿}\cdot\text{后臼齿}}\right)$

牛的恒齿式为:$2\left(\dfrac{0\ \ 0\ \ 3\ \ 3}{4\ \ 0\ \ 3\ \ 3}\right)=32$

齿在外形上可分三部分,埋于齿槽内的部分称齿根,露于齿龈外的部分称齿冠,介于二者之间被齿龈覆盖的部分称为齿颈。上、下齿冠相对的咬合面称咀嚼面。齿龈为包围在齿颈外的一层黏膜,呈淡红色,有固定齿的作用。

齿由齿质、釉质（珐琅质）和齿骨质构成。齿质位于内层，呈淡黄色，是构成齿的主体。在齿冠部，齿质的外面包以光滑、坚硬、乳白色的釉质，它是体内最坚硬的组织。在齿根部，齿质的外面则被以略黄色的齿骨质。齿的中心部为齿髓腔，腔内有富含血管、神经的齿髓，对齿有营养作用。

> **知识链接**
>
> 根据切齿的发生、脱换以及咀嚼面磨损程度可以判断牛的年龄。犊牛出生时，第一对门齿已长成，此后3月龄左右，其他乳切齿也陆续长齐。1.5岁左右乳门齿开始脱换成永久齿，此后每年按顺序脱换1对乳切齿，到5岁时，4对乳切齿全部换成永久齿，此时的牛俗称"齐口"。5岁以后，主要看齿面磨损情况和牛齿的结构。切齿在6岁时呈方形，7岁时呈三角形，8岁时呈四边形，9岁时呈椭圆形，并出现齿星，以后每多一岁便多一对齿星。

7. 唾液腺 唾液腺是指能分泌唾液的腺体，主要有腮腺、颌下腺和舌下腺三对。另外还有一些小的壁内腺（如唇腺、颊腺、舌腺等）。

（1）腮腺。位于耳根下方，下颌骨后缘皮下，呈狭长的三角形。其腺管开口于与第五上白齿相对的颊黏膜上。

（2）颌下腺。比腮腺大，呈淡黄色，位于下颌骨的内侧，后部被腮腺覆盖。腺管开口于舌下肉阜。

（3）舌下腺。位于舌体和下颌骨之间的黏膜下，腺体分散，腺管较多，分别开口于口腔底部黏膜上。

（二）咽

咽位于口腔、鼻腔的后方，喉和气管的前上方，是消化和呼吸的共同通道。咽有七个孔与周围邻近器官相通：前上方经两个鼻后孔通鼻腔；前下方经咽峡通口腔；后背侧经食管口通食管；后腹侧经喉口通气管；两侧壁各有一咽鼓管口通中耳。

咽峡是软腭和舌根构成的咽与口腔之间的通道，其侧壁黏膜上有扁桃体窦，窦壁内有腭扁桃体。

（三）食管

食管是将食物由咽运送到胃的肌质管道，分颈、胸、腹三段。颈段食管开始位于喉和气管的背侧，至颈中部逐渐转向气管的左侧，经胸腔前口入胸腔。胸段食管又转向气管的背侧，继续向后延伸，穿过膈的食管裂孔进入腹腔。腹段食管很短，与胃的贲门相接。

食管具有消化管的一般结构，分为黏膜层、黏膜下层、肌层和外膜层。其中黏膜上皮为复层扁平上皮，肌层全为横纹肌。黏膜表面形成许多纵行的皱襞，当食团通过时，管腔扩大，皱襞展平，利于食团下行。

（四）胃

胃位于腹腔内，是消化管的膨大部分。前接食管处形成贲门，后以幽门通十二指肠。牛、羊的胃为多室胃，由瘤胃、网胃、瓣胃和皱胃组成。其中前三个胃无消化腺，主要起贮存食物和发酵、分解粗纤维的作用，称前胃；第四个胃有消化腺分布，能分泌胃液，进行化学性消化，故又称真胃。

1. 瘤胃 容积最大，约占四个胃总容积的80%。呈前后稍长、左右略扁的椭圆形，占据整个左腹腔，其下部还伸向右侧腹腔（图 2-21）。瘤胃前端与第 7~8 肋间隙相对，后端达骨盆腔前口。左面与脾、膈和腹壁相邻，称为壁面；右面与瓣胃、皱胃、肠、肝、胰等器官相邻，称为脏面。

瘤胃的前端和后端可见到较深的前沟和后沟，两条沟分别沿瘤胃的左、右侧延伸，形成了较浅的左纵沟和右纵沟。瘤胃的内壁上有与上述各沟相对应的光滑肉柱，有加固瘤胃壁的作用。沟和肉柱共同围成环状，把瘤胃分成背囊和腹囊两大部分。较深的瘤胃前、后沟又把背囊和腹囊分成前背盲囊、后背盲囊、前腹盲囊、后腹盲囊。在后背盲囊和后腹盲囊之前，分别有后背冠状沟和后腹冠状沟。

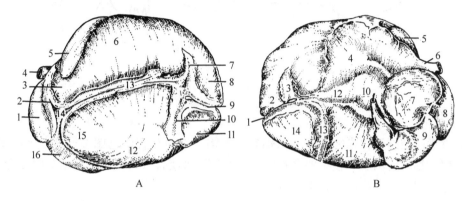

图 2-21　牛　胃
A. 牛胃左侧面
1. 网胃　2. 瘤胃沟　3. 前背盲囊　4. 食管　5. 脾　6. 瘤胃背囊　7. 后背冠状沟　8. 后背盲囊　9. 后沟
10. 后腹冠状沟　11. 后腹盲囊　12. 瘤胃腹囊　13. 左纵沟　14. 前沟　15. 前腹盲囊　16. 皱胃
B. 牛胃右侧面
1. 后沟通　2. 后背盲囊　3. 后背冠状沟　4. 瘤胃背囊　5. 脾　6. 食管　7. 瓣胃　8. 网胃　9. 皱胃
10. 十二指肠　11. 瘤胃腹囊　12. 右纵沟　13. 后腹冠状沟　14. 后腹盲囊

（马仲华. 2002. 家畜解剖学组织胚胎学. 第三版）

瘤胃与网胃间的连通口较大，称瘤网胃口。其背侧形成一个穹隆，称为瘤胃前庭。前庭顶壁有贲门，与食管相接。

瘤胃黏膜呈棕黑色或棕黄色，无腺体，表面有密集的乳头，内含丰富的毛细血管。肉柱上无乳头，颜色较淡。

Z知识链接

瘤胃的容积非常大，一头体重 300kg 的肉用牛，瘤胃的容积平均 40L，相当于两个大的水桶。里面含有 40 万亿个细菌和 40 亿个原生动物。

2. 网胃　容积最小，约占四个胃总容积的 5%。网胃呈梨状，前后稍扁，位于季肋部的正中矢状面上，瘤胃背囊的前下方，与第 6~8 肋相对（图 2-22）。网胃的后上方有较大的瘤网胃口与瘤胃背囊相通；右下方有网瓣胃口与瓣胃相通。网胃与心包之间仅以膈相隔，距离很近，当牛吞食的尖锐物体停留在网胃时，常可穿透胃壁和膈而刺破心包，引起创伤性心包炎。

网胃的黏膜形成许多网格状的皱褶，呈蜂巢状，故又称蜂巢胃。皱褶上密布角质乳头。

图2-22 牛左侧内脏器官（瘤胃、网胃已切开）
1. 食管 2. 食管沟 3. 瘤胃前庭 4. 瘤胃背囊 5. 后背盲囊
6. 后腹盲囊 7. 瘤胃腹囊 8. 前腹盲囊 9. 网胃 10. 皱胃
（马仲华.2002.家畜解剖学组织胚胎学.第三版）

自瘤胃贲门至网瓣胃口之间有一条螺旋状的沟，称为食管沟（图2-23）。沟两侧有隆起的黏膜褶，称食管沟唇。犊牛的食管沟唇很发达，可闭合成管，乳汁可由贲门经食管沟和瓣胃沟直达皱胃；成年牛的食管沟闭合不严。

3. 瓣胃 瓣胃占四个胃总容积的7%～8%，呈两侧稍扁的球形，很坚实。位于右季肋部，与第7～11肋相对，肩关节水平线通过瓣胃中线。

瓣胃的黏膜形成百余片大小、宽窄不同的叶片，故又称"百叶胃"。瓣叶上有许多角质化的乳头。在瓣胃底部有一瓣胃沟，前接网瓣胃口与食管沟相连，后接瓣皱胃口与皱胃相通，液态饲料可经此沟直接进入皱胃。

羊的瓣胃比网胃小，呈卵圆形，位于右季肋部，约与第9、10对肋相对。位置比牛高一些，不与腹壁接触。

4. 皱胃 皱胃容积占四个胃总容积的7%～8%，呈长囊状。其前端粗大称为胃底部，与瓣胃相连；后端狭窄称幽门部，与十二指肠相连。皱胃位于右季肋部和剑状软骨部，左邻网胃和瘤胃的腹囊，下贴腹腔底壁，与第8～12肋相对。

皱胃胃壁的黏膜光滑、柔软，有12～14条螺旋形的大皱褶。胃壁由黏膜层、黏膜下层、肌层和浆膜构成（图2-24）。黏膜上皮为单层柱状上皮，黏膜内含有大量腺体，因而黏膜层厚。根据黏膜位置、颜色和腺体的不同，可分为贲门腺区（靠近瓣皱胃口）、胃底腺区（位于胃底部）和幽门腺区（靠近幽门）。

胃底腺区：腺区最大，位于胃底部，是分泌胃液的主要部位。在其黏膜的固有层内有大量的胃腺。胃腺主要由三种腺细胞构成，即主细胞、壁细胞和颈黏液细胞。主细胞，呈矮柱状或锥体形，数量较多，个体较小，可分泌胃蛋白酶原和胃脂肪酶，犊牛还能分泌凝乳酶；壁细胞，呈圆形或钝三角形，数量较少，个体较大，能分泌盐酸；颈黏液细胞，成群分布在腺体的颈部，分泌黏液，保护胃黏膜。

贲门腺区和幽门腺区：较小，黏膜内的腺体主要由黏液细胞构成，能分泌碱性黏液，保护胃黏膜。

皱胃的肌层可分为内斜、中环、外纵三层，其中中层环形肌发达，在幽门部增厚，形成幽门括约肌。

网膜是联系胃的双层的浆膜褶，分为大、小网膜。大网膜发达，覆盖在肠管右侧面和瘤胃腹囊的表面，分为深、浅两层。浅层起自瘤胃左纵沟，向下绕过腹囊到腹腔右侧，继续沿右腹侧壁向上延伸，止于十二指肠和皱胃大弯。浅层由瘤胃后沟折转到右纵沟，转为深层。深层向下绕过肠管到肠管的右侧面，沿浅层向上止于十二指肠。小网膜比大网膜面积小，起于肝的脏面，绕过瓣胃外侧，止于皱胃小弯和十二指肠起始部。

图2-23 牛的食管沟
A. 瘤胃褶　B. 网胃黏膜
1. 食管　2. 贲门　3. 食管沟右唇
4. 食管沟左唇　5. 网瓣口
(马仲华. 2002. 家畜解剖学组织胚胎学. 第三版)

图2-24 胃底部横切
1. 黏膜上皮　2. 胃底腺　3. 固有膜
4. 黏膜肌层　5. 血管　6. 黏膜下层
7. 内斜行肌　8. 中环行肌层
9. 外纵行肌　10. 浆膜　11. 胃小凹
(马仲华. 2002. 家畜解剖学组织胚胎学. 第三版)

Z 知识链接

在临床上进行胃穿刺或注射时，要准确选取胃最接近体表的位置。掌握胃的穿刺位置是临床操作的重要基础。瓣胃的穿刺位置一般选取右侧第9肋间隙与肩关节水平线上下2cm的部位。皱胃穿刺位置一般选在右侧第12、13肋骨后下缘。

(五) 小肠

小肠细长而弯曲，是食物进行消化吸收的主要部位，前接胃的幽门，后以回盲口通盲肠。

1. 小肠的形态和位置　小肠可分为十二指肠、空肠和回肠（图2-25）。

图2-25　小肠横切（低倍）

A. 十二指肠　B. 空肠　C. 回肠

1. 上皮　2. 肠绒毛　3. 肠腺　4. 固有膜　5. 黏膜肌层　6. 黏膜下层　7. 内环行肌
8. 外纵行肌　9. 浆膜　10. 十二指肠腺　11. 淋巴集结

（马仲华．2002．家畜解剖学组织胚胎学．第三版）

（1）十二指肠。长约1m，位于右季肋部和腰部。从胃的幽门起始后，向前上方伸延，在肝的脏面形成"乙"状弯曲。然后再向后上方伸延，到髋结节前方折转向左并向前形成一后曲。由此继续向前伸延，至右肾腹侧，移行为空肠。在十二指肠后曲上，有胆管和胰管的开口。

（2）空肠。为小肠最长的一段，位于腹腔右侧，形成无数肠圈，以短的空肠系膜悬挂于结肠圆盘周围，形似花环状。其外侧和腹侧隔着大网膜与右侧腹壁相邻，背侧为大肠，前方为瓣胃和皱胃。

（3）回肠。短而直，长约50cm，以回盲口与盲肠相通。回肠与盲肠之间有回盲韧带相连。

2. 小肠的组织构造　小肠的构造与消化管一般构造相似，其管壁也分为黏膜层、黏膜下层、肌层和浆膜四层。

(1) 黏膜。小肠的黏膜形成许多环形的皱褶，表面有许多指状突起，称为肠绒毛。皱褶和肠绒毛增加了肠黏膜的表面积。

①上皮：为单层柱状上皮，上皮之间夹有杯状细胞。柱状细胞的游离面有明显的纹状缘，它是由细胞的微小突起（即微绒毛）密集排列形成，这种结构大大增加了每个细胞的吸收面积。

②固有层：由疏松缔组织构成，含有大量的肠腺。结缔组织突入肠绒毛内形成绒毛中心。在固有层内，常有淋巴组织构成的淋巴小结。

③黏膜肌层：由内环、外纵两层平滑肌构成。部分内层平滑肌纤维随同固有层伸入肠绒毛和肠腺之间，收缩时有助于肠绒毛对营养物质的吸收和肠腺分泌物的排出。

肠绒毛：由上皮和固有膜组成，上皮覆盖在绒毛的表面，固有层构成绒毛的中轴。绒毛的中央有一条贯穿绒毛全长的毛细淋巴管（绵羊的可以有两条或多条），称中央乳糜管，在管周围有毛细血管丛。固有层内还有分散的、与绒毛长轴平行的平滑肌。平滑肌收缩时，绒毛缩短，使绒毛内毛细血管和中央乳糜管中所吸收的营养物质随血液、淋巴进入较深层的血管和淋巴管。绒毛的这种不断延伸与收缩，促进了营养物质的吸收和运输。

(2) 黏膜下层。由疏松结缔组织构成，内有较大的血管、淋巴管、神经丛及淋巴小结等。

(3) 肌层。由内环、外纵两层平滑肌构成。

(4) 浆膜。为被覆间皮的结缔组织膜，表面光滑而湿润，有减少摩擦的作用。

(六) 肝

1. 肝的形态、位置　肝为动物体内最大的腺体（图 2-26）。牛肝呈不规则的长方形，

肝和胃的
形态位置

小肠的结构
（动画）

图 2-26　牛肝（脏面）

1. 肝肾韧带　2. 尾状突　3. 右三角韧带　4. 肝右叶　5. 肝门淋巴结　6. 十二指肠
7. 胆管　8. 胆囊管　9. 胆囊　10. 方叶　11. 肝圆韧带　12. 肝左叶　13. 左三角韧带
14. 小网膜　15. 门静脉　16. 后腔静脉　17. 肝动脉

（马仲华．2002．家畜解剖学组织胚胎学．第三版）

较厚实，为棕红色或棕黄色，位于右季肋部，紧贴膈。其前面稍隆凸称为膈面，有后腔静脉通过；后面凹陷，称为脏面。脏面中央有肝门，门静脉、肝动脉、神经由此入肝，肝管、淋巴管由此出肝。肝门下方有胆囊。肝的背缘钝厚，有食管切迹；腹缘薄锐，有较深的切迹。切迹把肝分成左、中、右三叶，其中中叶又以肝门为界，分为背侧的尾叶和腹侧的方叶。各叶的输出管合并在一起形成肝管。肝管在肝门处与胆囊管汇合，形成胆管，开口于十二指肠。

肝的表面被覆一层浆膜，并形成左右冠状韧带、镰刀韧带、圆韧带、三角韧带，与周围器官相连。

2. 肝的组织构造 肝的表面被覆一层浆膜，浆膜下有一层富含弹性纤维的结缔组织，结缔组织随血管、神经、淋巴管等进入肝的实质，构成肝的支架，并把肝分成许多肝小叶。

（1）肝小叶（图2-27）。是肝的基本结构单位，呈不规则的多边棱柱状。其中轴贯穿一条静脉，称中央静脉。在肝小叶的横断面上，可见肝细胞排列成索状，以中央静脉为轴心，向四周呈放射状排列。肝细胞索有分支，彼此吻合成网，网眼间有窦状隙，即血窦。血窦实际上是不规则膨大的毛细血管，窦壁由内皮细胞构成，窦腔内有许多形状不规则的星形细胞（又称枯否氏细胞），可吞噬细菌和异物。

图2-27 肝小叶的切面（低倍）
1. 小叶间胆管 2. 小叶间动脉 3. 小叶间静脉
4. 中央静脉 5. 小叶间结缔组织

从立体结构上看，肝细胞的排列并不呈索状，而是呈不规则的互相连接的板状，称为肝板。细胞之间有胆小管。胆小管以盲端起始于中央静脉周围的肝板内，呈放射状，并互相交织成网。肝细胞分泌的胆汁经胆小管流向位于小叶边缘的小叶间胆管，许多小叶间胆管汇合成肝管，经肝门出肝，与胆囊管汇合成胆管，开口于十二指肠。

肝细胞呈多面形，胞体较大，界限清楚。细胞核有1~2个，大而圆，位于细胞中央。

（2）肝的血液循环。肝的血液供应有两个来源，其一是门静脉，其二是肝动脉。

①门静脉：由胃、肠、脾、胰的静脉汇合而成，经肝门入肝，在肝小叶间分支成小叶间静脉，与肝小叶的窦状隙相通。窦状隙的血液再汇入中央静脉，中央静脉汇合成小叶下静脉，最后汇成数支肝静脉出肝，入后腔静脉。门静脉的血液含有从胃、肠吸收的丰富的营养

物质，同时也有消化过程中产生的毒素和胃肠中的细菌。当血液流经窦状隙时，营养物质即被肝细胞吸收，经肝细胞的进一步加工，或贮藏于肝细胞中，或再排入血中，以供机体利用；代谢产物中的有毒有害物质，则被肝细胞结合或转化为无毒、无害物质；细菌、异物可被枯否氏细胞吞噬。因此，门静脉属于肝的功能血管。

②肝动脉：来自于腹腔动脉。它经肝门入肝后，也在肝小叶间分支形成小叶间动脉，并伴随小叶间静脉的分支，进入窦状隙与门静脉血混合。肝动脉来自主动脉，含有丰富的氧气和营养物质，可供肝细胞物质代谢使用，是肝的营养血管。肝的血液循环和胆汁的排出途径简表如下：

门静脉→小叶间静脉→窦状隙→中央静脉→小叶下静脉→肝静脉
肝动脉→小叶间动脉↗   ↓
肝　管←小叶间胆管←胆小管   后腔静脉

3. 肝的生理作用　肝是体内的一个重要器官，不仅能分泌胆汁参与消化，而且又是体内的代谢中心，体内很多代谢过程都需在肝内完成。此外，肝还具有造血、解毒、排泄、防御等许多功能。

（1）分泌功能。肝是体内最大的腺体，肝细胞分泌的胆汁参与脂肪的消化。

（2）代谢功能。肝细胞内可进行蛋白质、脂肪和糖的分解、合成、转化和贮存，很多代谢过程都离不开肝，且能贮存维生素A、维生素D、维生素E、维生素K及大部分B族维生素。

（3）解毒功能。从肠道吸收来的毒物或代谢过程中产生的有毒有害物质，以及经其他途径进入机体的毒物或药物，在肝内通过转化和结合作用变成无毒或毒性小的物质，排出体外。如将氨基酸代谢中脱出的氨（对机体有毒）转化成无毒的尿素，通过肾排出。

（4）防御功能。窦状隙内的枯否氏细胞，具有强大的吞噬作用，能吞噬侵入窦状隙的细菌、异物及衰老的红细胞。

（5）造血功能。肝在胚胎时期是造血器官，可制造血细胞。成年动物的肝则只形成血浆内的一些重要成分，如白蛋白、球蛋白、纤维蛋白原、凝血酶原、肝素等。

> **知识链接**
>
> 肝的再生能力很强。有实验证明，把鼠肝切掉一半后，老鼠照常进食并且朝气蓬勃地活着，各项肝功指标仍保持正常。经手术切除肝75%的老鼠，3周后便能恢复原状。同样的，犬需8周；人类需4个月左右。由此可见，肝具有其他器官无法比拟的旺盛的再生和恢复能力。

（七）胰

1. 胰的形态位置　胰为不规则的四边形，灰黄色稍带粉红，位于十二指肠弯曲中，质地柔软，有一条胰管直通十二指肠。

2. 胰的组织构造　胰的外面包有一薄层结缔组织被膜，结缔组织伸入腺体实质，将实质分为许多小叶。胰的实质可分为外分泌部和内分泌部。

（1）外分泌部。属消化腺，由腺泡和导管组成，占腺体绝大部分。腺泡呈球状或管状，腺腔很小，均由腺细胞组成。细胞合成的分泌物，先排入腺腔内，再由各级导管排出胰。腺泡的分泌物称胰液，一昼夜可分泌6~7L，经胰管注入十二指肠，有消化作用。

（2）内分泌部。位于外分泌部的腺泡之间，由大小不等的细胞群组成，形似小岛，故名胰岛。胰岛细胞呈不规则的索状排列，且互相吻合成网，网眼内有丰富的毛细血管和血窦。胰岛细胞分泌胰岛素和胰高血糖素，经毛细血管直接进入血液，有调节血糖代谢的作用。

（八）大肠

大肠包括盲肠、结肠和直肠三段，前接回肠，后通肛门（图2-28、图2-29）。大肠的结构与小肠基本相似，但肠腔宽大，黏膜表面平滑，无肠绒毛。黏膜内有排列整齐的大肠腺，但大肠腺的分泌物中不含消化酶。

图2-28 牛右侧内脏器官

1. 结肠 2. 十二指肠 3. 右肾 4. 第十三肋骨 5. 膈 6. 食管 7. 网胃 8. 镰状韧带及肝圆韧带 9. 小网膜 10. 胆囊 11. 皱胃 12. 大网膜 13. 空肠 14. 盲肠 15. 肝

（马仲华.2002.家畜解剖学及组织胚胎学.第三版）

小肠和大肠的形态位置

图2-29 牛肠模式示意

1. 皱胃 2. 十二指肠 3. 空肠 4. 回肠 5. 盲肠 6. 结肠初袢
7. 结肠旋袢向心回 8. 结肠旋袢离心回 9. 结肠终袢 10. 直肠

（马仲华.2002.家畜解剖学及组织胚胎学.第三版）

1. 盲肠 呈直筒状，位于右髂部。盲肠起自回盲口，盲端向后伸达骨盆前口（羊的可伸入到骨盆腔内），呈游离状态，可以移动。

2. 结肠 借总肠系膜附着于腹腔顶壁，可分为初袢、旋袢、终袢三段。初袢为结肠前段，呈"乙"状弯曲，大部分位于右髂部；旋袢为结肠中段，最长，位于瘤胃的右侧，盘曲成一平面的圆盘状，称结肠圆盘；终袢是结肠的末段，向后伸达骨盆前口，移行为直肠。

3. 直肠 短而直，位于骨盆腔内，前连结肠，后端以肛门与外界相通。直肠以直肠系膜连于骨盆腔顶壁。

（九）肛门

肛门是消化管末端，外为皮肤，内为黏膜。黏膜衬以复层扁平上皮。皮肤与黏膜之间有平滑肌形成的内括约肌和横纹肌形成的外括约肌，控制肛门的开闭。

三、消化生理

有机体在进行新陈代谢的过程中，必须不断从外界摄取营养物质，以满足各种生命活动的需要。营养物质存在于家畜的饲料中，如蛋白质、脂肪、糖类、维生素、水和无机盐等。其中水、无机盐和维生素可被直接吸收利用；而蛋白质、脂肪和糖类都是高分子化合物，必须先在消化管内经过物理的、化学的和生物的作用，分解为结构简单的小分子物质，才能被机体吸收利用。饲料在消化管内被分解为可吸收的小分子物质的过程，称为消化。饲料经消化后，它的产物透过消化管上皮进入血液和淋巴的过程，称为吸收。

（一）消化方式

消化系统完成消化的方式主要有三种。

1. 机械性消化（物理性消化） 即通过消化器官的运动，改变饲料物理性状的消化方式，如咀嚼、反刍、蠕动等。有磨碎饲料、混合消化液、促进内容物后移和营养物质吸收的作用。

消化管的运动是管壁肌肉来完成的。而胃肠的肌肉全部为平滑肌，具有兴奋性低、收缩缓慢、伸展性大、不易疲劳、有自动节律性等特性。这些特性保证了消化道可容纳比本身体积大好几倍的食物，并经常保持一定的压力，使内容物缓慢后移。

2. 化学性消化 指在消化液中酶的作用下进行的消化。它能改变营养物质的化学结构，使其成为能被吸收的小分子物质。

酶是体内细胞产生的一种具有催化作用的特殊蛋白质，通常称为生物催化剂。具有消化作用的酶称为消化酶，由消化腺产生，多数存在于消化液中，少数存在于肠黏膜脱落细胞或肠黏膜内。消化酶多为水解酶，具有高度的特异性，即一种酶只能影响某一种营养物质的分解过程，对其他物质则无作用。如淀粉酶只能加快淀粉的分解，而对蛋白质、脂肪及双糖都无作用。根据酶的作用对象的不同，可将其分为三种类型：蛋白分解酶、脂肪分解酶和糖分解酶。

酶易受各种因素的影响，如温度、酸碱度、激动剂、抑制剂等都可影响其活性。温度对酶的活性影响很大，通常37~40℃是消化酶的最适温度，这时酶的活性最强。酶对环境的pH非常敏感，每一种酶各有其特殊适合的环境，有的在酸性环境中活性最佳（如胃蛋白酶），有的在碱性环境中活性最好（如胰蛋白酶），有的则在中性环境中最活跃（如唾液淀粉酶）。有些物质能增强酶的活性，称为激动剂，如氯离子是淀粉酶的激动剂；有些物质能使酶的活性降低甚至完全消失，称为酶的抑制剂，如重金属（Ag、Cu、Hg、Zn等）离子。

大多数消化酶在刚分泌出来的时候没有活性，称为酶原。酶原必须在一定条件下才能转化成有活性的酶，这一转化过程称酶致活。完成这一致活过程的物质称致活剂。如胃蛋白酶的致活剂是盐酸。

3. 生物学消化 是指消化道内的微生物对饲料进行的消化。这种消化方式对草食动物尤为重要。草食动物的饲料中含有大量的纤维素，而其体内并不分泌分解纤维素的酶，纤维素的分解是在消化道内微生物的作用下完成的。牛的生物学消化主要在瘤胃和大肠内进行。

在消化过程中，以上三种消化是同时进行且互相协调的。这样饲料就由大变小，从消化管前端移到后端，使食物与消化液完全混合，达到完全消化与吸收。

（二）消化道各部的消化作用

1. 口腔的消化

（1）采食。牛依靠视觉和嗅觉去寻找、选择食物，靠舌来摄取食物，因此，舌是牛的主要采食器官。食物进入口腔后，又依靠味觉和触觉来评定，并把其中不适合的物质吐出。

（2）咀嚼。咀嚼是在齿、舌、颊、唇的协同作用下完成的。它一方面磨碎食物，混合唾液；另一方面，还可刺激口腔内的各种感受器，反射性地引起各种消化液的分泌和胃肠运动，为食物的进一步消化做好准备。牛在采食过程中很少进行咀嚼，咀嚼主要在反刍时进行。

（3）唾液。唾液是由唾液腺分泌的一种无色、略带黏性的液体。牛的唾液呈碱性，pH 为 8.2，一昼夜的分泌量为 100～200L。由水（99.4%）和少量的有机物、无机物组成。有机物主要是黏蛋白，无机物主要是钾、钠、钙、镁的氯化物、磷酸盐和碳酸氢盐。唾液的主要作用如下：

①浸润饲料，便于吞咽。唾液中的黏液能使嚼碎的饲料形成食团，并增加光滑度，便于吞咽。

②溶解饲料中的可溶性物质，刺激舌的味觉感受器，引起食欲，促进各种消化液的分泌。

③帮助清除口腔中的一些饲料残渣和异物，清洁口腔。

④唾液呈碱性，有中和瘤胃内微生物发酵所产生的有机酸的作用。

⑤水牛等汗腺不发达的动物，可借唾液中水分的蒸发来调节散热。

⑥反刍动物有大量尿素经唾液进入瘤胃，参与机体的尿素再循环，以减少氮的损失。

2. 咽和食管的消化 咽和食管均是食物通过的管道。食物在此不停留，不进行消化，只是借肌肉的运动向后推移。

3. 胃的消化

（1）前胃的消化。前胃主要进行生物学消化，瘤胃是进行生物学消化的主要部位，饲料中 70%～85% 的可消化干物质和约 50% 的粗纤维都在瘤胃内被消化。网胃相当于一个"中转站"，一方面将粗硬的饲料返送回瘤胃，另一方面将较稀软的饲料运送到瓣胃。瓣胃相当于一个"滤器"，收缩时把饲料中较稀软的部分运送到皱胃，而把粗糙部分留在叶片间揉搓研磨，以有利于下一步的继续消化。

①瘤胃的生物学消化：瘤胃内有大量的有机物和水，pH 接近中性（7.2），温度适宜（39～41℃），渗透压与血液相近，特别适合微生物的生长、繁殖。瘤胃内的微生物主要是细菌、真菌和纤毛虫。据测定，1g 瘤胃内容物中含细菌 150 亿～250 亿，纤毛虫 60 万～180 万，总体积约占瘤胃容积的 3.6%，其中细菌和纤毛虫各占一半。在这些微生物的作用下，瘤胃内的饲料可发生下列复杂的消化过程：

A. 纤维素的分解和利用。纤维素是反刍动物饲料中的主要糖类物质，其中的大部分可在瘤胃内细菌和纤毛虫体内纤维素分解酶的协同作用下逐级分解,最后产生挥发性脂肪酸(VFA),即乙酸、丙酸和丁酸。牛一昼夜产生的VFA可提供25.08~50.16MJ的能量,占机体所需能量的60%~70%。乙酸和丁酸是泌乳期反刍动物生成乳脂的主要原料。其转化过程如下:

$$纤维素 \rightarrow 纤维二糖 \rightarrow 葡萄糖 \rightarrow VFA + CH_4 + CO_2$$

B. 其他糖类的分解与合成。瘤胃内的微生物可分解淀粉、葡萄糖等糖类物质,产生挥发性脂肪酸、二氧化碳和甲烷等。同时,这些微生物可利用饲料分解产生的单糖合成糖原,贮存于微生物体内。当微生物进入小肠被消化后,这些糖原又被消化分解为葡萄糖,成为反刍动物体内葡萄糖的重要来源。

C. 蛋白质的分解与合成。瘤胃微生物对饲料中的蛋白质有强烈的分解作用。饲料中50%~70%的蛋白质可在瘤胃微生物蛋白分解酶的作用下,分解为氨基酸。氨基酸又在微生物脱氨酶的作用下,很快脱去氨基而生成氨、二氧化碳和有机酸,从而降低了饲料蛋白的利用率。近年来有人试用甲醛溶液或鞣酸预先处理饲料蛋白后再喂牛、羊,可显著降低蛋白质被瘤胃微生物的分解量,提高日粮中蛋白质的利用率。

瘤胃内微生物在对蛋白质进行分解的同时,还可利用氨基酸、氨和其他非蛋白氮(如尿素等)合成微生物蛋白。这些微生物进入小肠后被消化吸收,成为体内蛋白质的重要来源。

瘤胃内的氨除了被微生物利用外,其余的被胃壁迅速吸收入血,经血液运送到肝,在肝内经鸟氨酸循环变成尿素。尿素经血液循环一部分随唾液进入瘤胃,一部分随尿排出。在低蛋白日粮情况下,反刍动物就依靠这种内源性的尿素再循环作用节约氮的消耗,维持瘤胃内适宜的氨浓度,以利微生物蛋白的合成。

知识链接

为了提高养牛生产中饲料的利用率,目前普遍采用过瘤胃蛋白技术。经过技术处理(物理法、化学法和包埋法)将饲料中的蛋白质保护起来,避免在瘤胃内被发酵、降解,只有进入小肠后蛋白质才被消化吸收,从而达到提高饲料蛋白质利用率的目的。

D. 脂类的消化。饲料中的脂肪能被瘤胃中的微生物水解,生成甘油和脂肪酸。其中甘油多半转变成丙酸,而脂肪酸由不饱和脂肪酸变成饱和脂肪酸。因此,反刍动物体脂和乳脂与非反刍动物相比,具有较大量的饱和脂肪酸,硬度大、熔点高。

E. 维生素的合成。瘤胃内的微生物能合成B族维生素、维生素K和维生素C,供动物体利用。因此,一般日粮中缺乏这些维生素也不致影响成年反刍动物的健康。

②前胃的运动:前胃的运动是互相密切配合的,其运动的顺序是:网胃→瘤胃→瓣胃。

网胃的运动:网胃的收缩由两次收缩组成,第一次收缩力量较弱,使胃容积缩小一半,可将漂浮在网胃上部的粗饲料压回瘤胃;第二次收缩力量较强,使胃腔几乎全部消失,此时如网胃内有异物(如铁钉)可发生创伤性网胃炎或心包炎。收缩的结果是使胃内容物一部分返回瘤胃,一部分进入瓣胃。这种收缩一般30~60s重复一次。当反刍时,在第一次收缩前还有一次附加收缩,将胃内容物逆呕至口腔。

瘤胃的运动:瘤胃的收缩紧接网胃的第二次收缩,收缩的方式有两种:第一种称A波,收缩方向为瘤胃前庭→背囊→腹囊,接着又沿腹囊由后向前。这种收缩使瘤胃内容物按收缩的顺序和方向进行移动、混合,并把一部分内容物推向瘤胃前庭和网胃。瘤胃每次蠕动可出现逐渐增强又逐渐减弱的沙沙声,似吹风样或远雷声,牛每2min为2~3次。第二种收缩称为B波,收缩方向为后腹盲囊→后背盲囊→前背盲囊→主腹囊。这次收缩与反刍及嗳气有关,而与网胃的收缩没有直接联系。

瓣胃的运动:瓣胃的收缩缓慢有力,并与网胃的收缩相配合。当网胃收缩时,瓣胃舒张,网瓣胃口开放,使一部分食糜从网胃进入瓣胃。其中的液体部分经瓣胃沟直接进入皱胃,较粗糙的部分则进入瓣胃叶片之间,进行研磨后再送入皱胃。瓣胃蠕动时发出细弱的捻发音,于采食后较为明显。

③食管沟的作用:食管沟是连于贲门与网瓣胃口之间的沟。犊牛和羔羊在吸吮乳汁或饮水时,能反射地引起食管沟唇闭合成管状,使乳汁或水直接从食管沟到达网瓣网口,经瓣胃沟进入皱胃。若用桶给犊牛喂奶,由于缺乏吸吮刺激,食管沟有可能闭合不全,部分乳汁进入瘤胃和网胃,引起异常发酵,导致腹泻。食管沟随着年龄的增长而逐渐失去作用。

反刍(动画)

④反刍:反刍动物采食时,往往不经充分咀嚼就匆匆吞咽。饲料进入瘤胃后,经浸泡和软化,在休息时又被逆呕回口腔进行仔细咀嚼,并混入唾液再行咽下,这一过程称为反刍。因此,反刍包括逆呕、再咀嚼、再混唾液、再吞咽四个过程。经反刍的食物进入瘤胃前庭,其中较细的部分进入网胃,较粗的部分仍与瘤胃内容物混合。

小肠内消化液(动画)

反刍是与动物摄食粗饲料相联系的。犊牛在出生后3~4周出现反刍,其出现时间的早晚与采食粗饲料的早晚有关。成年动物一般在饲喂后0.5~1h出现反刍,每次反刍平均为40~50min,然后间隔一定时间再开始第二次反刍。牛一昼夜进行6~8次(幼畜可达16次)反刍,每天用于反刍的时间为7~8h。

反刍是反刍动物最重要的生理机能,其生理意义是:充分咀嚼,帮助消化;混合唾液,中和胃内容物发酵时产生的有机酸;排出瘤胃内发酵产生的气体;促进食糜向后部消化管推进。动物患病和过度疲劳都可能引起反刍的减少或停止。

小肠的消化运动(动画)

⑤嗳气:瘤胃内由于微生物的强烈发酵,不断产生大量的气体(体重500kg的牛,每分钟可产生1L左右的气体),主要是CO_2和CH_4,间有少量的H_2、O_2、N_2、H_2S等,这些气体约有1/4被吸收入血经肺排出,一部分被瘤胃微生物利用,大部分通过食管排出。我们把通过食管排出气体的过程,称为嗳气。牛一般每小时嗳气17~20次。如嗳气停止,则会引起瘤胃臌气。

知识链接

瘤胃内的消化过程是生物发酵的过程,在这个过程中会产生大量的气体。牛、羊采食过量带露水的青草、青绿饲料、开花前的幼嫩植物及豆科植物(苜蓿、三叶草、豌豆等)和马铃薯叶等饲料,会迅速发酵并产生大量气体而使瘤胃急速扩张引起瘤胃臌气;霉变的青贮料、豆饼、食道阻塞也可引起瘤胃臌气。瘤胃臌气如不及时治疗会引起严重后果。

（2）皱胃的消化。皱胃能分泌胃液，主要进行化学性消化。

①胃液的消化作用：胃液是由胃腺分泌的无色透明的酸性液体，由水、盐酸、消化酶、黏蛋白和无机盐构成。

盐酸：由胃腺的壁细胞产生，其作用是：致活胃蛋白酶原，并为胃蛋白酶提供所需要的酸性环境；使蛋白质膨胀变性，有利于胃蛋白酶的消化；杀死进入皱胃的细菌和纤毛虫，有利于菌体蛋白和虫体蛋白的消化吸收；进入小肠，促进胆汁和胰液的分泌，并有助于铁、钙等矿物质的吸收。

消化酶：胃液中的消化酶主要有胃蛋白酶和凝乳酶。胃蛋白酶刚分泌出来时为没有活性的胃蛋白酶原，在盐酸或已激活的胃蛋白酶的作用下变成有活性的胃蛋白酶。胃蛋白酶在酸性环境下将蛋白质分解为脉和胨。凝乳酶主要存在于犊牛的胃中，它能使乳汁凝固，延长乳汁在胃内停留的时间，以利于充分消化。

黏蛋白：呈弱碱性，覆盖于胃黏膜表面，有保护作用：一是保护胃黏膜不受食物中坚硬物质的损伤，二是可防止酸和酶对黏膜的侵蚀。

②皱胃的运动：皱胃主要进行紧张性收缩和蠕动，有混合胃内容物、增加胃内的压力和推动食糜后移的作用。其中蠕动方向是从胃底部朝向幽门部，在幽门部特别明显，常出现强烈的收缩波。随着幽门部的蠕动，胃内食糜不断地被送入十二指肠。皱胃蠕动音类似肠音，呈流水音或含漱音。

4. 小肠的消化 经胃消化后的液体食糜进入小肠，经过小肠运动的机械性消化作用和胰液、胆汁、小肠液的化学性消化作用，大部分营养物质被消化分解，并在小肠内被吸收。因此说，小肠是重要的消化吸收部位。

（1）小肠的运动。食糜进入小肠，刺激小肠壁的感受器，引起小肠运动。小肠运动是靠肠壁平滑肌的舒缩来实现的，有蠕动、分节运动和钟摆运动三种形式。其生理作用是：使食糜与消化液充分混合，便于消化；使食糜紧贴肠黏膜，便于吸收。此外，蠕动还有向后推进食糜的作用。为防止食糜过快地进入大肠，有时还出现逆蠕动。

（2）胰液。是胰腺泡分泌的无色透明的碱性液体，pH 为 7.8～8.4。由水、消化酶和少量无机盐组成。胰液中的消化酶包括胰蛋白分解酶、胰脂肪酶和胰淀粉酶。

胰蛋白分解酶：主要包括胰蛋白酶、糜蛋白酶和羧肽酶，刚分泌出来时都是不具活性的酶原。胰蛋白酶原经自动催化或肠激酶的作用转变为胰蛋白酶，糜蛋白酶和羧肽酶都可被胰蛋白酶所致活。胰蛋白酶和糜蛋白酶共同作用，分解蛋白质为多肽，而羧肽酶则分解多肽为氨基酸。

胰脂肪酶：胰脂肪酶原在胆酸盐的作用下被致活，将脂肪分解为脂肪酸和甘油，是胃肠内消化脂肪的主要酶。

胰淀粉酶：在氯离子和其他无机离子的作用下被致活，可将淀粉和糖原分解为麦芽糖。胰液中还有一部分麦芽糖酶、蔗糖酶、乳糖酶等双糖酶，能将双糖分解为单糖。

碳酸氢盐：主要作用是中和进入十二指肠的胃酸，使肠黏膜免受胃酸的侵蚀，同时也为小肠内多种消化酶活动提供了最适 pH 环境。

（3）胆汁。是由肝细胞分泌的具有强烈苦味的碱性液体，呈暗绿色。胆汁分泌出来后贮存于胆囊中，需要时胆囊收缩，将胆汁经胆囊管排入十二指肠。胆汁由水、胆酸盐、胆色素、胆固醇、卵磷脂和无机盐等组成，其中有消化作用的是胆酸盐。

胆酸盐的作用：致活胰脂肪酶原，增强胰脂肪酶的活性；降低脂肪滴的表面张力，将脂肪乳化为微滴，有利于脂肪地消化；与脂肪酸结合成水溶性复合物，促进脂肪酸的吸收；促进脂溶性维生素（维生素 A、维生素 D、维生素 E、维生素 K）的吸收。因此，胆汁能帮助脂肪的消化吸收，对脂肪的消化具有极其重要的意义。另外，胆汁还有中和胃酸的作用。

（4）小肠液。小肠液是小肠黏膜内各种腺体的混合分泌物。一般呈无色或灰黄色，混浊，呈碱性反应。小肠液含有各种消化酶，如肠激酶、肠肽酶、肠脂肪酶和双糖分解酶（包括蔗糖酶、麦芽糖酶和乳糖酶）。这些消化酶的主要作用是对前部消化器官初步分解过的营养物质进行彻底地消化。如肠肽酶能把多肽分解为氨基酸，肠脂肪酶能把脂肪分解为甘油和脂肪酸，肠双糖分解酶能将双糖分解为葡萄糖。

5. 大肠的消化 食糜经小肠消化吸收后，剩余部分进入大肠。由于大肠腺只能分泌少量碱性黏稠的消化液，不含消化酶，所以大肠的消化除依靠随食糜而来的小肠消化酶继续作用外，主要靠微生物进行生物学消化。

大肠由于蠕动缓慢，食糜停留时间较长，水分充足，温度和酸碱度适宜，有大量的微生物在此生长、繁殖，如大肠杆菌、乳酸杆菌等。这些微生物能发酵分解纤维素，产生大量的低级脂肪酸（乙酸、丙酸和丁酸）和气体。低级脂肪酸被大肠吸收，作为能量物质利用，气体则经肛门排出体外。另外，大肠内的微生物还能合成 B 族维生素和维生素 K。

反刍动物对纤维素的消化、分解，主要在瘤胃内进行。大肠内的生物学消化作用远不如瘤胃，只能消化少量的纤维素，作为瘤胃消化的补充。

由于大、小肠的运动，内容物在肠腔移位而产生的声音称肠音。小肠音如流水音或含漱音；大肠音因肠腔宽大，似雷鸣音或远炮音。通过对肠音的听诊，可了解肠的运动情况，对临床诊断有重要意义。

（三）吸收

饲料经过复杂的消化过程，分解为简单物质。这些简单物质以及矿物质和水分，经过消化道黏膜上皮进入血液和淋巴液的过程，称为吸收。

1. 吸收部位 消化道的不同部位，对物质的吸收程度是不同的。这主要取决于该部消化管的组织结构、食物的消化程度以及食物在该部停留的时间。口腔和食管，基本不吸收；前胃可吸收大量的挥发性脂肪酸；皱胃可吸收少量的水和醇类；小肠可吸收大量的营养物质和水；大肠可吸收水、挥发性脂肪酸和其他少量营养物质。

小肠是吸收的主要部位。小肠具有适于吸收各种物质的结构，小肠很长，盘曲很多，黏膜具有环状皱褶，并拥有大量指状的肠绒毛，具有很大的吸收面积；食物在小肠内停留的时间也长，且已被消化到适于吸收的状态，易于被吸收。

2. 吸收的机理 营养物质在消化道的吸收，大致可分为被动转运和主动转运两种方式。

（1）被动转运。主要包括滤过、弥散、渗透等作用。肠黏膜上皮是一层薄的通透性膜，允许小分子物质通过。当肠腔内压力超过毛细血管和毛细淋巴管内压时，水和其他一些物质可以滤入血液和淋巴液，这一过程称滤过作用；当肠黏膜两侧压力相等，但浓度不同时，溶质分子可从高浓度侧向低浓度侧扩散，这一过程称弥散作用；当黏膜两侧的渗透压不同时，水则从低渗透压一侧进入高渗透压一侧，直至两侧溶液渗透压相等，这一过程称渗透作用。

（2）主动转运。是指某些物质在肠黏膜上皮细胞膜上载体的帮助下，由低浓度一侧向高浓度一侧转运的过程。所谓载体，是一种运载营养物质进出上皮细胞膜的膜蛋白。营养物质转运时，在上皮细胞的肠腔侧，载体与营养物质结合成复合物，复合物穿过上皮细胞膜进入细胞内，营养物质与载体分离被释放入细胞中，进而进入血液中，而载体则又返回到细胞膜肠腔侧。这样循环往复，主动吸收各营养物质，如单糖、氨基酸、钠离子、钾离子等。

3. 各种营养物质的吸收

（1）糖的吸收。可溶性糖（主要是淀粉）在胰淀粉酶和肠双糖分解酶的作用下，分解为单糖（葡萄糖、果糖、半乳糖）被吸收。纤维素在微生物的作用下，分解成挥发性脂肪酸被吸收。单糖和挥发性脂肪酸被吸收后进入毛细血管，经门静脉入肝。

（2）蛋白质的吸收。蛋白质在胃蛋白酶、胰蛋白酶、羧肽酶和肠肽酶的作用下，分解为各种氨基酸。氨基酸被肠黏膜吸收入血，经门静脉入肝。

（3）脂肪的吸收。脂肪在胃脂肪酶、胰脂肪酶和肠脂肪酶的作用下，分解为甘油和脂肪酸。甘油和脂肪酸被吸收进入肠黏膜上皮细胞后，少部分直接进入血液，经肝门入肝；大部分在细胞内重新合成中性脂肪，经中央乳糜管进入淋巴液。

（4）水和盐的吸收。水的吸收主要在小肠（约占80%），少部分在大肠（约占20%）。盐类主要以溶解状态在小肠被吸收（约占75%）。不同的盐被吸收的难易程度不同。氯化钠、氯化钾最易被吸收，其次是氯化钙和氯化镁，最难吸收的是磷酸盐和硫酸盐。

（四）粪便的形成和排粪

食糜经消化吸收后，其中的残余部分进入大肠后段，由于水分被大量吸收而逐渐浓缩，形成粪便。

排粪是一种复杂的反射活动。当直肠粪便不多时，肛门括约肌处于收缩状态，粪便停留在直肠内。当粪便积聚到一定数量时，引起肠壁感受器兴奋，经传入神经（盆神经）传到腰荐部脊髓的低级排粪中枢，并由此继续上传至高级中枢（位于延髓和大脑皮层）。然后从高级中枢发出神经冲动到低级中枢，并继续沿盆神经传到大肠后段，引起肛门内括约肌舒张，直肠壁肌肉收缩，同时腹肌也收缩以增大腹压进行排粪。因此，腰荐部脊髓和脑部损伤，会导致排粪失禁。

任务六　消化系统技能训练

技能训练一　牛、羊消化器官形态构造的识别

【目的要求】能准确识别牛、羊消化器官的形态、构造和位置。

【材料及设备】牛消化器官标本、羊的新鲜尸体、牛消化系统视频资料。

【方法步骤】先观看牛消化系统解剖视频资料，再观察消化器官标本或羊的新鲜尸体标本，识别口腔、食管、瘤胃、网胃、瓣胃、皱胃、小肠、大肠、肝、胰的形态、结构和位置。

【技能考核】在牛的标本或羊新鲜尸体上识别瘤胃、网胃、瓣胃、皱胃、小肠、大肠、肝、胰的形态、结构和位置。

技能训练二　牛真胃、小肠、肝组织构造的识别

【目的要求】识别真胃、小肠和肝的组织构造。

【材料及设备】 显微镜,真胃胃底部、空肠、肝的组织切片。

【方法步骤】 在教师的指导下,观察真胃、小肠和肝的组织构造。

1. 真胃的组织构造 先用低倍镜观察胃壁的四层结构和胃小凹,再换高倍镜观察黏膜上皮和胃腺。

2. 小肠的组织构造 先用低倍镜观察小肠壁的四层结构和肠绒毛,再换高倍镜观察黏膜上皮、肠腺和肠绒毛的构造。

3. 肝的组织构造 先用低倍镜观察肝小叶的形态、结构,再换高倍镜观察肝细胞和枯否氏细胞。

【技能考核】 在显微镜下识别真胃、小肠、肝的组织构造,并能叙述其构造特点。

技能训练三　胃、肠体表投影位置识别及其蠕动音的听取

【目的要求】 能在牛身上准确指出瘤胃、网胃、瓣胃、皱胃、小肠的体表投影,并准确听取其蠕动音。

【材料及设备】 牛、听诊器、六柱栏、保定器械。

【方法步骤】

(1) 将牛保定。

(2) 在教师的指导下,识别瘤胃、网胃、瓣胃、皱胃、小肠的体表投影。

(3) 准确听取瘤胃、瓣胃和小肠的蠕动音。

【技能考核】 在牛体上,指出瘤胃、网胃、瓣胃、皱胃、小肠的体表投影,正确听取瘤胃、瓣胃、小肠的蠕动音。

复习思考题

1. 名词解释:消化、吸收、酶、嗳气、门管区、肝小叶、反刍。
2. 简述牛消化系统的组成。
3. 消化管由哪几层构成?胃、肠腺主要位于消化管哪一层?
4. 牛瘤胃内有哪些微生物?为什么有这些微生物的存在?
5. 指出下列消化器官的位置:瘤胃、网胃、瓣胃、皱胃、肝、胰。
6. 为什么牛易得创伤性网胃炎和创伤性心包炎?
7. 简述牛四个胃的黏膜特点。
8. 简述牛的四个胃的消化特点。
9. 简述胆汁的生理作用。
10. 纤维素、脂肪、蛋白质在消化道内是如何被消化吸收的?
11. 为什么说小肠是消化吸收的主要部位?

项目二 牛(羊)解剖生理

任务七 呼吸系统认知

学习目标

了解呼吸系统的组成；掌握肺、喉、气管的形态、位置和构造；了解呼吸运动、呼吸频率、气体交换和气体运输等基本呼吸生理知识。能在牛体上找出肺的体表投影，在显微镜下识别肺的组织构造。

家畜在生命活动过程中，必须不断从外界吸入氧气，从体内呼出二氧化碳。机体与外界进行气体交换的过程称呼吸。呼吸主要靠呼吸系统来完成。

一、呼吸系统的构造

呼吸系统由鼻腔、咽、喉、气管、支气管和肺构成。鼻腔、咽、喉、气管、支气管是气体出入肺的通道，称为呼吸道，主要起保障气流畅通的作用。肺是呼吸的核心器官，主要作用是发生气体交换。呼吸道和肺在辅助器官协助下共同完成呼吸功能。

（一）鼻腔

鼻腔是呼吸的起始部，是气体出入的通道，又是嗅觉器官。它是以面骨为支架，内衬黏膜构成的长管状腔洞。鼻腔被鼻中隔分为左、右两半，每侧鼻腔都分为鼻孔、鼻前庭和固有鼻腔三部分。

1. 鼻孔 是鼻腔的入口，由内外侧鼻翼围成。鼻翼为包有软骨和肌肉的皮肤褶，有一定的弹性和活动性。牛鼻翼厚实，鼻孔与上唇间形成鼻唇镜，羊的两鼻翼间形成鼻镜。

2. 鼻前庭 为鼻腔前部衬有皮肤的部分，相当于鼻翼所围成的空间。前庭区的皮肤由面部皮肤折转而来，着生鼻毛，可滤过空气。

3. 固有鼻腔 固有鼻腔位于鼻前庭之后，由骨性鼻腔覆以黏膜构成。鼻腔侧壁上有上、下鼻甲骨，将每侧鼻腔分为上、中、下三个鼻道。上鼻道较窄，位于鼻腔顶壁与上鼻甲之间，通嗅区。中鼻道位于上、下鼻甲之间，通鼻旁窦。下鼻道最宽大，位于下鼻甲与鼻腔底壁之间，经鼻后孔通咽部。鼻中隔两侧面与鼻甲骨之间的腔隙，称为总鼻道。

固有鼻腔内表面衬有黏膜，因其结构与功能不同，可分为呼吸区和嗅区。呼吸区位于鼻腔中部，黏膜内含有丰富的血管和腺体，可净化、湿润和温暖吸入的空气。嗅区位于鼻腔后上部，内有大量的嗅觉细胞，具有嗅觉功能。

鼻旁窦：在鼻腔周围的头骨内，有些含气的空腔，称鼻旁窦。鼻旁窦经狭窄的裂隙与鼻腔相通，窦黏膜与鼻黏膜相连。牛的鼻旁窦主要是额窦和上颌窦，其中额窦较大，与角突的腔相通。鼻旁窦有减轻头骨质量、温暖和湿润空气及共鸣作用。

（二）咽

见消化系统。

（三）喉

喉是呼吸通道，也是发音器官。位于下颌间隙的后方，头颈交界的腹侧。前方通咽和鼻腔，后接气管。由喉软骨、喉肌和喉黏膜构成。

· 69 ·

1. 喉软骨 包括环状软骨、甲状软骨、会厌软骨和一对杓状软骨（图 2-30）。软骨借韧带连接起来，共同构成喉的软骨基础。会厌软骨与杓状软骨位于喉前部，共同围成喉口并与咽相通。喉口与背侧的食管口相邻。会厌软骨的表面覆盖有黏膜，称为会厌。会厌具有弹性和韧性，其前端游离且向舌根翻转，吞咽时可盖住喉口，防止食物误咽入喉和气管。

图 2-30 喉软骨
1. 会厌软骨 2. 甲状软骨 3. 杓状软骨
4. 环状软骨 5. 气管软骨环
（范作良．2001．家畜解剖）

2. 喉肌 为横纹肌，附着于喉软骨的外侧，收缩时可改变喉的形状，引起吞咽、呼吸及发音等活动。

3. 喉黏膜 喉的内腔称喉腔，喉腔内表面衬以黏膜，由上皮和固有膜构成。喉腔中部的黏膜形成一对皱褶，称声带。两侧声带间的狭隙称声门裂，气流通过时振动声带便可发声。喉黏膜有丰富的感觉神经末梢，受到刺激会引起咳嗽，将异物咳出。

牛的声带较短，声门裂宽大。

（四）气管和支气管

气管与支气管为连接喉与肺之间的通道，支气管为气管的分支，二者形态和结构基本相似。

1. 气管的形态位置 气管为一圆筒状长管，位于颈、胸椎腹侧。前端接喉，后端进入胸腔中，在心基上方分为左、右支气管和右尖叶支气管（右上支气管），分别进入左、右两肺中，并继续分支形成支气管树。

2. 气管的构造 气管壁自内向外分为黏膜、黏膜下层和外膜三层。

（1）黏膜。包括黏膜上皮和固有膜。黏膜上皮是夹有杯状细胞的假复层柱状纤毛上皮，杯状细胞可分泌黏液。黏液可黏附气流中的尘粒和细菌，纤毛则向喉部摆动，将黏液排向喉腔，经咳嗽排出。

（2）黏膜下层。为疏松结缔组织，内含气管腺、血管和神经。气管腺可分泌黏液。

（3）外膜。由气管软骨环和环间结缔组织构成，较厚。软骨环呈 U 形，缺口朝上，缺口由富含平滑肌的弹性纤维膜相连。

知识链接

正常情况下，气管和支气管的杯状细胞和腺体分泌少量黏液覆盖在黏膜层表面，起保护作用，可保持气管黏膜的湿润，以便把吸入气管、支气管内的尘埃颗粒、细菌等黏附住，阻挡其进入肺组织深处，然后，再借助于纤毛摆动排到喉，经口腔咯出，即为痰。当气管、支气管和肺受到有害因素的刺激或致病菌感染而发生炎症时，呼吸道的黏膜充血、水肿，血管扩张，渗出增加，黏液分泌增多，有利于清除异物。黏液分泌过多时加重了假复层柱状纤毛上皮的负担，不利于黏液的排出，这些黏液和变性坏死的组织细胞使痰的颜色、物理特性发生很大的变化。临床上观察患畜痰的变化有利于疾病的诊断。

(五) 肺

1. 肺的位置、形态 肺在胸内纵隔两侧的左右胸腔内。右肺通常大于左肺，两肺占据胸腔的大部分。

健康的肺呈粉红色，海绵状，质地轻而柔软，富有弹性。

肺有三个面：肋面、纵隔面和膈面。肋面在外侧，略凸，与胸腔侧壁接触，有肋压迹；纵隔面在内侧，与纵隔接触，前部有心压迹，后上方有肺门，是支气管、肺血管、淋巴管和神经出入肺的门户；膈面在后下方，较凹，与膈肌接触。

肺有三个缘：背缘、腹缘和底缘。背缘钝而圆，位于肋椎沟中。腹缘较薄锐，位于外侧壁和纵隔间的沟中。腹缘位于心包外侧，具有心切迹和其他叶间切迹，使肺出现分叶。底缘位于胸外侧壁与膈之间的沟中。

肺的分叶：左肺三叶，由前向后依次分为尖叶、心叶和膈叶；右肺分四叶，由前向后依次为尖叶、心叶、膈叶和副叶。其中右尖叶又可分为前、后两部分，并与右尖叶支气管相连（图2-31）。

由于家畜左肺小，左心压迹深而宽，心脏在纵隔中向左偏移，使左侧心包较多地外露于肺并与左胸壁接触。兽医临床上常将左肺心切迹作为心脏听诊部位。

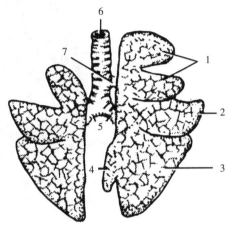

图2-31 牛肺的分叶模式
1. 尖叶 2. 心叶 3. 膈叶 4. 副叶
5. 支气管 6. 气管 7. 右尖叶支气管
（马仲华.2002.家畜解剖学及
组织胚胎学. 第三版）

2. 肺的组织结构 肺表面覆盖光滑湿润的浆膜（肺胸膜），浆膜下的结缔组织伸入肺内，将肺实质分隔成众多肉眼可见的肺小叶。肺小叶是以细支气管为轴心，由更细的呼吸细支气管及所属肺泡管、肺泡囊、肺泡构成的肺的结构单位。肺小叶一般呈锥体形，锥底朝肺表面，锥尖朝肺门（图2-32）。

主支气管由肺门入肺，反复分支，形成树枝状，称为支气管树（图2-33）。当支气管管径在1mm以下时称为细支气管，管径在0.35～0.5mm时称为终末细支气管。终末细支气管继续分支为呼吸性细支气管，管壁上出现散在的肺泡，开始有呼吸功能。呼吸性细支气管再分支为肺泡管，肺泡管再分支为肺泡囊。肺泡管与肺泡囊主要由肺泡围成（图2-34）。

在肺实质中，从肺内支气管到终末细支气管的各级管道，主要作用是保障和控制肺通气，并无气体交换机能，故称为肺的导气部；从呼吸性细支气管开始到肺泡管、肺泡囊、肺泡，其肺泡壁与紧贴其外的毛细血管壁组成气体分子可自由透过的气血屏障（呼吸膜），具有气体交换机能，故称为肺的呼吸部。

（1）肺的导气部。肺的导气部是气体出入的通道，包括各级小支气管、细支气管和终末细支气管。其管壁由黏膜、黏膜下层和外膜构成，随管径逐渐变小，管壁逐渐变薄，组织结构逐渐简化。

①各级小支气管：管壁仍分为黏膜、黏膜下层和外膜三层。上皮为假复层柱状纤毛上皮，但逐渐变薄，杯状细胞减少。固有层的平滑肌逐渐增多，故黏膜逐渐出现皱襞。黏膜下层的气管腺逐渐减少。外膜的软骨呈片状，且逐渐减少。

图2-32 肺小叶模式（左侧省略了血管，右侧省略了淋巴管）
1.肺动脉 2.细支气管 3.淋巴管 4.肺泡管 5.肺泡
6.肺胸膜 7.气道 8.肺静脉 9.小叶间隔 10.呼吸性细支气管
（马仲华.2002.家畜解剖学及组织胚胎学.第三版）

图2-33 牛的支气管树
1.气管 2.右尖叶支气管 3.支气管
4.主支气管 5.小支气管
（马仲华.2002.家畜解剖学及组织胚胎学.第三版）

②细支气管：上皮由假复层柱状纤毛上皮逐渐过渡为单层柱状上皮。杯状细胞、腺体和软骨片逐渐减少几乎消失，环行平滑肌相对增多，黏膜呈现明显的皱襞。由于细支气管壁无软骨片支撑，当某些病因引起管壁平滑肌痉挛时，管腔发生闭塞，便发生呼吸困难。

③终末细支气管：管壁变得更薄。上皮为单层柱状上皮，杯状细胞、腺体、软骨片均消失。环行平滑肌由多变少，皱襞消失。

(2) 肺的呼吸部。肺的呼吸部包括呼吸性细支气管、肺泡管、肺泡囊和肺泡。

①呼吸性细支气管：管壁上有肺泡开口，开始具有气体交换作用。其上皮由单层柱状纤毛上皮逐渐移行为单层立方上皮，固有层极薄，内有不完整的平滑肌束。

②肺泡管。管壁上有许多肺泡开口，末端与肺泡囊相通。管壁不完整，在相邻肺泡开口之间，固有层内有少量平滑肌束，上皮为单层立方上皮或扁平上皮。

③肺泡囊：是数个肺泡共同开口的通道，即由数个肺泡围成的公共腔体，囊壁就是肺泡壁。

④肺泡：呈半球形，开口于肺泡囊、肺泡管和呼吸性细支气管，是气体交换的场所。肺泡壁薄，由一层扁平的I型肺泡细胞和立方形的II型肺泡细胞构成。相邻肺泡的肺泡壁相贴形成肺泡隔。

I型细胞：呈扁平形，含有许多吞饮小泡，参与气体交换。

II型细胞：呈立方形，位于I型细胞之间。

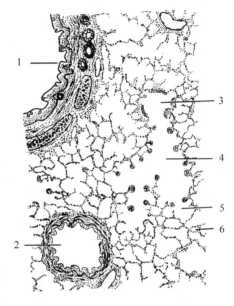

图2-34 肺的组织结构模式
1. 支气管 2. 细支气管 3. 呼吸性细支气管
4. 肺泡管 5. 肺泡囊 6. 肺泡

（马仲华．2002．家畜解剖学及组织胚胎学．第三版）

该细胞可分泌表面活性物质，涂布在肺泡腔内表面，降低肺泡表面张力，稳定肺泡直径，使肺泡不致因表面张力而塌陷。

肺泡隔：是位于相邻肺泡壁之间的薄层结缔组织，隔内有丰富的毛细血管网、大量的弹性纤维，这样的结构有利于肺泡与血液之间发生气体交换，也使肺泡具有良好的弹性，吸气时能扩张，呼气时能回缩。肺泡隔内还有一种巨噬细胞，这种细胞可进入肺泡腔内，吞噬肺泡内灰尘、病菌、异物和渗出的红细胞。吞噬有大量尘粒的巨噬细胞又称为尘细胞。

知识链接

由于肺与外界环境相通，故易受外界因素的影响而发生炎症。如果炎症局限于一个或几个肺小叶内，称为小叶性肺炎；如果炎症扩散到一个肺叶、一侧肺或全肺，称为大叶性肺炎。环境污染易造成呼吸系统损伤，引起肺炎。

（六）胸腔、胸膜和纵隔

1. 胸腔 是以胸廓为框架并附着胸壁肌和皮肤的截顶圆锥状体腔，该腔在胸壁肌群的帮助下可扩大和缩小。

2. 胸膜 胸膜属于浆膜，可分为壁层和脏层。脏层紧贴在肺的表面，又称肺胸膜。壁层紧贴于胸腔壁和纵隔，按所在部位可分为三部分：肋胸膜，衬贴在肋及肋间肌内面；膈胸膜，贴在膈肌上；纵隔胸膜，贴在纵隔两侧。

胸膜腔是胸膜壁层与脏层之间的腔。胸膜腔左、各一，互不相通，内有少量浆液，有润滑作用。

3. 纵隔 是两侧的纵隔胸膜及其之间器官和组织的总称。纵隔内夹有胸腺、心包、心脏、气管、食管和大血管等。纵隔位于胸腔正中,将胸腔分为左右两个互不相通的腔(图2-35)。

图2-35 胸腔横断面模式

1. 胸椎　2. 肋胸膜　3. 纵隔　4. 纵隔胸膜　5. 左肺　6. 肺胸膜
7. 心包胸膜　8. 胸膜腔　9. 心包腔　10. 胸骨心包韧带　11. 心包浆膜脏层
12. 心包浆膜壁层　13. 心包纤维层　14. 肋骨　15. 气管
16. 食管　17. 右肺　18. 主动脉

(范作良.2001.家畜解剖)

呼吸过程(动画)

二、呼吸生理

呼吸是家畜生命活动的重要特征,呼吸过程包括外呼吸、气体运输和内呼吸三个环节。外呼吸是气体(氧气和二氧化碳)在肺泡和血液间的交换,因其在肺内进行,故又称肺呼吸;内呼吸是血液与组织液之间的气体交换,因是在组织内进行,故又称组织呼吸。血液流经肺部时获得氧,通过循环带给全身组织,同时把组织产生的二氧化碳运至肺部排出体外。

(一)呼吸运动

呼吸运动是指因呼吸肌群的交替舒缩而引起胸腔和肺节律性扩大或缩小的活动。其中,胸腔和肺一同扩大使外界空气流入肺泡的过程称吸气;胸腔和肺一同缩小将肺泡内气体逼出体外的过程称呼气。呼吸运动是肺呼吸发生的原动力。

1. 吸气和呼气的发生

(1) 吸气过程的发生。吸气过程是一个主动过程。当吸气肌(肋间外肌和膈肌)收缩时,便引起胸腔两侧壁的肋骨开张,后壁的膈顶后移和底壁的胸骨下降,肺会随之发生扩张,肺泡内气压会迅速降低。当肺内压低于外界气压时,外界气体进入肺内,完成吸气。

(2) 呼气过程的发生。呼气过程是一个被动过程。吸气过程一停止,肋间外肌和膈肌便立即舒张，肋骨、膈顶和胸骨便"宽息回位"，使胸腔和肺得以收缩，肺泡内气压会迅速上升。当肺内压高于外界气压时，肺内气体被逼出，完成呼气。

家畜剧烈运动或不安静时，伴随着肋间外肌和膈肌的舒张，肋间内肌和腹壁肌也参与呼气，使胸腔和肺缩得更小，肺内压升得更高，于是呼气也比平时更快更多。

2. 胸内负压及其意义 家畜吸气时，肺能随胸腔一同扩张的根本原因在于胸内负压。胸内负压是指胸膜腔内的压力，因其总是略低于外界大气压，故称为胸内负压。这种负压是胎儿出生后发展起来的。胎儿时期，肺为不含气的器官。出生后，胸腔因首次吸气运动而扩大，外界空气经呼吸道进入肺泡，大气压便通过肺泡壁间接作用于胸膜腔的壁层。扩张状态的肺具有一定的弹性回缩力，使胸腔的脏层能抵消一部分大气压后与胸膜腔壁层分离，不含气体的胸膜腔便出现了负压现象。胸内负压可用下列公式表示：

$$胸内负压 = 大气压 - 肺弹性回缩力$$

胸内负压的存在，使胸膜腔的壁层与脏层浆膜之间产生二者相吸的倾向，从而确保了肺能跟随胸腔做相应的扩张，也使肺泡内能经常保留一定量的余气，这有利于连续发生肺换气。另外，胸内负压还有利于静脉血和淋巴向心区回流，有利于牛、羊反刍时胃内容物逆呕到口腔。当家畜因胸膜壁穿透伤或肺结核穿孔造成胸膜腔破裂时，胸内负压便随着胸膜腔进气（称为气胸）而消失。此时，即使胸腔运动仍在发生，由于肺自身因弹性回缩而塌陷，不能随之扩大和缩小，肺通气便不再继续发生。

3. 呼吸式、呼吸频率和呼吸音

（1）呼吸式。家畜的呼吸运动表现有胸式呼吸、腹式呼吸和胸腹式呼吸三种。呼吸时以肋间肌活动为主，胸廓起伏明显者称胸式呼吸；以膈活动为主，腹部起伏明显者称腹式呼吸；肋间肌和膈肌同等程度地运动，胸廓和腹部起伏程度接近一致者称胸腹式呼吸。健康家畜的呼吸常表现为胸腹式呼吸。

呼吸式常因家畜生理状况和疾病而发生改变。当家畜怀孕后期或腹部脏器发生病变时，常表现胸式呼吸；当胸部器官发生病变时，常表现腹式呼吸。注意观察呼吸式对诊断疾病和妊娠有实际意义。

（2）呼吸频率。家畜每分钟的呼吸次数称呼吸频率。健康牛的呼吸频率为10~30次/min，羊的呼吸频率为10~20次/min。呼吸频率可因个体生理状况、外界环境和疾病等因素不同而改变，诊断中应综合考虑并加以区别。

（3）呼吸音。家畜呼吸时，气体通过呼吸道及出入肺泡的声音称呼吸音。在胸廓表面和颈部气管附近，可听到下列三种呼吸音。

肺泡音：类似"V"的延长音，是肺泡扩张所产生的呼吸音。吸气时在肺区能较清楚听到。

支气管音：类似"ch"的延长音，是气流通过声门裂引起旋涡产生的声音。在喉头和气管可听到（在呼气时能听到较清楚的支气管音），小动物和很瘦的大动物也可在肺的前部听到。

支气管肺泡音：是肺泡音和支气管音混合在一起产生的一种不定性呼吸音，仅在疾患引起肺泡音或支气管音减弱时出现。

当肺部发生病变时，会出现各种病理性呼吸音。

肺泡呼吸音（音频）

支气管肺泡呼吸音（音频）

（二）气体交换与运输

实验证明，在家畜吸入的气体和呼出的气体中，氧和二氧化碳含量有显著的变化。即吸入气中氧的含量较呼出气多，而呼出气中二氧化碳的含量较吸入气多。这就可以说明家畜在呼吸过程中进行了气体交换。气体的交换发生在肺和全身组织，交换的动力是气体分压差，交换的先决条件是气体通透膜的通透性。

气体分压是指在混合气体中某种气体成分在总压中所占的压力份额。在混合气体中某种气体的浓度越高，其气体分压也越高，反之则越低。根据气体分子扩散原理，在通透膜两侧，若某种气体的分压值不相等（即有气体分压差），则该气体分子可透过通透膜，由气体分压较高的一侧扩散到较低的一侧。

1. 肺换气（肺呼吸） 是气体在肺泡与血液之间的交换。肺换气之所以能够进行，是由于具备了以下两个条件：一是呼吸膜（呼吸膜是肺泡和毛细血管之间的薄膜，由毛细血管内皮、内皮基膜、肺泡上皮基膜、肺泡上皮四层组成）很薄，气体分子可以自由通过；二是在呼吸膜两侧存在气体分压差，气体分子可以由分压高的一侧向分压低的一侧扩散。据测定，在呼吸膜肺泡一侧的氧分压相对较高，在毛细血管一侧的二氧化碳分压相对较高。因此，肺泡与肺泡壁外毛细血管之间发生了如下气体交换：

$$肺泡腔 \underset{CO_2}{\overset{O_2}{\rightleftharpoons}} 毛细血管腔$$

肺换气的结果是肺泡壁毛细血管血液发生了气体成分改变，即血液中氧气增多，二氧化碳减少，静脉血变成了动脉血。

2. 组织换气（组织呼吸） 是血液与组织间的气体交换。组织换气之所以能够进行，一是由于毛细血管壁很薄，具有良好的气体通透性，气体分子可以自由通过；二是由于组织细胞在代谢过程中不断消耗氧，产生二氧化碳，因而组织中氧分压较低，而二氧化碳分压较高，在毛细血管壁两侧存在气体分压差。因此，毛细血管血液与组织液之间发生如下气体交换：

$$毛细血管血液 \underset{CO_2}{\overset{O_2}{\rightleftharpoons}} 组织液$$

毛细血管中的血液与组织液间发生气体交换后，血液中氧含量减少，而二氧化碳含量增多，动脉血转变为静脉血。

3. 气体的运输 在呼吸过程中，血液担任气体运输任务，不断把氧从肺运到组织中，又不断把二氧化碳从组织细胞运输到肺部。

（1）氧的运输。氧进入血液后，以两种方式运输：

①少数氧直接溶解于血液中，随血液运输到各组织细胞利用。此种方式运输的氧占 $0.8\% \sim 1.5\%$。

②大多数氧与血红蛋白（Hb）结合成氧合血红蛋白（HbO_2）而运输。此种方式运输的氧占 $98.5\% \sim 99.2\%$。

血红蛋白存在于红细胞内，由一分子的珠蛋白和四分子的亚铁血红蛋白结合而成，它与氧的结合受氧分压的影响，而且是可逆的。在肺部，由于氧分压高，Hb 与氧结合成 HbO_2，此时血液由静脉血变成动脉血，呈鲜红色。在组织内，由于组织细胞不断消耗氧，氧分压降低，此时 Hb 与氧分离，并扩散到组织中，此时血液由动脉血变成静脉血。

$$Hb+O_2 \underset{\text{氧分压低}}{\overset{\text{氧分压高}}{\rightleftharpoons}} HbO_2$$

（2）二氧化碳的运输。二氧化碳在血液中的运输形式有三种：
①约有5%的二氧化碳直接溶解于血液中，随血液运输。
②7%的二氧化碳与Hb结合成氨基甲酸血红蛋白（HbNHCOOH）。

二氧化碳与Hb的结合是可逆的。在组织毛细血管处，二氧化碳与Hb结合成HbNHCOOH；在肺毛细血管处，二氧化碳与Hb分离，释放出的二氧化碳扩散到肺泡中，最后被呼出体外。

气体分压与气体交换（动画）

$$Hb+CO_2 \underset{\text{在肺}}{\overset{\text{在组织}}{\rightleftharpoons}} HbNHCOOH$$

胸内负压（动画）

③88%的二氧化碳以碳酸氢盐的形式运输。

经组织换气，二氧化碳扩散进入血液，先部分地溶解于血浆，并与水结合成碳酸。由于血浆中缺乏碳酸酐酶，此反应只是以极缓慢的速度进行。随着进入血浆的二氧化碳增多，二氧化碳分压随之增高，于是二氧化碳扩散进入红细胞内。由于红细胞内含有碳酸酐酶，可使二氧化碳与H_2O结合生成碳酸的速度加快。

$$CO_2 + H_2O \rightleftharpoons H_2CO_3$$

在红细胞内生成的碳酸又迅速电解，成为H^+和HCO_3^-。

$$H_2CO_3 \rightleftharpoons H^+ + HCO_3^-$$

当红细胞中的HCO_3^-浓度升高，大于血浆中HCO_3^-的浓度时，HCO_3^-即由红细胞扩散入血浆。在红细胞内，HCO_3^-与K^+结合成$KHCO_3$；在血浆内，HCO_3^-与Na^+结合成$NaHCO_3$。血浆中的$NaHCO_3$与红细胞中的$KHCO_3$之比为2∶1。

$$Na^+（或K^+）+ HCO_3^- \rightleftharpoons NaHCO_3（或KHCO_3）$$

以上各项反应是可逆的，当碳酸氢盐随血液循环到肺毛细血管时，因二氧化碳分压较低，以上反应向相反的方向进行，二氧化碳解离出来，经扩散进入肺泡中，随动物的呼气排出体外。

从氧和二氧化碳的运输形式可以看出，血红蛋白在运输过程中起着重要的作用，当血红蛋白因中毒而丧失运输氧和二氧化碳的功能时，就会引起机体缺氧。

知识链接

一氧化碳中毒：由于一氧化碳与体内血红蛋白的亲和力比氧与血红蛋白的亲和力大200～300倍，而碳氧血红蛋白较氧合血红蛋白的解离速度慢3 600倍，当一氧化碳浓度在空气中达到0.003 5%，就会对动物机体产生损害，导致身体出现缺氧的情况，可以致命。而由于碳氧血红蛋白呈樱桃红色，因此因一氧化碳中毒而死的人士的皮肤会呈现这种颜色。

亚硝酸盐中毒：亚硝酸盐中毒时，血红蛋白中的二价铁在氧化剂作用下氧化成三价铁，形成高铁血红蛋白。一方面高铁血红蛋白丧失携带氧的能力；另一方面提高剩余血红蛋白与氧的亲和力，造成缺氧，表现为皮肤、可视黏膜呈咖啡色。

（三）呼吸运动的调节

呼吸运动是一种节律性活动，有机体通过神经和体液调节来实现呼吸的节律性并控制呼吸的深度和频率。

1. 神经调节 在中枢神经系统内，有许多调节呼吸运动的神经细胞群，统称为呼吸中枢。它们分布于脑、脊髓的许多部位（包括大脑皮层、间脑、脑桥、延髓和脊髓），其中最基本的中枢在延髓。

延髓呼吸中枢分为吸气中枢和呼气中枢，两者之间存在着交互抑制关系，即吸气中枢兴奋时，呼气中枢抑制，引起吸气运动；呼气中枢兴奋时，吸气中枢抑制，引起呼气运动。

由延髓呼吸中枢发出的神经纤维，控制脊髓中支配呼吸肌的运动神经元，并通过肋间神经和膈神经支配呼吸肌的活动。

肺泡壁上有牵张感受器。当肺泡因吸气而扩张时，牵张感受器受刺激而产生兴奋。冲动沿迷走神经传入延髓的呼吸中枢，引起呼气中枢兴奋，同时吸气中枢受到抑制，从而停止吸气而产生呼气；呼气之后，肺泡缩小，不再刺激牵张感受器，呼气中枢转为抑制，于是又开始吸气。如此循环往复，形成节律性的呼吸运动。上述过程称为肺牵张反射。

喉、气管和支气管的黏膜上有感受器，对机械性刺激和化学刺激很敏感。当这些部位受到刺激时，则产生传入冲动，经迷走神经传入延髓，触发一系列反射效应。这种过程称为咳嗽反射；鼻黏膜上也有敏感的感受器，刺激物作用于鼻黏膜时而产生兴奋，冲动沿三叉神经传入延髓，触发一系列反射效应。这种过程称为喷鼻反射。咳嗽反射和喷鼻反射均属于防御性呼吸反射。

在脑桥中具有呼吸调整中枢，对维持呼吸运动的节律性和呼吸深度有一定意义。

大脑皮层可以控制呼吸运动，使之变慢、加快或暂时停止。

总之，动物正常的节律性呼吸，是延髓呼吸中枢调节的结果。而延髓呼吸中枢的兴奋性又受到肺部传来的迷走神经传入纤维和脑桥呼吸调整中枢的影响。呼吸调整中枢又受脑的高级部位，乃至大脑皮层的控制。

2. 体液调节 调节呼吸运动的体液因素主要是血液中的二氧化碳、氧气浓度和酸碱度。

（1）二氧化碳浓度对呼吸运动的影响。呼吸中枢对二氧化碳浓度十分敏感，血液中正常的二氧化碳就能刺激呼吸中枢的兴奋。当二氧化碳浓度升高时，呼吸运动增强，反之减弱，甚至使呼吸运动停止。

（2）缺氧对呼吸运动的影响。血液中缺氧往往与血液中二氧化碳过量同时并存，因此缺氧也可引起呼吸增强，加大肺的通气量，以增加氧的摄取。血液缺氧对延髓呼吸中枢无直接的兴奋作用，它是通过对外周化学感受器（如颈动脉体和主动脉体）的刺激而引起呼吸变化的。如缺氧严重，将严重抑制呼吸中枢，这时来自外周化学感受器的兴奋性传入冲动，不足以抵抗缺氧对呼吸中枢的抑制作用，因而呼吸减弱，甚至停止呼吸。

（3）血液酸碱度对呼吸的影响。血液 pH 降低时呼吸活动加强，血液 pH 升高时呼吸活动减弱，从而维持体内的酸碱平衡。血液 pH 变化对呼吸运动的影响，主要是通过对延脑中枢的直接作用引起的。血液 pH 也可以通过外周的化学感受器而影响呼吸中枢的活动。

项目二 牛(羊)解剖生理

知识链接

肺换气过度换气会使体内二氧化碳排出过多,导致 H_2CO_3 浓度降低从而产生呼吸性碱中毒。这是临床上常见的症状。

任务八 呼吸系统技能训练

技能训练一 呼吸器官形态构造的识别

【目的要求】 识别呼吸器官的形态、位置和构造。

【材料及设备】 牛(羊)的新鲜尸体或呼吸系统标本、解剖刀、剪。

【方法步骤】 在牛(羊)的新鲜尸体或标本上识别下列器官:喉、气管、支气管和肺,重点识别肺的形状、位置、颜色、质地、分叶。

【技能考核】 在牛(羊)新鲜器官或标本上识别上述呼吸器官。

技能训练二 肺组织构造的识别

【目的要求】 识别肺的组织构造。

【材料及设备】 显微镜、牛或羊的肺组织切片。

【方法步骤】 教师先利用多媒体演示并讲解肺的组织结构。

学生在教师的指导下,利用显微镜观察、识别肺的组织构造,重点识别肺内的各级支气管、肺泡管、肺泡囊和肺泡。

【技能考核】 能利用显微镜识别肺的组织构造。

复习思考题

1. 名词解释:呼吸运动、肺小叶、支气管树、气体分压、呼吸频率。
2. 简述牛呼吸系统的组成。
3. 简述气管、肺的组织构造。
4. 呼吸由哪几个环节组成?
5. 牛的呼吸式有哪几种?其中哪一种为正常的呼吸方式?
6. 牛的呼吸音有哪几种?其中哪一种不是正常呼吸音?
7. 何为胸内负压?胸内负压的存在有何生理意义?
8. 肺换气和组织换气发生在何处?气体进行了怎样的交换?
9. 氧气和二氧化碳在血液中是如何运输的?
10. 血液中的氧、二氧化碳、酸碱度对呼吸运动有什么影响?

任务九 泌尿系统认知

学习目标

了解泌尿系统的组成；理解尿生成的机理及影响尿生成的因素；掌握肾、膀胱的位置、形态、构造和机能。能在显微镜下识别肾的组织构造。

动物在新陈代谢过程中产生的各种代谢产物和多余的水分，必须及时排出体外，才能维持正常的生命活动。这些代谢产物主要由皮肤、呼吸器官、消化器官和泌尿器官排出体外，其中，泌尿器官是机体最主要的排泄途径。

一、泌尿系统的构造

泌尿系统由肾、输尿管、膀胱和尿道构成。其中肾是生成尿的器官，输尿管、膀胱和尿道则分别是输尿、贮尿和排尿的器官。

（一）肾

1. 肾的形态、位置与一般构造

（1）牛肾（图2-36）。呈红褐色，左、右肾不对称。右肾呈长椭圆形，位于最后肋骨上端至前2～3腰椎横突的腹面。左肾呈厚三棱形，位于第2～5腰椎横突的腹面，往往随瘤胃充满程度的不同而左右移动。

肾的周围包有脂肪，称为肾脂肪囊，具有保护、固定肾的作用。肾的表面紧贴一层白色坚韧的纤维膜，称为肾包膜。肾包膜在正常情况下很容易剥离。

肾的内侧缘中部凹陷处称为肾门，是肾动脉、肾静脉、输尿管、神经和淋巴管出入的地方。肾门向肾的深部扩大成腔隙，称肾窦。肾窦内有输尿管的起始部、肾盏、血管、淋巴管和神经等。

牛肾表面有深浅不一的叶间沟，将肾分为16～20个大小不等的肾叶。每个肾叶由皮质和髓质构成。

皮质位于浅层，呈红褐色。髓质位于深部，颜色较浅。髓质由许多呈圆锥形的肾锥体构成。肾锥体的锥底朝向皮质与皮质相连；锥尖朝向肾窦，呈乳头状，称为肾乳头。肾乳头突入肾窦内，与相应的肾小盏相连。几个肾小盏汇合，形成肾大盏。肾大盏进一步汇合形成两条集收管，接输尿管。肾皮质与肾髓质互相穿插，皮质伸入肾锥体之间的部分称为肾柱，髓质伸入皮质的部分称为髓放线。髓放线之间的皮质称为皮质迷路，皮质迷路是构成皮质的主要部分，内有许多颗粒状小点，为肾小体。每个髓放线及其周围的皮质迷路构成肾小叶，小叶间有小叶间动脉和静脉。

图2-36 牛肾（部分剖开）

1. 输尿管 2. 集收管 3. 肾乳头 4. 肾小盏 5. 肾窦
A. 纤维膜 B. 皮质 C. 髓质

（马仲华．2002．家畜解剖学及组织胚胎学．第三版）

由于牛肾的表面有叶间沟，髓质部形成许多肾乳头，故牛肾属于有沟多乳头肾。

（2）羊肾。羊肾的位置与牛相似，但在形态结构上有很大差别。羊肾呈豆形，表面平滑，肾乳头合并成一个肾总乳头，与肾盂相接。故羊肾属于平滑单乳头肾。

2. 肾的组织构造　肾的实质是由肾单位和集合管系组成。

（1）肾单位（图2-37）。肾单位是肾的基本结构和功能单位。肾单位按其所在部位的不同，可分为皮质肾单位和髓旁肾单位。皮质肾单位主要分布于皮质浅层和中部，数量较多，占肾单位总数的绝大多数；髓旁肾单位分布于靠近髓质的皮质深层。每个肾单位都由肾小体和肾小管两部分构成。

①肾小体（图2-38）：肾小体是肾单位的起始部，位于皮质内，呈球形，由血管球和肾小囊两部分组成。肾小体的一侧有血管极，是血管进出血管球的部位；血管极的对侧是尿极，是肾小囊延接近曲小管处。

血管球是一团毛细血管，位于肾小囊中。进入肾小体的血管称入球小动脉，离开肾小球的血管称出球小动脉。入球小动脉较粗，出球小动脉较细。

图2-37　肾单位在肾叶内的分布示意
Ⅰ.皮质　Ⅱ.髓质
1.髓旁肾单位　2.皮质肾单位　3.弓形动脉及小叶间动脉　4.集合小管　5.乳头管
（马仲华.2002.家畜解剖学及组织胚胎学.第三版）

肾小囊是肾小管起始部盲端膨大凹陷形成的双层杯状囊，囊内有血管球。囊壁分为脏层和壁层。脏层上皮细胞为多突起的细胞，又称足细胞。足细胞紧贴在肾小球毛细血管外面，参与构成滤过屏障；壁层细胞为单层扁平上皮。脏层与壁层之间的腔隙称肾小囊腔，与肾小管腔直接连通。

②肾小管：是一条细长而弯曲的小管，起始于肾小囊，顺次可分为近曲小管、髓袢和远曲小管。

近曲小管是肾小管中长而弯曲的部分，位于肾小体附近。管壁由单层锥体形细胞构成，腔面有刷状缘。

髓袢是从皮质进入髓质，又从髓质返回皮质的U形小管，前接近曲小管，后接远曲小管。髓袢可分为降支和升支，降支较粗，其构造与近曲小管相似；升支较细，管壁由单层扁平上皮细胞构成。

远曲小管位于皮质内，比近曲小管短而且弯曲少，管壁由单层立方上皮构成。其末端汇入集合管。

（2）集合管系。许多远曲小管末端汇合形成较粗的集合管系，包括弓形集合小管、直集合小管和乳头管。乳头管在肾乳头上开口于肾盏。

（3）肾小旁器。是位于肾小体血管极附近一些结构的总称，包括球旁细胞和致密斑。

图 2-38 肾小体半模式
1. 近曲小管起始部（肾小体尿极） 2. 肾小囊外层 3. 肾小囊内层（足细胞） 4. 毛细血管内的红细胞
5. 基膜 6. 肾小球旁细胞 7. 入球小动脉 8. 出球小动脉 9. 远曲小管上的致密斑 10. 肾小囊腔
11. 毛细血管内皮 12. 血管球毛细血管

(马仲华.2002.家畜解剖学及组织胚胎学.第三版)

①球旁细胞：入球小动脉进入肾小囊处，由动脉管壁中的平滑肌细胞转变为上皮样细胞，称为球旁细胞。细胞呈立方形或多角形，核为球形，胞质内有分泌颗粒，颗粒内含肾素。

②致密斑：在靠近肾小体血管极一侧，远曲小管的上皮细胞由立方形变为高柱状细胞，呈斑状隆起，称为致密斑。致密斑是一种化学感受器，可感受肾小管液中 Na^+ 浓度的变化，并将信息传递至球旁细胞，调节肾素的释放。

3. 肾的血液循环

(1) 肾血液循环的途径。由腹主动脉发出的肾动脉，入肾门后分出若干条叶间动脉，走向锥体之间，在皮质与髓质交界处形成弯曲的弓形动脉。弓形动脉向皮质发出许多小叶间动脉，小叶间动脉又分支为入球小动脉。入球小动脉进入肾小球后分为数支毛细血管，盘曲形成肾小球，之后汇合成出球小动脉。出球小动脉离开肾小囊后，在皮质和髓质的肾小管周围再次分支，形成毛细血管网，称为球后毛细血管网。肾小管周围的毛细血管网逐渐汇集成小叶间静脉，小叶间静脉汇集成弓形静脉、叶间静脉，最后经肾静脉开口于后腔静脉。

(2) 肾血液循环的主要特点。肾动脉直接来自腹主动脉，口径粗、行程短、血流量大；入球小动脉短而粗，出球小动脉长而细，因而肾小球内的血压较高；动脉在肾内两次形成毛细血管网，即血管球和球后毛细血管网。第二次形成的毛细血管血压很低，便于物质的吸收。

(二) 输尿管

输尿管是一条输送尿液到膀胱的细长管道。它起于集收管，经肾门出肾，沿腹腔顶壁向后伸延，开口于膀胱颈部。输尿管末端突入膀胱内，这种结构有利于防止尿液倒流。输尿管壁由黏膜、肌层和外膜三层构成。

(三) 膀胱

膀胱是暂时贮存尿液的器官，呈梨形。其前端钝圆称膀胱顶，中部膨大称膀胱体，后端狭窄称膀胱颈。公牛膀胱背侧是直肠，母牛的膀胱背侧是子宫和阴道。

膀胱由黏膜、黏膜下层、肌层和浆膜构成。黏膜上皮为变移上皮，空虚时有许多皱褶。膀胱肌层较厚，在膀胱颈部形成括约肌。

(四) 尿道

公牛的尿道为一细而长的管道，除有排尿功能外，还有排精的功能，故又称为尿生殖道。它起于膀胱颈的尿道内口，开口于阴茎头的尿道外口。母牛尿道比较宽短，开口于尿生殖前庭前端底壁。在开口处的腹侧面有一凹陷，称尿道下憩室（图 2-39）。给母牛导尿时切忌将导尿管误插入尿道下憩室。

图 2-39　母牛尿道下憩室位置示意
1. 阴道　2. 膀胱　3. 尿道
4. 尿道下憩室　5. 尿生殖前庭

(马仲华. 2002. 家畜解剖学及组织胚胎学. 第三版)

二、泌尿生理

(一) 尿的成分和理化特性

1. 尿的成分　尿是由水、无机物和有机物组成的。水分占 96%～97%，无机物和有机物占 3%～4%。无机物主要是氯化钠、氯化钾，其次是碳酸盐、硫酸盐和磷酸盐。有机物主要是尿素，其次是尿酸、肌酐、肌酸、氨、尿胆素等。在使用药物时，尿液成分中还会出现药物的残余排泄物。

尿的生成（动画）

2. 尿的理化特性　草食动物的尿液一般呈碱性，淡黄色。刚排出的尿为清亮的水样液，如放置时间较长，则因尿中碳酸钙逐渐沉淀而变得混浊。

牛每昼夜排尿量为 6～8L，羊为 1～1.5L。影响尿量的因素很多，如进食量、饮水量、外界温度、使役及汗分泌情况等。

尿的性质和组成在一定程度上能反映体内代谢的变化和肾的机能，故在临床实践中，常采用化验尿的办法，进行某些疾病的诊断。

> **知识链接**
>
> 长期饲喂高钙低磷饲料和饮水缺乏可使尿中盐类结晶形成凝结物，这就是尿结石。调查研究表明，尿结石的形成与饲料成分关系密切。例如产棉地区，长期饲喂棉饼的牛、羊，极易形成磷酸盐结石。有些地区，习惯用甜菜根、萝卜、马铃薯为主要饲料喂猪，结果易产生硅酸盐尿石症。小麦和玉米产区的家畜患尿石症，其原因是麸皮和玉米等饲料中富含磷。

(二) 尿的生成

尿的生成包括两个阶段：一是肾小球的滤过作用，生成原尿；二是肾小管和集合管的重吸收、分泌、排泄作用，生成终尿。

1. 肾小球的滤过作用　血液流经肾小球毛细血管时，由于血压较高，除了血细胞和蛋白质外，血浆中的水和其他物质（如葡萄糖、氯化物、无机磷酸盐、尿素和肌酐等）都能通过滤过膜滤过到肾小囊腔内，这种滤出液称原尿。原尿的生成取决于两个条件：一是肾小球滤过膜的通透性；二是肾小球有效滤过压。前者是原尿产生的前提条件，后者是原尿滤过的必要动力。

（1）肾小球滤过膜的通透性。肾小球滤过膜由三层构成：内层是肾小球毛细血管的内皮细胞，极薄，内皮之间有许多贯穿的微孔；中间层为极薄的内皮基膜，膜上有许多网孔；外层是肾小囊脏层，由具有突起的足细胞构成。足细胞紧贴于毛细血管的基膜上，突起间有许多缝隙。这些结构决定了滤过膜有良好的通透性。因此，水、晶体物质和相对分子质量较小的部分清蛋白均可从血浆滤过到肾小囊腔中。

（2）有效滤过压。肾小球滤过作用的发生，其动力是滤过膜两侧的压力差，这种压力差称为肾小球的有效滤过压（图2-40）。肾小球的有效滤过压可用下列公式表示：

肾小球的滤过作用（动画）

肾小球有效滤过压＝肾小球毛细血管血压－（血浆胶体渗透压＋肾小囊内压）。

在正常情况下，肾小球毛细血管血压为9.3kPa，血浆胶体渗透压为3.3kPa，肾小囊内压为0.67kPa，代入上式，得出有效滤过压为5.33kPa。即血浆胶体渗透压与肾小囊内压之和（阻止滤过的压力）小于肾小球入球小动脉端的血压（促进滤过压力），从而保证了原尿生成。

图2-40 有效滤过压示意
（范作良.2001.家畜生理）

2. 肾小管和集合管的重吸收、分泌、排泄作用 原尿流经肾小管和集合管时，其中的许多物质被重新吸收回血液中，称为重吸收作用。肾小管和集合管的重吸收作用具有一定的选择性。凡是对机体有用的物质，如葡萄糖、氨基酸、钠、氯、钙、重碳酸根等，几乎全部或大部分被重吸收；对机体无用或用处不大的物质，如尿素、尿酸、肌酐、硫酸根、碳酸根等，则只有少许被重吸收或完全不被重吸收。

近曲小管对营养物质的重吸收（动画）

肾小管和集合管能将血浆或肾小管上皮细胞内形成的物质，如H^+、K^+和NH_4^+等分泌到肾小管腔中。同时也能将某些不易代谢的物质（如尿胆素、肌酸）或由外界进入体内的物质（如药物）排泄到管腔中。习惯上把前者称为分泌作用，后者称为排泄作用。

原尿经过肾小管和集合管的重吸收、分泌与排泄作用后形成终尿。终尿由输尿管输送到膀胱贮存。膀胱内的尿液充盈到一定程度时，再反射性地由尿道排出体外。

（三）影响尿生成的因素

1. 滤过膜通透性的改变 在正常情况下，滤过膜的通透性比较稳定，但当某种原因使肾小球毛细血管或肾小管上皮受到损害时，会影响滤过膜的通透性。如机体内缺氧或中毒时，肾小球毛细血管壁通透性增加，使原尿生成量增加，同时，会引起血细胞和血浆蛋白滤过，出现血尿或蛋白尿；在发生急性肾小球肾炎时，由于肾小球内皮细胞肿胀，使滤过膜增厚,通透性减小,从而导致原尿生成减少,出现少尿。

2. 有效滤过压的改变 在正常情况下,有效滤过压比较稳定。但当决定尿生成的三个因素发生变化时,有效滤过压也随之发生变化,影响尿的生成。如当动物大量失血时,流入肾的血液量减少,肾小球毛细血管的血压下降,有效滤过压降低,从而导致原尿生成量减少,出现少尿或无尿现象;当血浆蛋白含量减少时(如静脉注射大量生理盐水引起单位容积血液中血浆蛋白含量减少),血浆胶体渗透压会降低,有效滤过压增大,原尿生成量增加,出现多尿;当输尿管结石或肿瘤压迫肾小管时,尿液流出受阻,肾小囊腔的内压增高,有效滤过压降低,原尿生成量减少,发生少尿,等等。

3. 原尿溶质浓度过高 当原尿中溶质的量超过肾小管重吸收限度时,会有部分溶质不能被重吸收,这些溶质使原尿的渗透压升高,阻碍水分的重吸收,引起多尿,这种情况称为渗透性利尿。如静脉注射大量高渗葡萄糖溶液后会引起多尿。

4. 激素 影响尿生成的激素主要有加压素和醛固酮。

(1)加压素的作用是增加远曲小管和集合管对水的通透性,促进水的重吸收,从而使排尿量减少。在反刍动物,加压素还能增加 K^+ 排出。血浆晶体渗透压升高和循环血量的减少,均可引起加压素的释放,创伤及一些药物也能引起加压素的分泌,减少排尿量。

(2)醛固酮对尿生成的调节是促进远曲小管和集合管重吸收 Na^+,同时促进 K^+ 排出。即醛固酮有保 Na^+ 排 K^+ 作用。

任务十 泌尿系统技能训练

技能训练一 泌尿器官的识别

【目的要求】 识别牛、羊的肾和膀胱的形态、位置和构造。
【材料及设备】 牛肾模型、牛尸体或肾及膀胱离体标本、解剖器械。
【方法步骤】
(1)在尸体上识别肾、输尿管、膀胱等器官的位置、形态和构造。
(2)在新鲜肾或肾标本的横断面上识别肾叶、皮质、髓质、肾乳头、肾小盏等构造。
【技能考核】 识别肾的形态、构造。

技能训练二 肾组织结构的识别

【目的要求】 识别肾的组织构造,进一步理解尿的生成过程。
【材料及设备】 生物显微镜、牛肾组织切片。
【方法步骤】 教师先用多媒体演示并讲解牛肾的组织构造。
学生在显微镜下,识别肾的下列结构:肾小球、肾小囊、肾小囊腔和肾小管。
【技能考核】 在显微镜下识别牛肾的组织构造。

复习思考题

1. 名词解释:肾单位、肾小球、肾小体、有效滤过压。

2. 简述泌尿系统的组成。
3. 简述牛肾的形态和位置。
4. 简述尿生成的原理。
5. 从肾乳头渗出的尿液属于原尿还是终尿？试说明其来源和去路。
6. 简述影响尿生成的因素及其影响。
7. 说明家畜大量饮水、大剂量注射生理盐水引起多尿的原因。
8. 为什么静脉注射高渗葡萄糖溶液后能消除水肿？

任务十一 生殖系统认知

学习目标

掌握公、母牛生殖系统的组成，睾丸、卵巢、子宫及阴囊的位置、形态、构造和机能；了解性成熟、发情周期、受精、妊娠、分娩、泌乳及精液等生殖生理知识。

生殖系统是家畜繁殖后代，保证种族延续的一个系统，它能产生生殖细胞，分泌性激素，并同神经系统与脑垂体一起共同调节生殖器官的功能活动。

一、生殖系统的构造

(一) 雄性生殖系统的构造

公牛生殖系统由睾丸、附睾、输精管、精索、尿生殖道、副性腺、阴囊、阴茎和包皮组成（图2-41）。

精子的生成过程（动画）

图2-41 公牛生殖器模式
1. 直肠 2. 输尿管 3. 膀胱 4. 输精管 5. 包皮 6. 睾丸 7. 附睾 8. 阴囊
9. 阴茎"乙"状弯曲 10. 阴茎缩肌 11. 雄性尿道 12. 坐骨海绵体肌 13. 尿道球腺
14. 前列腺 15. 精囊腺

(董常生.2001.家畜解剖学.第三版)

1. 睾丸

（1）睾丸的形态位置。睾丸是成对的实质器官，位于阴囊内，呈长椭圆形，一侧与附睾相连，称为附睾缘；另一侧游离，称为游离缘。睾丸分头、体、尾三部分。牛的睾丸呈垂直方向，睾丸头朝向上方，睾丸尾朝向下方（图2-42）。

睾丸在胚胎时期位于腹腔内，当胎儿发育到一定程度，睾丸和附睾经腹股沟管下降至阴囊内，这一过程称为睾丸下降。家畜出生后，如果一侧或两侧睾丸仍留在腹腔内，称为隐睾，这种家畜没有生殖能力，不能作种用。

（2）睾丸的组织构造。睾丸具有产生精子和分泌雄性激素的功能，其结构包括被膜和实质两部分。

①被膜：被膜由浆膜和白膜构成。浆膜即固有鞘膜，被覆在睾丸的表面，浆膜深面为由致密结缔组织构成的白膜。白膜在睾丸头处伸入睾丸实质内，形成睾丸纵隔。自睾丸纵隔上分出许多呈放射状排列的结缔组织隔，称为睾丸小隔，将睾丸实质分成100～300个锥形的睾丸小叶。

②实质：睾丸的实质由精小管、睾丸网和间质组织组成。

图2-42 公牛的睾丸和附睾（外侧面）
1. 睾丸 2. 附睾 3. 输精管 4. 精索
5. 睾丸系膜 6. 阴囊韧带 7. 附睾窦
（董常生.2001.家畜解剖学.第三版）

在每个睾丸小叶内有2～3条精小管。精小管分为精曲小管和精直小管两段。精曲小管以盲端起始于小叶边缘，在小叶内盘曲折叠，末端变为短而直的精直小管。精直小管进入睾丸纵隔内，相互吻合成网状，称为睾丸网。睾丸网在睾丸头处汇成10～30条睾丸输出小管，出睾丸（图2-43）。

精曲小管是产生精子的地方，由基膜和多层生殖上皮细胞构成。生殖上皮包括两类细胞：一类是处于不同发育阶段的生精细胞，包括精原细胞、初级精母细胞、次级精母细胞、精细胞和精子；另一类称支持细胞，起支持、营养和分泌等作用。各级生精细胞散布在支持细胞之间，镶嵌在其侧面。精子成熟后，脱离支持细胞进入管腔。

间质组织是指精小管之间的疏松结缔组织，内有一种内分泌细胞，它们成群分布于精曲小管之间，即睾丸间质细胞，在性成熟后能分泌雄性激素（睾丸酮）。

图2-43 睾丸和附睾的结构模式
1. 白膜 2. 睾丸纵隔 3. 睾丸小隔 4. 精曲小管
5. 睾丸输出小管 6. 附睾管 7. 输精管
8. 睾丸小叶 9. 睾丸网
（董常生.2001.家畜解剖学.第三版）

2. 附睾 附睾附着在睾丸上，由睾丸输出管和附睾管构成，分为附睾头、附睾体和附睾尾三部分。睾丸输出管形成附睾头，进而汇合成一条较粗且长的附睾管，盘曲成附睾体和附睾尾。附睾管在附睾尾处管径增大，延续为输精管。

附睾尾借附睾韧带与睾丸尾相连。附睾韧带由附睾尾延续至阴囊的部分，称为阴囊韧带。去势时切开阴囊后，必须切断阴囊韧带和睾丸系膜，方能摘除睾丸和附睾。

附睾具有贮存、运输、浓缩和使精子成熟的功能。

3. 输精管和精索 输精管为运送精子的细长管道，起始于附睾尾，经腹股沟管入腹腔，再折向后上方进入骨盆腔，在膀胱背侧的尿生殖褶内继续向后伸延，末端开口于尿生殖道起始部背侧壁的精阜两侧。输精管在膀胱背侧的尿生殖褶内膨大形成输精管膨大部，称为输精管壶腹。壶腹部黏膜内有腺体，称壶腹腺，其分泌物有稀释、营养精子的作用。

精索为扁圆的索状结构，其基部连于睾丸和附睾。精索在睾丸背侧较宽，向上逐渐变细，出腹股沟管内环，沿腹腔后部底壁进入骨盆腔内。精索内有输精管、血管、淋巴管、神经和平滑肌束等，外包以固有鞘膜。去势时要结扎或截断精索。

4. 阴囊 阴囊为一袋状皮肤囊，位于两股之间，具有保护睾丸和附睾的作用。阴囊借助腹股沟管与腹腔相通，相当于腹腔的突出部，其结构与腹壁相似，由皮肤、肉膜、阴囊筋膜、鞘膜构成（图2-44）。

（1）皮肤。阴囊的皮肤薄而柔软，富有弹性，表面有少量短而细的毛，内含丰富的皮脂腺和汗腺。阴囊表面的腹侧正中有阴囊缝，与阴囊内部的阴囊中隔对应。

（2）肉膜。肉膜紧贴在阴囊皮肤的内面，由弹性纤维和平滑肌组成。肉膜在阴囊正中形成阴囊中隔，将阴囊分为左、右互不相通的两个腔。肉膜具有调节温度的作用，冷时肉膜收缩，阴囊起皱，面积减小；热时肉膜松弛，阴囊松弛下垂，面积增大。

（3）阴囊筋膜。位于肉膜深面，由腹壁深筋膜和腹外斜肌腱膜延伸而来。阴囊筋膜将肉膜与总鞘膜较疏松地连接起来，其深面有睾外提肌。

睾外提肌位于阴囊筋膜深面，来自腹内斜肌，包在总鞘膜的外侧面和后缘，收缩时可上提睾丸，使其接近腹壁，起调节阴囊内温度的作用。

图2-44 阴囊结构模式
1. 阴囊皮肤 2. 肉膜 3. 精索外筋膜 4. 睾外提肌
5、6. 总鞘膜 7. 鞘膜腔 8. 精索 9. 附睾
10. 阴囊中隔 11. 固有鞘膜 12. 睾丸
（范作良．2001．家畜解剖）

（4）鞘膜。包括总鞘膜和固有鞘膜。总鞘膜为阴囊最内层，由腹膜壁层延续而来。在靠近阴囊中隔处，总鞘膜折转并覆盖于睾丸和附睾上，称为固有鞘膜。折转处所形成的浆膜褶，称为睾丸系膜。总鞘膜与固有鞘膜之间的空隙称鞘膜腔，内有少量浆液。鞘膜腔上段细窄，形成管状，称为鞘膜管，精索包于其中。鞘膜管通过腹股沟管以鞘膜管口或鞘膜环与腹膜腔相通。当鞘膜管口较大时，小肠可脱入鞘膜管或鞘膜腔内，形成腹股沟疝或阴囊疝。

5. 尿生殖道 尿生殖道为尿液和精液共同排出的通道。它起于膀胱颈，沿骨盆腔底壁向后伸延，绕过坐骨弓，再沿阴茎腹侧的尿道沟前行，开口于阴茎头。尿生殖道可分为骨盆部和阴茎部两部分，两部分以坐骨弓为界。

(1) 尿生殖道骨盆部。是指自膀胱颈部到坐骨弓的一段，位于骨盆腔底壁与直肠之间。在骨盆部起始处的背侧黏膜上有一圆形隆起，称为精阜。精阜上有一对小孔，是输精管和精囊腺排出管的共同开口部位。此外，在骨盆部黏膜上还有其他副性腺开口。

(2) 尿生殖道阴茎部。为骨盆部的直接延续，位于阴茎海绵体腹侧的尿道沟中，末端开口于阴茎头，开口处称尿道外口。

6. 副性腺 副性腺包括精囊腺、前列腺和尿道球腺。

(1) 精囊腺。为成对的腺体，位于膀胱颈背侧。每侧精囊腺的导管与同侧输精管共同开口于精阜。

(2) 前列腺。分为腺体部和扩散部，腺体部很小，横位于尿生殖道起始部的背侧；扩散部较发达，位于尿生殖道骨盆部黏膜内，外被尿生殖道肌覆盖。输出管分成两列，开口于精阜附近的尿生殖道内。羊的前列腺只有扩散部。

前列腺因年龄而有变化，幼龄时较小，到性成熟期增长较大，老龄时又逐渐退化。

(3) 尿道球腺。成对，位于尿生殖道骨盆部末端，坐骨弓附近，呈球形。每侧腺体各有一条腺管，开口于尿生殖道背侧。腺体开口处有半月状黏膜褶遮盖，此半月状黏膜褶在公牛导尿时会造成一定困难。

7. 阴茎与包皮 阴茎位于腹壁之下，起自坐骨弓，经两股之间，沿中线向前伸延至脐部。阴茎分为阴茎头、阴茎体和阴茎根三部分。牛、羊的阴茎呈圆柱状，细而长，阴茎体在阴囊后方形成"乙"状弯曲；阴茎头长而尖，自左向右扭转。阴茎末端形成尿道突，羊的尿道突细而长，达3～4cm。

包皮是由皮肤折转形成的管状鞘，具有容纳、保护阴茎头和配合交配等作用。

(二) 雌性生殖系统的构造

母牛生殖系统由卵巢、输卵管、子宫、阴道、尿生殖前庭和阴门等组成（图2-45、图2-46）。

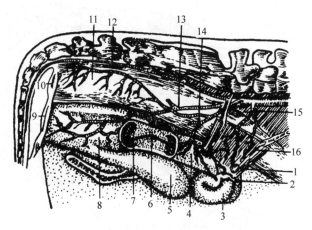

图2-45 母牛生殖器官位置关系（右侧观）

1. 卵巢 2. 输卵管 3. 子宫角 4. 子宫体 5. 膀胱 6. 子宫颈管 7. 子宫颈阴道部
8. 阴道 9. 阴门 10. 肛门 11. 直肠 12. 荐中动脉 13. 尿生殖动脉 14. 子宫动脉
15. 卵巢动脉 16. 子宫阔韧带

（董常生.2001.家畜解剖学.第三版）

1. 卵巢

（1）卵巢的形态位置。卵巢为成对的实质性器官，由卵巢系膜悬吊在腹腔的腰下部，在肾的后下方或骨盆前口两侧。未产母牛的卵巢位置靠后，常在骨盆腔内。经产多次的母牛，卵巢位置前移，位于耻骨前缘的前下方。

卵巢呈稍扁的椭圆形，长约3.7cm，宽约2.5cm。前端为输卵管端，接输卵管伞；后端为子宫端，以卵巢固有韧带与子宫角相连。卵巢背侧有卵巢系膜附着，卵巢系膜中有血管、淋巴管和神经出入，称卵巢门；腹侧缘为游离缘。卵巢固有韧带与输卵管系膜之间形成宽阔的卵巢囊，卵巢藏于卵巢囊内，卵巢囊有利于卵巢排出的卵细胞顺利进入输卵管。

（2）卵巢的组织构造（图2-47）。卵巢由被膜和实质构成。

①被膜：被膜由生殖上皮和白膜构成。生殖上皮被覆于卵巢表面，其深面是一薄层由致密结缔组织构成的白膜。

②实质：卵巢的实质分为皮质和髓质两部分。皮质在外，内含有许多不同发育阶段的卵泡，又称为卵泡区。髓质位于卵巢内部，由结缔组织构成，含有丰富的血管、神经、淋巴管等，又称为血管区。

图2-46 母牛生殖器模式

1. 卵巢 2. 输卵管伞 3. 子宫角 4. 子宫阜
5. 子宫体 6. 子宫颈 7. 尿道外口 8. 前庭大腺开口
9. 阴道前庭 10. 阴蒂 11. 前庭大腺

（董常生.2001.家畜解剖学.第三版）

卵泡的生长过程（动画）

排卵过程（动画）

排卵后卵巢的变化（动画）

图2-47 卵巢结构模式

1. 血管 2. 生殖上皮 3. 原始卵泡 4. 早期生长卵泡（初级卵泡） 5、6. 晚期生长卵泡（次级卵泡） 7. 卵泡外膜 8. 卵泡内膜 9. 颗粒层 10. 卵泡腔 11. 卵丘（成熟卵泡）
12. 血体 13. 排出的卵 14. 正在形成的黄体 15. 黄体中残留的凝血 16. 黄体
17. 膜黄体细胞 18. 颗粒黄体细胞 19. 白体

（马仲华.2002.家畜解剖学及组织胚胎学.第三版）

卵泡由中央的卵母细胞和周围的卵泡细胞构成。根据发育程度不同，可分为原始卵泡、初级卵泡、次级卵泡和成熟卵泡。

原始卵泡：由初级卵母细胞及周围一层扁平的卵泡细胞组成，体积小，数量多，位于皮质浅层。

初级卵泡：卵泡细胞不断分裂增殖，由单层变为多层。卵母细胞周围出现透明带。卵泡周围的结缔组织逐渐分化形成卵泡膜。

次级卵泡：卵泡内出现卵泡腔，内有卵泡液。卵母细胞及周围的卵泡细胞被卵泡液挤到卵泡腔一侧，形成卵丘。另一部分卵泡细胞被挤到卵泡腔的周边构成卵泡壁，称为颗粒层。紧靠透明带表面的颗粒细胞，增大变成柱状，呈放射状排列，称为放射冠。

成熟卵泡：体积增大，并突出于卵巢表面。卵泡壁变薄，卵泡腔增大。一般牛的成熟卵泡直径为12～19mm，羊的为5～8mm。

排卵时，由于成熟卵泡破裂，同时会伴随出血，血液进入原来卵泡腔内，称红体（又称血体）。随着周围血管伸入卵泡，逐渐将血液吸收，同时卵泡中的颗粒细胞发育成粒性黄体细胞，颜色变黄，称为黄体。黄体可分泌孕激素。一般牛的成熟黄体直径为20～25mm，羊的为9～15mm。如果卵细胞受精，黄体继续增大，称为妊娠黄体；如没有受精，则称为周期性黄体，可存在2周左右。黄体最终被结缔组织取代，称为白体。

在一般情况下，卵巢内绝大多数卵泡不能发育成熟，而在各发育阶段中逐渐萎缩，称为闭锁卵泡。

2. 输卵管　输卵管为位于卵巢与子宫角之间的一条细长而弯曲的管道，是输送卵细胞和受精的场所。

输卵管的前端为一膨大的漏斗，称输卵管漏斗。漏斗的边缘为不规则的皱褶，称输卵管伞。漏斗中央的深处有一口，通腹膜腔，为输卵管腹腔口。输卵管的后端开口于子宫角的前端，为输卵管子宫口。

输卵管的管壁从内至外由黏膜、肌层和浆膜构成。黏膜上皮为单层柱状上皮，表面具有纤毛；肌层主要是环行肌；浆膜包裹在输卵管的外面，并形成输卵管系膜。

3. 子宫

（1）子宫的位置和形态。子宫是中空的肌质器官，富有伸展性，借子宫阔韧带悬于腰下。由于瘤胃的影响，成年母牛的子宫大部分位于腹腔的右侧后部，小部分位于骨盆腔内。子宫背侧为直肠，腹侧为膀胱，前接输卵管，后接阴道，两侧为骨盆腔侧壁。

牛的子宫为双角子宫，呈绵羊角形，可分为子宫角、子宫体和子宫颈三部分。

①子宫角：一对，为子宫的前部，全部位于腹腔内，呈弯曲的绵羊角状。子宫角的前部是分开的，每侧子宫角向前下方偏外侧盘旋蜷曲，并逐渐变细，与输卵管相接。左、右子宫角的后部因有肌肉组织及结缔组织相连，表面包以腹膜，很像子宫体，又称为伪子宫体。

②子宫体：很短，呈短的直筒状。

③子宫颈：是子宫体向后延续的部分，全部位于骨盆腔内。牛的子宫颈长约10cm（羊约4cm），呈直的管状，壁厚且硬，其黏膜突起嵌合成螺旋状。子宫颈外口呈菊花状，有明显的子宫颈阴道部。

子宫体和子宫角的黏膜上形成一些特殊的突起，称为子宫肉阜（也称子宫子叶），这是妊娠时子宫壁与胎膜相结合的部位。牛的子宫肉阜呈卵圆形，表面隆起；羊的子宫阜呈纽扣状，中央凹陷。

（2）子宫的组织结构。子宫壁由黏膜、肌层和浆膜三层构成。

①黏膜：又称为子宫内膜，粉红色，膜内有子宫腺，分泌物对早期胚胎有营养作用。

②肌层：又称为子宫肌，由厚的内环行肌和薄的外纵行肌构成，两层肌肉间有一血管层，含丰富的血管和神经。子宫颈的环肌层特别发达，形成子宫颈括约肌，平时紧闭，分娩时开张。

③浆膜：又称子宫外膜，由腹膜延续而来，被覆于子宫的表面。浆膜在子宫角背侧和子宫体两侧形成浆膜褶，称为子宫阔韧带，将子宫悬吊于腰下部。子宫阔韧带内有卵巢和子宫的血管通过，其中动脉由前向后依次是子宫卵巢动脉、子宫中动脉和子宫后动脉。这些动脉在怀孕时即增粗，其粗细和脉搏性质的变化，可通过直肠检查感觉到，常用于妊娠诊断。

子宫的主要功能是为胚胎提供生长发育的适宜场所，并参与胎儿的分娩。另外，在交配时子宫的收缩还有助于精子向输卵管运行。

4. 阴道 阴道位于骨盆腔内，背侧为直肠，腹侧为膀胱和尿道，前接子宫，后接尿生殖前庭。阴道壁的外层在前部被覆有浆膜，后部为结缔组织构成的外膜；中层为肌层，由平滑肌和弹性纤维构成；内层为黏膜。阴道黏膜粉红色，较厚，并形成许多纵褶，没有腺体。

阴道是交配器官，同时也是产道。

5. 尿生殖前庭与阴门

（1）尿生殖前庭。尿生殖前庭位于骨盆腔内，呈短筒状，前接阴道，后部以阴门与外界相通。

尿生殖前庭的黏膜呈粉红色，在与阴道交界处腹侧形成一横走的小黏膜褶，称为阴道瓣。阴道瓣的后方有尿道外口。在尿道外口的腹侧面有一黏膜凹陷形成的盲囊，称尿道憩室。在给母牛导尿时，应注意导尿管不要插入憩室内。

尿生殖前庭是交配器官和产道，也是尿液排出的经路。

（2）阴门。阴门是尿生殖前庭的外口，也是泌尿和生殖系统与外界相通的天然孔，位于肛门下方，以短的会阴部与肛门隔开。阴门由左、右两阴唇构成，两阴唇间的垂直裂缝称阴门裂。在阴门裂的腹侧联合之内，有一小而凸出的阴蒂。

二、生殖生理

（一）性成熟和体成熟

1. 性成熟 哺乳动物生长发育到一定时期，生殖器官已基本发育

受精过程（动画）

完全，具备了繁殖子代的能力，称为性成熟。此时母牛能产生卵子，有发情症状；公牛能产生精子，有性欲要求。

家畜性成熟的年龄，随着种类、品种、性别、气候、营养和管理等情况而有所不同。一般来讲，公畜比母畜性成熟早；早熟品种、气温较高和良好的饲养管理等都能使性成熟提前。

2. 体成熟 家畜达到性成熟时，身体仍在发育，直到具有成年动物固有的形态结构和生理特点，称为体成熟。因此，家畜开始配种的年龄要比性成熟晚些，一般相当于体成熟或在体成熟之后。牛性成熟年龄为10～18月龄，初配年龄为2～3岁。羊性成熟年龄为5～8月龄，初配年龄为1～1.5岁。

3. 性季节（发情季节） 母牛在一年之中，除妊娠期外，都可能周期性地出现发情，

属"终年多次发情"动物。而羊的发情具有明显的季节性，仅在一定的季节才表现多次发情。两次性季节之间的不发情时期，称为乏情期。

（二）雄性生殖生理

1. 性反射 高等动物的精子进入雌性生殖道是通过性活动（如交配等）来实现的。性活动是复杂的神经反射活动，雄性和雌性动物都具有这种反射。性反射包括如下相继发生的四种反射：勃起反射、爬跨反射、抽动反射、射精反射。以上反射在交配活动中按一定的顺序出现。

2. 精液 精液由精子和精清组成，黏稠不透明，呈弱碱性，有特殊臭味。牛的副性腺分泌物少，精液量小，精子浓度较大。但频繁配种的公牛，射精少，精子浓度低。一般公牛一次交配的射精量平均为2～10mL，公羊为1mL。

（1）精清。是副性腺、附睾和输精管的混合分泌物，呈弱碱性，其内含有果糖、蛋白质、磷脂化合物、无机盐和各种酶等。主要作用为稀释精子，便于精子运行；为精子提供能量，保持精液正常的pH和渗透压；刺激子宫、输卵管平滑肌的活动，有利于精子运行。

（2）精子。是高度特异化的浓缩细胞，呈蝌蚪状，分为头、颈、尾三部分。头部呈扁圆形，内有一个核，核的前面为顶体。核的主要成分是脱氧核糖核酸（DNA）和蛋白质。颈部很短，内含供能物质。尾部很长，在精子运行中起重要作用。精子形态异常，如头部狭窄、尾弯曲、双头、双尾等，都是精液品质不良的表现。

精子活动性是评定精子生命力的重要标志。精子的运动形式有三种：直线前进运动、原地转圈运动和原地颤动。只有呈直线前进运动的精子，才具有受精能力。

离体后的精子容易受外界因素的作用而影响活力，甚至造成死亡。如在0℃下精子呈不活动状态；阳光直射、40℃以上温度、偏酸或偏碱环境、低渗或高渗环境及消毒液的残余等都会造成精子迅速死亡。在处理精液时，要注意避免不良因素的影响。

（三）雌性生殖生理

1. 性周期 母畜性成熟以后，卵巢中就规律性地出现卵泡成熟和排卵过程。哺乳动物的排卵是周期性发生的。伴随每次排卵，母畜的机体特别是生殖器官，发生一系列的形态和生理性变化。我们把家畜从这一次发情开始到下次发情开始的间隔时间，称为性周期（发情周期）。掌握性周期的规律有重大的实践意义，如能够在畜牧业生产中有计划地繁殖家畜，调节分娩时间和畜群的产乳量，防止畜群的不孕或空怀等。根据母牛生殖器官所发生的变化，一般可把发情周期分为发情前期、发情期、发情后期和休情期。

（1）发情前期。这是发情周期的准备阶段和性活动的开始时期。在这期间，卵巢上有一个或两个以上的卵泡迅速发育生长，充满卵泡液，体积增大，并突出于卵巢表面。此时生殖器官开始出现一系列的生理变化，如子宫角的蠕动加强，子宫黏膜内的血管大量增生，阴道上皮组织增生加厚，整个生殖道的腺体活动加强。但还看不到阴道流出黏液，没有交配欲的表现。

（2）发情期。是性周期的高潮时期。这时卵巢中出现排卵，整个机体和其他生殖器官表现一系列的形态和生理变化。如兴奋不安，有交配欲；子宫呈现水肿，血管大量增生；输卵管和子宫发生蠕动，腺体大量分泌；子宫颈口开张，外阴部肿胀、潮红并流出黏液等。这些变化均有利于卵子和精子的运行与受精。

（3）发情后期。是发情结束后的一段时期，这时期母牛变得比较安静，不让公牛接近。生殖器官的主要变化是：卵巢中出现黄体，黄体分泌孕激素（孕酮）。在孕酮作用下，子宫内膜增厚，腺体增生，为接受胚胎附植作准备。如已妊娠，发情周期结束，进入妊娠阶段，直到分娩后再重新出现性周期。如未受精，即进入休情期。

（4）休情期。是发情后期之后的相对静止期。这个时期的特点是：生殖器官没有任何显著的性活动过程，卵巢内的卵泡逐渐发育，黄体逐渐萎缩。卵巢、子宫、阴道等都从性活动生理状态过渡到静止的生理状态，随着卵泡的发育，准备进入下一个发情周期。

> **知识链接**
>
> 随着对激素在动物生殖活动中的作用机制越来越深入地了解，人类已经可以根据生产的需要人为地调节动物的生殖活动。例如：孕激素、前列腺素和促性腺激素等配合使用，人为地控制并调整一群母畜发情周期的进程，使之在预定的时间内集中发情，以便有计划地组织配种。这对工厂化、规模化的畜牧生产提供了重要的技术保障。

2. 排卵 成熟卵泡破裂，卵细胞（卵子）和卵泡液同时流出的过程称为排卵。除卵巢系膜处，排卵可在卵巢表面任何部分发生。排出的卵细胞经输卵管伞进入输卵管。牛、羊发情周期、发情期和排卵时间见表 2-1。

表 2-1 牛、羊发情周期、发情期和排卵时间参考数值

畜别	发情周期（d）	发情期（h）	排卵时间（h）
奶牛	21～22	18～19	发情结束后 10～11
黄牛	20～21	24～48	发情结束后 10～12
水牛	20～21	24～36	发情结束后 10～12
绵羊	16～17	24～36	发情开始后 24～30
山羊	19～21	33～40	发情开始后 30～36

3. 受精 受精是指精子和卵子结合而形成合子的过程。

（1）精子的运行。精子在母畜生殖道内由射精部位移动到受精部位的运动过程，称为精子的运行。

精子的运行除本身具有运动能力外，更重要的是借助于子宫和输卵管的收缩和蠕动。趋近卵子时，精子本身的运动是十分重要的。

精子进入母畜生殖道之后，须经过一定变化后才能具有受精的能力，这一变化过程称为精子的受精获能过程（或称受精获能作用）。在一般情况下，交配往往发生在发情开始或盛期，而排卵发生在发情结束时或结束后。因此精子一般先于卵子到达受精部位，在这段时间内精子可以自然地完成获能过程。公牛精子的获能时间为 5～6h，羊的为 1.5h。

（2）卵子保持受精能力的时间。卵子在输卵管内保持受精能力的时间就是卵子运行至输卵管峡部以前的时间。牛 8～12h，绵羊 16～24h。卵子受精能力的消失也是逐渐的。卵子排出后如未遇到精子，则沿输卵管继续下行，并逐渐衰老，包上一层输卵管分泌物，精子不能进入，即失去受精能力。

（3）受精过程。受精过程包括如下几个阶段：

①精子和卵子相遇：公畜一次射精中精子的总数相当可观，但到达输卵管壶腹的数目却

很少，精子射出后，一般在15min之内到达受精部位。

②精子进入卵子：精子与卵子相遇之后释放出透明质酸酶，溶解卵子周围的放射冠，穿过放射冠到达透明带，然后精子固定在透明带某点上。精子依靠自身的活力和蛋白水解酶的作用穿过透明带，头部与卵黄表面接触，激活卵子，使其开始发育。最终精子的头穿过卵黄膜，进入卵子。

精子通过卵子透明带具有种族选择性，一般只有同种或近似种的精子才能通过。

③原核形成和配子组合：精子进入卵子后，头部膨大，细胞核形成雄性原核。卵子的核形成雌性原核。两个原核接近，核膜消失，染色体进行组合，完成受精的全过程。

4. 妊娠 受精卵在母体子宫体内生长发育为成熟胎儿的过程称为妊娠。妊娠期间所发生的生理变化如下：

胚胎的早期
发育（动画）

（1）卵裂和胚泡附植。受精卵（合子）沿输卵管向子宫移动的同时，进行细胞分裂，称为卵裂。约3d，即变成16~32个细胞的桑葚胚。约4d，桑葚胚即进入子宫，继续分裂，体积扩大，中央形成含有少量液体的空腔，此时的胚胎称为囊胚。囊胚逐渐埋入子宫内膜而被固定，称为附植（又称着床）。此时胚胎就与母体建立起了密切的联系，开始由母体供应养料和排出代谢产物。

分娩的过程
（动画）

从受精到附植牢固所需的时间：牛为45~75d，羊为16~20d。

> **Z 知识链接**
>
> 在畜牧生产中，可以将一头优良雌性动物（供体）的输卵管或子宫内早期胚胎（桑葚胚或囊胚）取出，移植到另一头同种的生理状态相同的雌性动物（受体）的输卵管或子宫内，使之继续发育成为新个体，也称借腹怀胎。供体决定其遗传特性；受体只影响其体质发育。胚胎移植的目的是产生优良供体后代。为了提高胚胎移植的生产效率，可以通过药物诱导作用，促使动物在性周期中一次排出多个成熟的卵，这种技术称为超数排卵。

（2）胎膜。是胚胎在发育过程中逐渐形成的一个暂时性器官，在胎儿出生后，即被弃掉。胎膜由羊膜、尿囊膜和绒毛膜组成。

①羊膜：羊膜包围着胎儿，形成羊膜囊，囊内充满羊水，胎儿浮于羊水中。羊水有保护胎儿和分娩时润滑产道的作用。

②尿囊膜：尿囊膜在羊膜的外面，分内、外两层，围成尿囊腔，囊腔内有尿囊液，储存胎儿的代谢产物。牛、羊的尿囊分成左、右两支，不完全包围羊膜。

③绒毛膜：绒毛膜位于最外层，紧贴在尿囊膜上，表面有绒毛。牛、羊的绒毛在绒毛膜的表面聚集成许多丛，称绒毛叶。除绒毛叶外，绒毛膜的其他部分平整光滑，无绒毛。

（3）胎盘。胎盘是胎儿的绒毛膜和母体的子宫内膜共同构成的。牛、羊的胎盘是由绒毛叶与子宫肉阜互相嵌合形成的，为绒毛叶胎盘或子叶型胎盘。

胎盘不仅实现胎儿与母体间的物质交换，保证胎儿的生长发育，而且分泌雌激素、孕激素和促性腺激素。胎盘对妊娠期母畜和胎儿有重要意义。

（4）妊娠时母畜的变化。母畜妊娠后，为了适应胎儿的成长发育，各器官生理机能都要发生一系列的变化。首先是妊娠黄体分泌大量孕酮，除了促进附植、抑制排卵和降低子宫平滑肌的兴奋性外，还与雌激素协同作用，刺激乳腺腺泡生长，使乳腺发育完全，准备分泌乳汁。

随着胎儿的生长发育，子宫体积和质量也逐渐增加，腹部内脏受子宫挤压向前移动，这就引起消化、循环、呼吸和排泄等一系列变化。如呈现胸式呼吸，呼吸浅而快，肺活量降低；血浆容量增加，血液凝固能力提高，血沉加快。到妊娠末期，血中碱储减少，出现酮体，形成生理性酮血症；心脏因工作负担增加，出现代偿性心肌肥大；排尿排粪次数增加，尿中出现蛋白质等。母体为适应胎儿发育的特殊需要，甲状腺、甲状旁腺、肾上腺和脑垂体表现为妊娠性增大和机能亢进；母畜代谢增强，食欲旺盛，对饲料的利用率增加，显得肥壮，被毛光亮平直。妊娠后期，由于胎儿迅速生长，母体需要养料较多，如饲料和饲养管理条件稍差，就会逐渐消瘦。

知识链接

临床上，可以通过直肠检查法来了解子宫及卵巢的形态变化。这对发情的确定和早期妊娠诊断都有重要意义。例如，通过直肠可以触摸到卵巢的大小、硬度，可以感知胎儿的形态及活动。此外，在人工授精操作中，还可以将手伸入直肠中辅助输精器，使其准确插入子宫颈口。

（5）妊娠期。妊娠期从卵受精开始，到胎儿出生为止。牛、羊的妊娠期见表2-2。

表2-2 牛、羊的妊娠期

动物种类	平均妊娠期（d）	变动范围（d）
黄牛	282	240～311
水牛	310	300～327
羊	152	140～169

5. 分娩 分娩是发育成熟的胎儿从生殖道排出母体的过程。母牛临近分娩时有分娩预兆，主要表现为阴唇肿胀，有透明条状黏液自阴道流出；乳房红肿，并有乳汁排出；臀部肌肉塌陷等。分娩通常可分为三期：

（1）开口期。子宫有节律地收缩，把胎儿和胎水挤入子宫颈。子宫颈扩大后，部分胎膜突入阴道，最后破裂流出胎水。

（2）娩出胎儿期。子宫更为频繁而持久地收缩，加上腹肌和膈肌收缩的协调作用，使子宫内压极度增加，驱使胎儿经阴道排出体外。

（3）胎衣排出期。胎儿排出后，经短时间的间歇，子宫又收缩，使胎衣与子宫壁分离，随后排出体外。胎衣排出后，子宫收缩压迫血管裂口，阻止继续出血。

由此可见，胎儿从子宫中娩出的动力是靠子宫肌和腹壁肌的收缩来实现的。当妊娠接近结束时，由于胎儿及其运动刺激子宫内的机械感受器，通过神经和体液的作用，子宫肌等收缩逐渐增强，呈现节律性收缩与间歇，通常称为阵缩。阵缩的强度、持续时间与频率随着分娩时间逐渐增加。阵缩的意义在于使胎儿和胎盘的血液循环不致因子宫肌长期收缩而发生障碍，导致胎儿窒息或死亡。

三、乳腺和泌乳

（一）乳腺

乳腺为哺乳动物所特有。母畜的乳腺在家畜繁殖过程中具有哺乳仔畜的功能。乳腺虽雌雄都有，但只有雌性家畜才能发育并具有泌乳的能力。

乳腺的发育　　乳的生成　　乳的排出
（动画）　　　（动画）　　　（动画）

1. 乳腺的形态位置　牛的乳腺位于两股之间，悬吊于耻骨部，外被皮肤，形成乳房。母牛有四个乳房，紧密结合在一起，左右以纵沟分开，前后以横沟为界。乳房呈倒圆锥形，分为基部、体部和乳头部。乳头多呈圆柱状，顶端有一个乳头孔，为乳头管的开口。前部乳头比后部乳头长。

羊的乳房呈圆锥形，有两个，乳头基部有较大的乳池。

2. 乳房的构造　乳房由皮肤、筋膜和实质构成（图2-48）。

乳房皮肤薄而柔软，长有稀疏的细毛。乳房后部至阴门裂之间，有明显的带有线状毛流的皮肤褶，称乳镜。乳镜越大，乳房越能舒展，含乳量就越多。因此，乳镜在鉴定产乳能力方面有重要作用。

筋膜位于皮肤深层，分为浅筋膜和深筋膜。筋膜含有丰富的弹性纤维，在两侧乳房中间形成乳房悬韧带，有固定乳房的作用。筋膜的结缔组织伸入实质中，形成小叶间结缔组织，把乳房实质分成很多腺小叶，小叶由腺泡构成。

图2-48　牛乳房的结构
1. 乳房中隔　2. 腺小叶　3. 腺乳池
4. 乳头乳池　5. 乳头管
（范作良.2001.家畜解剖）

乳房的实质包括腺泡和导管。腺泡呈管状或泡状，其上皮为单层立方上皮。腺泡分泌乳汁，经导管（包括小叶内导管、小叶间导管、较大的输乳管）进入乳池。每个乳头上有一个乳头管与乳池相通，其开口处有括约肌控制。乳汁经乳池、乳头管排出。

3. 乳腺的生长发育　母畜的乳腺随着机体的生长而逐渐发育。性成熟前，主要是结缔组织和脂肪组织增生；性成熟后，在雌激素的作用下导管系统开始发育；妊娠后，乳腺组织生长迅速，不仅导管系统增生，而且每个导管的末端开始形成没有分泌腔的腺泡。妊娠中期，导管末端发育成为有分泌腔的腺泡，此时乳腺的脂肪组织和结缔组织逐渐被腺体组织代替。妊娠后期，腺泡的分泌上皮开始分泌初乳。分娩后，乳腺开始正常的泌乳活动。

经过一定时期的泌乳活动后，腺泡的体积又逐渐缩小，分泌腔逐渐消失，与腺泡直接联系的细小乳导管萎缩。于是腺体组织又被脂肪组织和结缔组织所代替，乳房体积缩小，最后乳汁分泌停止。待下一次妊娠时，乳腺组织又重新形成，腺泡腔重新扩大，并开始再次泌乳活动。如此反复进行，直到失去生殖能力。

（二）泌乳

乳腺组织的分泌细胞从血液中摄取营养物质生成乳汁后，分泌入腺泡腔内，这一过程称为泌乳。乳的生成过程是在乳腺腺泡和细小输乳管的分泌上皮细胞内进行的。生成乳汁的各种原料都来自血液，其中乳汁的球蛋白、酶、激素、维生素和无机盐等均由血液直接进入乳中，是乳腺分泌上皮对血浆选择性吸收和浓缩的结果；而乳中的酪蛋白、乳白蛋白、乳脂和乳糖等则是上皮细胞利用血液中的原料，经过的复杂的生物合成而来的。乳汁中含有仔畜生长发育所必需的一切营养物质，是仔畜理想的营养物。黄牛和水牛的泌乳期90～120d，而经人工选育的乳用牛，泌乳期长达300d左右。

乳可分为初乳和常乳两种。

1. 初乳 在分娩期或分娩后最初3～5d，乳腺产生的乳称初乳，初乳较黏稠、浅黄，如花生油样，稍有咸味和臭味，煮沸时凝固。

初乳内含有丰富的蛋白质、无机盐（主要是镁盐）和免疫物质。初乳中的蛋白质可被消化道迅速吸收入血液，以补充仔畜血浆蛋白质的不足；镁盐具有轻泻作用，可促进胎粪的排出；免疫物质被吸收后，使新生幼畜产生被动免疫，以增加抵抗疾病的能力。因此，初乳是初生仔畜不可替代的食物。喂给初生动物以初乳，对保证初生仔畜的健康成长，具有重要的意义。

2. 常乳 初乳期过后，乳腺所分泌的乳汁，称为常乳。各种动物的常乳，均含有水、蛋白质、脂肪、糖、无机盐、酶和维生素等。蛋白质主要是酪蛋白，其次是白蛋白和球蛋白。当乳变酸时（pH为4.7），酪蛋白与钙离子结合而沉淀，致使乳汁凝固。乳中还含有来自饲料的各种维生素（维生素A、维生素B族、维生素C、维生素D等）和植物性饲料中的色素（如胡萝卜素、叶黄素等）以及血液中的某些物质（抗毒素、药物等）。

3. 排乳 在仔畜吮乳或挤乳之前，乳腺泡的上皮细胞生成的乳汁，连续地分泌到腺泡腔内。当腺泡腔和细小输乳管充满乳汁时，腺泡周围的肌上皮细胞和导管系统的平滑肌反射性收缩，将乳汁转移入乳导管和乳池内。乳腺的全部腺泡腔、导管、乳池构成蓄积乳的容纳系统。当哺乳或挤乳时，引起乳房容纳系统紧张度改变，使贮积在腺泡和乳导管系统内的乳汁迅速流向乳池。这一过程称为排乳。

排乳是一种复杂的反射过程。由于哺乳或挤乳时，刺激了母畜乳头的感受器，反射性地引起腺泡和细小输乳管周围的肌上皮收缩，于是腺泡乳就流入导管系统，接着乳导管或乳池的平滑肌强烈收缩，乳池内压迅速升高，乳头括约肌弛缓，乳汁就排出体外。在挤乳期间，乳池内压力保持较高水平，并在一定范围内波动，方可保证乳汁不断流出。最先排出的乳是乳池内的乳，之后排出的是从乳腺腺泡及乳导管所获得的乳，称为反射乳。哺乳或挤乳刺激乳房不到1min，就可引起牛的排乳反射。

排乳反射能建立条件反射。挤乳的地点、时间、各种挤乳设备、挤乳操作、挤乳人员的出现等，都能作为条件刺激物形成条件反射。在固定的时间、地点，采用固定的挤乳设备和熟悉的挤乳人员以及按操作规程进行挤乳，可提高产乳量。反之，不正规挤乳、不断地更换挤乳人员、嘈杂的环境等均可抑制排乳，降低产乳量。因此，在畜牧业生产中必须根据生理学原理，进行合理的挤乳才能获取高产效益。

任务十二　生殖系统技能训练

技能训练一　牛生殖器官的识别

【目的要求】 认识公、母牛（羊）生殖系统的形态、构造、位置及它们之间的相互关系。

【材料及设备】显示公、母牛（羊）生殖系统各器官位置关系的尸体标本，牛、羊生殖器官的离体标本。

【方法步骤】用公、母牛（羊）生殖器官的新鲜标本，先观察各器官的外形和位置，然后解剖。

1. 公牛（羊）生殖器官 注意观察阴囊、睾丸、附睾、精索和输精管的形态、结构及它们之间的位置关系。

2. 母牛（羊）生殖器官 注意观察卵巢、子宫的形态、结构、位置及各器官之间的位置关系。

【技能考核】在牛（羊）尸体或标本上识别公、母牛（羊）生殖器官的形态、位置和构造。

技能训练二 睾丸和卵巢组织构造的识别

【目的要求】认识睾丸和卵巢的组织结构。

【材料及设备】睾丸和卵巢组织切片、显微镜。

【方法步骤】用显微镜（先用低倍镜，后用高倍镜）观察睾丸和卵巢的组织切片，注意观察睾丸和卵巢各部分组织的结构特点。

【技能考核】在显微镜下识别睾丸和卵巢的组织结构。

复习思考题

1. 名词解释：性成熟、体成熟、发情周期、排卵、受精、妊娠、分娩、黄体。
2. 简述公、母牛生殖系统的组成器官及作用。
3. 母畜发情时机体和生殖器官有什么变化？
4. 简述母牛子宫黏膜的特点及卵巢的位置。
5. 什么是隐睾？为什么有隐睾的家畜不能作为种用？
6. 母畜妊娠后有哪些变化？
7. 分娩过程分哪几个阶段？
8. 什么是初乳？为什么说初乳是新生牛犊不可替代的食物？

任务十三 心血管系统认知

学习目标

掌握牛心脏的形态、结构、位置和机能，掌握心肌的生理特性、心动周期、血压、脉搏等概念。了解血液的组成和血细胞的形态结构和机能，了解血液的理化特性和血凝的机理。能在标本或模型上识别牛心脏各部分的结构；能在活体上找出心脏的体表投影位置和常用的静脉注射、脉搏检查部位；能正确地进行心音听诊和脉搏检查。

心血管系统由心脏、血管和血液组成。其中心脏是动力器官，血管是循环通道。心脏在神经、体液的调节下活动，推动血液在血管内周而复始地流动，将营养物质和氧气运到全身各组织细胞，供其生理活动需要，同时把组织细胞产生的代谢产物，运送到排泄器官排出体外。

一、心　脏

(一) 心脏的形态和位置

1. 形态　心脏为中空的倒圆锥形肌质器官，其前缘稍凸，后缘平而直。前上部宽大为心基，位置固定，有大血管进出；下部小且游离，称为心尖。靠近心基处有环绕心脏的冠状沟，是心房和心室的外表分界，把心脏分为上部的心房和下部的心室。从冠状沟向左下方延伸出左纵沟，向右下方延伸出右纵沟，两沟的右前方为右心室，构成心脏的前缘；左后方为左心室，构成心脏的后缘。在冠状沟和左、右纵沟内有营养心脏的血管和脂肪（图2-49）。

心肺的形态位置

图2-49　心脏及基部血管（左侧面）
1. 右心室　2. 前腔静脉　3. 臂头动脉总干　4. 肺动脉
5. 动脉导管索　6. 奇静脉　7. 主动脉　8. 肺静脉　9. 左心房
10. 左冠状动脉旋支　11. 心大静脉　12. 左心室
（山东省畜牧兽医学校.2000.家畜解剖生理.第三版）

2. 位置　心脏位于胸腔纵隔内，与第3～6肋骨相对，夹于两肺之间，略偏左并稍向前倾。心基位于肩关节水平线上，心尖在第6肋骨下端，距膈2～5cm。

(二) 心腔的构造

心腔内有纵向的房中隔和室中隔，把心脏分为互不相通的两半。每半又被房室隔分为上部的心房和下部的心室，同侧心房与心室借房室口相通。心脏有四个腔：右心房、右心室、左心房、左心室（图2-50）。

1. 右心房　构成心基的右前部，由右心耳和静脉窦组成。心耳呈圆锥形盲囊，尖端向左向后至肺动脉前方，内壁有许多方向不同的肉嵴。静脉窦是前、后腔静脉和奇静脉的入口。后腔静脉口附近的房中隔上有卵圆窝，是胚胎时期卵圆孔的遗迹。

2. 右心室 位于右心房之下，构成心室的右前部。其入口为右房室口，出口为肺动脉口。右房室口由弹性纤维环围成，上有3片三角形的瓣膜，称三尖瓣。瓣膜的游离缘朝向心室，并有腱索连于心室壁的乳头肌上，可防止关闭时过度翻转。肺动脉口位于右心室的左上方，其周围的纤维环上有3个半月形瓣膜，称半月瓣，瓣膜袋口朝向肺动脉。

3. 左心房 位于心基的左后部，其构造与右心房相似，由左心耳和静脉窦组成。左心房背侧壁后部有6条肺静脉的入口。

4. 左心室 位于左心房下方，构成心基的左后部，向下形成心尖。其入口为左房室口，出口为主动脉口。左房室口纤维环上附着两片大的瓣膜，称二尖瓣，其结构与三尖瓣相似。主动脉口位于左房室口的前上方，其周围亦有3个半月形瓣。

图2-50 心脏纵切面（通过肺动脉）
1. 主动脉 2. 前腔静脉 3. 右心房 4. 三尖瓣
5. 右心室 6. 室中隔 7. 前缘 8. 肺动脉
9. 肺静脉 10. 左心房 11. 肺动脉半月瓣
12. 左心室 13. 后缘

（山东省畜牧兽医学校.2000.家畜解剖生理.第三版）

（三）心壁的组织构造

心壁分为三层，由外向内为心外膜、心肌和心内膜。

1. 心外膜 紧贴于心肌表面的一层浆膜，光滑湿润，相当于心包浆膜的脏层。

2. 心肌 为心壁最厚的一层，由心肌细胞构成，呈红褐色。心肌被房室口的纤维环分为心房肌和心室肌两个独立的肌系，故心房和心室可以交替收缩和舒张。心房肌较薄，心室肌较厚，其中左心室肌最厚。

3. 心内膜 薄而光滑，紧贴于心肌内表面，与血管内膜相延续。左、右房室口和动脉口处瓣膜是由心内膜折叠而成。心内膜深面有血管、淋巴管、神经和心传导纤维等。

（四）心脏的血管

心脏本身的血液循环称为冠状循环，由冠状动脉、毛细血管和心静脉组成。冠状动脉有左、右两支，分别由主动脉根部发出，沿冠状沟和左、右纵沟延伸，分支分布于心房和心室，在心肌内形成丰富的毛细血管网。最后汇集成心静脉返回右心房。

（五）心脏传导系统

心脏的传导系统由特殊的心肌纤维构成，这种细胞可自动地产生兴奋，并进行传导，从而使心脏有节律地收缩和舒张。心脏传导系统包括窦房结、结间束、房室结、房室束和浦金野纤维五部分（图2-51）。

窦房结：位于前腔静脉和右心耳之间的心外膜下，为心脏的正常起搏点。窦房结除分支到心房肌外，还分出数支结间束与房室结相连。

房室结：位于房中隔右心房侧的心内膜下。

房室束与浦肯野纤维：房室束为房室结的直接延续，在室中隔上部分为左、右两支，分别于室中隔左、右两侧心内膜下向下伸延，分支分布于室中隔和心室侧壁。上述分支在心内膜下进一步分成许多细小的分支，称浦金野纤维，与普通心肌细胞相连。

图2-51 心脏传导系统示意
1. 窦房结 2. 房室结 3. 结间前束 4. 结间中束 5. 结间后束
6. 房室束 7. 左、右束支 8. 浦金野纤维 9. 前腔静脉 10. 后腔静脉
11. 房中隔 12. 室中隔 13. 隔缘肉柱
(山东省畜牧兽医学校.2000.家畜解剖生理.第三版)

（六）心包

心包是包于心脏外的锥形囊，囊壁由浆膜和纤维膜构成，有保护心脏的作用（图2-52）。

图2-52 心包的构造
1. 前腔静脉 2. 右心室 3. 主动脉 4. 肺动脉 5. 心包脏层 6. 纤维膜
7. 心包壁层 8. 心包腔 9. 左心室 10. 胸骨心包韧带 11. 胸骨
(山东省畜牧兽医学校.2000.家畜解剖生理.第三版)

浆膜分壁层和脏层。壁层衬于纤维膜的内面，在心基部折转移行为脏层，紧贴于心肌外表面，构成心外膜。壁层和脏层之间的腔隙为心包腔，内有少量的浆液，称为心包液，有润滑作用，可减少心搏动时的摩擦。

纤维膜是一层坚韧的结缔组织膜，在心基部与进出心脏的大血管的外膜相连；在心尖部

与心包胸膜共同形成心包胸骨韧带，将心包固定于胸骨的背面。

二、血　管

（一）血管的种类和构造

血管按其结构和功能不同，可分为动脉、毛细血管和静脉。

1. 动脉　动脉是引导血液出心脏，并向全身输送血液的管道。管壁厚而富有弹性，空虚时不塌陷，出血时呈喷射状。动脉管壁分为三层：外层由结缔组织构成，称外膜；中层由平滑肌、胶原纤维和弹性纤维组成，称中膜；内层由内皮细胞、薄层胶原纤维和弹性纤维组成，称内膜。按其管径大小，动脉可分为大、中、小三类。离心脏越近则管径越大，管壁越厚，所含弹性纤维越多。离心脏远的动脉，其弹性纤维逐渐减少，平滑肌纤维逐渐增加，到小动脉时则以平滑肌为主。故大动脉又称为弹性动脉，小动脉又称为肌性动脉。

2. 静脉　是引导血液回心脏的血管，多与动脉伴行。其管壁构造与动脉相似，也分三层，但中膜很薄，弹性纤维不发达，外膜较厚。静脉管腔大，管壁薄，弹性差，易塌陷，出血时呈流水状。四肢部、颈部的静脉，内有折叠成对的游离缘朝向心脏方向的半月状瓣膜，称为静脉瓣，可防止血液逆流。

3. 毛细血管　是连于动脉和静脉之间的微细血管。短而细，互相吻合成网。毛细血管管壁非常薄，仅由一层内皮细胞构成，具有很大的通透性，是血液与组织之间进行物质交换的主要场所。另外，位于肝、脾、骨髓等处的毛细血管形成管腔大而不规则的膨大部，称为血窦。

（二）血管的分布

1. 体循环的血管分布　体循环又称为大循环，从左心室开始，通过主动脉及其分支，进入全身各处形成毛细血管网，而后汇集成前腔静脉和后腔静脉，返回右心房（图2-53）。

（1）体循环的动脉。体循环起于左心室的主动脉口，呈弓形向后上方伸延至第6胸椎腹侧，此段为主动脉弓。主动脉弓向后伸延至膈的主动脉裂孔处，此段称为胸主动脉。胸主动脉穿过膈的主动脉裂孔伸延为腹主动脉，腹主动脉在骨盆腔前口处分出左、右髂外动脉和左、右髂内动脉，其主干移行为荐中动脉、尾中动脉。

①主动脉弓及分支：主动脉弓为主动脉的第一段，在起始部分出左、右冠状动脉后，向前分出一支臂头动脉总干和胸主动脉。

臂头动脉总干：是分布于头颈、前肢及胸前部的动脉主干，沿气管腹侧向前上方伸延至第3肋处，分出左锁骨下动脉，主干延续为臂头动脉。臂头动脉在气管腹侧继续前行至第1肋附近，分出一支颈动脉总干，主干向右移行为右锁骨下动脉。左、右锁骨下动脉分出一些分支后分别绕过第1肋出胸腔，移行为腋动脉。

颈动脉总干：很短，在胸前口处分为左、右颈总动脉，分别沿左、右颈静脉沟深层向前伸延，至寰枕关节处分为枕动脉、颈内动脉（仅犊牛存在，成年牛退化）和颈外动脉。枕动脉向上伸延通过枕骨大孔入颅腔，主要分布于脑脊髓和脑膜上。颈外动脉向前上伸至下颌关节处延续为颌内动脉，分布于头部大部分器官及肌肉皮肤上。它在下颌支内侧分出一支颌外动脉，绕过下颌骨血管切迹转至面部，移行为面动脉。

前肢动脉：是由锁骨下动脉延伸而来，在肩关节内侧称为腋动脉，在臂部称为臂动脉，在前臂部位于前臂内侧的正中沟内，称为正中动脉，在掌部称为指总动脉，指总动脉分为指

图2-53 牛动、静脉分布
1. 枕动脉 2. 颌内动脉 3. 颈外动脉 4. 面动脉 5. 颌外动脉 6. 颈动脉 7. 颈静脉
8. 腋动脉 9. 臂动脉 10. 正中动脉 11. 肺动脉 12. 肺静脉 13. 胸主动脉 14. 肋间动脉
15. 腹腔动脉 16. 前肠系膜动脉 17. 腹主动脉 18. 肾动脉 19. 精索内动脉 20. 后肠系膜动脉
21. 髂内动脉 22. 髂外动脉 23. 荐中动脉 24. 股动脉 25. 腘动脉 26. 胫后动脉
27. 胫前动脉 28. 后腔静脉 29. 门静脉

(范作良.2001.家畜解剖)

内、外侧动脉，分别沿指间下行至指端。前肢动脉干各段均有分支分布于相应部位的肌肉、皮肤、骨骼等处。

②胸主动脉及分支：胸主动脉是主动脉弓向后的直接延续，其分支有肋间动脉和支气管食管动脉。肋间动脉有13对，前3对由左锁骨下动脉和臂头动脉的分支分出，后10对均由胸主动脉分出，主要分布于胸部脊柱附近的肌肉和皮肤。支气管食管动脉在第6胸椎处以一主干起自于胸主动脉腹侧，然后分为支气管动脉和食管动脉，分别分布于肺组织和食管。

③腹主动脉及分支：腹主动脉为腰腹部的动脉主干，其分支可分为壁支和脏支。壁支主要为腰动脉，有6对，分布于腰部肌肉、皮肤及脊髓脊膜等处；脏支主要分布于腹腔、盆腔的器官上，由前向后依次为腹腔动脉、肠系膜前动脉、肾动脉、肠系膜后动脉和睾丸动脉（子宫卵巢动脉）。

腹腔动脉：在膈的主动脉裂孔稍后处由腹主动脉分出，主要分布于脾、胃、肝、胰及十二指肠。

肠系膜前动脉：在第1腰椎腹侧处由腹主动脉分出，主要分布于小肠、结肠、盲肠和胰。

肾动脉：在第2腰椎处由腹主动脉发出，成对，分布于肾。

肠系膜后动脉：在第4～5腰椎处由腹主动脉发出，比较细，主要分布于结肠后段和直肠。

睾丸动脉（子宫卵巢动脉）：在肠系膜后动脉附近由腹主动脉分出。公畜称为睾丸动脉，向后下行走进入腹股沟管的精索，分支分布于睾丸、输精管、附睾和睾丸鞘膜。母畜称为子宫卵巢动脉，在子宫阔韧带中向后延伸，分支为卵巢动脉和子宫前动脉，分布于卵巢、输卵管和子宫角上。

④骨盆部及荐尾部动脉：分布于骨盆部及尾部的动脉为髂内动脉，在第5、6腰椎腹侧由腹主动脉分出，沿荐骨腹侧及荐坐韧带内侧向后伸延，分布于骨盆腔器官和荐臀部、尾部的肌肉皮肤。

⑤后肢动脉：分布于后肢的动脉主干为左、右髂外动脉，它们在第5腰椎处由腹主动脉向后左、右侧分出，沿髂骨前缘和后肢内侧面下伸至趾端。在股部为股动脉，在膝关节后为腘动脉，在胫骨背侧面为胫前动脉，在趾骨背侧为趾背侧动脉，向下分为第3趾、第4趾动脉。主干沿途形成分支，分布于后肢相应部位的骨骼、肌肉和皮肤。在耻骨前缘部，髂外动脉分支出阴部腹壁动脉干，其分支为阴部动脉（在母牛为乳房动脉），分布于乳房上。

（2）静脉。

①前腔静脉系：前腔静脉是汇集头颈部、前肢部和部分胸壁血液的静脉干，在胸前口处由左、右颈静脉和左、右腋静脉汇合而成，位于气管和臂头动脉总干的腹侧，沿纵隔内向后延伸，注入右心房。在注入右心房前还接纳了胸壁、胸椎等部位的静脉支。

前腔静脉系最主要的血管是颈静脉，它沿颈静脉沟向后延伸，在胸前口处汇入前腔静脉。在临床上，颈静脉是静脉注射和采血的常用部位。

②后腔静脉系：后腔静脉在骨盆腔入口处由左、右髂总静脉汇合而成，沿腹主动脉右侧向前伸延，穿过膈的腔静脉孔进入胸腔，注入右心房。后腔静脉收集后肢、骨盆及盆腔器官、腹壁、腹腔器官及乳房的静脉血。

乳房的静脉：乳房的静脉血大部分经阴部外静脉注入髂外静脉；一小部分经腹皮下静脉注入胸内静脉。乳房两侧的阴部外静脉、腹皮下静脉和会阴静脉在乳房基部互相吻合，形成一个大的乳房基部静脉环，当其中任何一支静脉血流受阻时，其他静脉可起代偿作用（图2-54）。

图2-54 母牛乳房血液循环模式

1. 髂内动静脉 2. 髂外动静脉 3. 后腔静脉 4. 胸主动脉 5. 前腔静脉 6. 心脏
7. 胸内静脉 8. 腹皮下静脉 9. 阴部外动、静脉 10. 会阴动脉

（范作良.2001.家畜解剖）

肝与后腔静脉

颈静脉沟

颈动脉与迷走交感干

门静脉：位于后腔静脉的下方，是腹腔内一条大的静脉干，它收集胃、脾、胰、小肠、大肠（直肠后部除外）的静脉血，经肝门入肝，在肝内分成数支毛细血管网，再汇成数支肝静脉，汇入后腔静脉。

2. 肺循环血管的分布 肺循环又称为小循环，从右心室开始，经肺动脉进入肺，在肺

内形成毛细血管网，而后汇集成肺静脉，返回左心房。

（1）肺动脉。起于右心室的肺动脉口，沿主动脉弓的左侧向后上方伸延，至心基的后上方分为左、右两支，分别与左、右支气管一起从肺门入肺。右侧支在入肺前还向右肺尖叶分出一小侧支，随右肺尖叶支气管分布于肺。肺动脉在肺内随支气管进行分支，最后在肺泡周围形成毛细血管网，在此进行气体交换。

（2）肺静脉。由毛细血管网汇合而成，随肺动脉和支气管行走，最后汇成6条肺静脉，由肺门出肺，注入左心房。

（三）胎儿血液循环特征

胎儿在母体子宫内发育所需要的全部营养物质和氧气均由母体供应，代谢产物也由母体带走，因而胎儿的血液循环具有与此相适应的一些特点。

1. 心脏和血管的构造特点

（1）卵圆孔。在胎儿心脏的房中隔上有一卵圆孔，以沟通左、右心房。孔的左侧有一卵圆形瓣膜，而且右心房压力高于左心房，所以右心房内的血液可直接流向左心房。

（2）动脉导管。胎儿的主动脉和肺动脉之间有动脉导管相通，因此右心室的大部分血液都经动脉导管流入主动脉，仅有少部分进入肺内。

（3）胎盘。胎盘是胎儿与母体进行气体及物质交换的器官，借脐带与胎儿相连。脐带内有两条脐动脉和两条脐静脉（牛）。脐动脉由髂内动脉分出，经脐带到胎盘，在胎盘上形成毛细血管网，在此处与母体子宫上的毛细血管交换物质。脐静脉由胎盘毛细血管汇成，经脐带由脐孔进入胎儿腹腔，进入腹腔后合为一条，沿肝的镰状韧带伸延，经肝门入肝。

2. 血液循环路径（图2-55） 胎盘内富含营养物质和氧气较多的动脉血，经脐静脉进入胎儿肝内，再经肝静脉（数支）出肝注入后腔静脉（有部分脐静脉血不入肝，直接到后腔

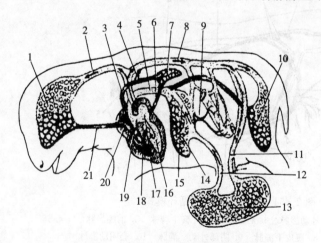

图2-55 胎儿血液循环模式

1. 头、颈部毛细血管 2. 臂头干 3. 肺干 4. 动脉导管 5. 后腔静脉 6. 肺静脉 7. 肺毛细血管
8. 腹主动脉 9. 门静脉 10. 骨盆部和后肢毛细血管 11. 脐动脉 12. 脐静脉
13. 胎盘毛细血管 14. 肝毛细血管 15. 静脉导管 16. 左心室 17. 左心房 18. 右心室
19. 卵圆孔 20. 右心房 21. 前腔静脉

(董常生. 2001. 家畜解剖学. 第三版)

静脉），并与来自身体后部的静脉血相混合，进入右心房。右心房内的血液大部分通过卵圆孔进入左心房，经左房室口进入左心室，再经主动脉及其分支，大部分分布到了头颈和前肢。

来自身体前部（头颈部和前肢）的静脉血，经前腔静脉入右心房到右心室，再入肺动脉，因肺没有活动机能，大部分血液经动脉导管入主动脉到身体后半部，并经脐动脉到胎盘。

3. 胎儿出生后血液循环的变化

（1）脐动脉和脐静脉退化。出生后脐带被剪断，脐动脉、静脉血停止，血管逐渐萎缩，在体内的一段形成韧带，脐动脉形成膀胱圆韧带，脐静脉变为肝圆韧带。

（2）动脉导管闭锁。因肺开始呼吸，肺扩张，肺内血管的阻力减少，肺动脉压降低，动脉导管因管壁肌组织收缩而发生功能性闭锁，形成动脉导管索或动脉韧带。

（3）卵圆孔封闭。因肺静脉回左心房的血液量增多，血压增高，致使卵圆孔瓣膜与房中隔贴连，结缔组织增厚，将卵圆孔封闭，形成卵圆窝。至此，心脏的左半部和右半部完全分开，左半部为动脉血，右半部为静脉血。

知识链接

掌握动物体表浅层血管的分布对于临床静脉注射和采血等操作非常重要。各种动物机体形态结构特征不同，静脉注射和采血选取的位置也不同。牛、羊的静脉注射和采血最方便操作的部位就是颈静脉，位置在颈部上 1/3 处的颈静脉沟。

猪的耳背侧静脉发达，注射和采血时选取这个位置既安全又方便。但对于需要大量采血的操作，耳静脉采血就不够了，通常采用前腔静脉采血。位置在第 1 肋骨和胸骨柄结合处的前方，耳根至胸骨柄的边线上，距胸骨端 1～3cm 处。

在对犬进行静脉注射或采血时，既要保证操作者的安全，又要方便操作，常用的注射或采血部位是前臂桡侧浅静脉（头静脉），位置是前臂背侧，另外一个常用的位置是后肢的隐静脉，选取这个位置时要注意，隐静脉较弯曲，进针不要过深，否则易将血管对穿。对于体型较小的犬类，头静脉和隐静脉处不易操作的可选取前脚掌背侧静脉。

三、血 液

（一）体液和机体内环境

1. 体液 体液是指动物机体内的水以及溶解于水中的物质总称。体液占体重的 60%～70%，其中存在于细胞内的称细胞内液，占体重的 40%～45%；存在于细胞外的称细胞外液，包括血浆、组织液、淋巴液和脑脊液等，占体重的 20%～25%，各种体液彼此隔开而又相互联系，通过细胞膜和毛细血管壁进行物质交换。

2. 机体的内环境 家畜从外界吸入的氧气和各种营养物质，都先进入血浆，然后由毛细血管扩散到组织液，以供组织细胞代谢的需要。而组织细胞所产生的代谢产物也是先到组织液中，然后扩散入血浆再排出体外。由此可见，组织液即是细胞的直接生活环境，也是细胞与外界环境进行物质交换的媒介。因此，我们通常把组织液或细胞外液又称为机体的内环境。尽管机体外环境不断发生变化，但机体内环境却在神经、体液的调节下保持相对稳定，从而保证细胞的正常生命活动。

（二）血液的组成

正常血液为红色黏稠的液体。由液体成分血浆和有形成分血细胞共同组成，二者合起来称为全血。如果将加有抗凝剂（草酸钾或枸橼酸钠）的血液置于离心管中离心沉淀后，能明显地分成三层：上层淡黄色液体为血浆；下层为深红色的红细胞层；在红细胞与血浆之间有一白色薄层为白细胞和血小板。离体血液如不作抗凝处理，将很快凝固成胶冻状的血块，并析出淡黄色的透明液体，称为血清。血清与血浆的主要区别在于血清中不含纤维蛋白原。

（三）血液的有形成分

1. 红细胞

（1）红细胞的形态和数量。哺乳动物的成熟红细胞无核，呈双面凹的圆盘状。在血涂片标本上，中央染色较浅，周围染色较深。单个红细胞呈淡黄绿色，大量红细胞聚集在一起则呈红色。

红细胞在血细胞中数量最多，其正常数量随动物种类、品种、性别、年龄、饲养管理和环境条件而有所变化。如高产品种比低产品种多，幼龄的比成年的多，雄性比雌性多，高原的比平原的多，去势的比不去势的多，强健的比衰弱的多，饲养条件好的比差的多。

红细胞的细胞质内充满大量血红蛋白，约占红细胞成分的33%。血红蛋白的含量受品种、性别、年龄、饲养管理等因素的影响。血红蛋白含量常以每升血液中含有的克数表示。成年牛、羊红细胞数和血红蛋白含量见表2-3。

表2-3 成年牛、羊红细胞数量和血红蛋白含量

动物种类	红细胞数（10^{12}个/L）	血红蛋白含量（g/L）
牛	7.0（5.0～10.0）	110（80～150）
绵羊	10.0（8.0～12.0）	120（80～160）
山羊	13.0（8.0～18.0）	110（80～140）

（2）红细胞的功能。红细胞具有运载氧和二氧化碳的能力，这一运载功能是由血红蛋白来完成。另外，红细胞对机体所产生的酸性或碱性物质起着缓冲作用。

（3）红细胞的生成与破坏。红细胞主要在红骨髓生成而进入血液循环。在体内存活的时间平均为120d。最后衰老的红细胞由脾、肝、骨髓中的巨噬细胞将其吞噬、破坏。

2. 白细胞 白细胞数量较少，体积较大，多呈球形，有细胞核。

（1）中性粒细胞。是粒细胞中数量最多的一种。胞体呈球形，胞质中有许多细小而分布均匀的淡紫色中性颗粒，可被酸性、碱性染料着色。细胞核呈蓝紫色，其形状分为杆状核和分叶型。中性粒细胞具有很强的变形运动和吞噬能力，能吞噬进入血中的细菌、异物和衰老死亡的细胞，对机体起保护作用。

（2）嗜酸性粒细胞。数量较少，细胞呈球形。胞核多分2叶。细胞质内充满粗大而均匀的圆形嗜酸性颗粒，一般染成橘红色。嗜酸性粒细胞能以变形运动穿出毛细血管进入结缔组织，在过敏性疾病或某些寄生虫疾病时明显增多。

（3）嗜碱性粒细胞。数量最少，细胞呈球形。细胞核常呈S形。细胞质内含有大小不等、分布不均的嗜碱性颗粒，被染成深紫色，胞核常被颗粒掩盖。颗粒内有肝素、组织胺。组织胺对局部炎症区域的小血管有舒张作用，能加大毛细血管的通透性，有利于其他白细胞

的游走和吞噬活动。肝素具有抗凝血作用。

（4）单核细胞。是白细胞中体积最大的细胞，呈圆形或椭圆形。细胞核呈肾形、马蹄形或不规则形，着色较浅，呈淡紫色。细胞质呈弱嗜碱性，内有散在的嗜天青颗粒，常被染成浅灰蓝色。巨噬细胞是体内吞噬能力最强的细胞，能吞噬较大的异物和细菌。

（5）淋巴细胞。数量较多，呈球形。一般按直径大小分为大、中、小三种。健康动物血液中，小淋巴细胞较多。细胞核较大，呈圆形或肾形，呈深蓝或蓝紫色。胞质很少，仅在核周围形成蓝色的一薄层。淋巴细胞主要参与体内免疫反应。

白细胞大多数由骨髓产生，寿命比较短，只有几小时或几天。衰老的白细胞，除大部分被单核吞噬细胞系统的巨噬细胞清除外，有相当数量的粒性白细胞由唾液、尿、胃肠黏膜和肺排出，有的在执行任务时被细菌或毒素所破坏。牛、羊白细胞数及分类百分比见表2-4。

表2-4 牛、羊白细胞数及白细胞分类百分比

动物种类	白细胞总数（10^9 个/L）	中性粒细胞（%）	嗜酸性粒细胞（%）	嗜碱性粒细胞（%）	淋巴细胞（%）	单核细胞（%）
牛	8.0	31.0	7.0	0.7	54.3	7.0
绵羊	8.2	37.2	4.5	0.6	54.7	3.0
山羊	9.6	42.2	3.0	0.8	50.0	4.0

3. 血小板 血小板是一种无色，呈圆形或卵圆形的小体，有细胞膜和细胞器，但无细胞核，体积比红细胞小，是骨髓巨核细胞的胞质脱落碎片。其主要机能为促进止血和加速血液凝固。

（四）血浆

血浆是血液中的液体成分，其化学成分中水分占90%～92%，溶质占8%～10%。

1. 血浆蛋白质 血浆蛋白占血浆总量的6%～8%。包括清蛋白、球蛋白和纤维蛋白原三种。其中白蛋白最多，球蛋白次之，纤维蛋白原最少。

血浆蛋白可形成血浆胶体渗透压，调节血液与组织液之间水分平衡；可形成蛋白缓冲对，调节血液的酸碱平衡。某些球蛋白含有大量的抗体，参与体液免疫；纤维蛋白原可参与血液凝固。

2. 血糖 血液中所含的葡萄糖称为血糖，占0.06%～0.16%。

3. 血脂 血液中脂肪称为血脂，占0.1%～0.2%，大部分以中性脂肪的形式存在，少部分以磷脂、胆固醇等形式存在。

4. 无机盐 血浆中无机盐的含量为0.8%～0.9%，均以离子状态存在于血液中，如Na^+、K^+、Ca^{2+}、Cl^-、HCO_3^-等，它们对维持血浆渗透压、酸碱平衡和神经肌肉的兴奋性有重要作用。

5. 其他物质 血浆中含有维生素、激素、酶等物质，虽然含量甚微，但对机体的代谢及生命活动却有重要的作用。

（五）血液的理化特性

1. 血液的相对密度和黏滞性 血液的相对密度主要决定于红细胞的浓度，其次决定于血浆蛋白质的浓度。红细胞数越多，血液的相对密度越大。

血液是一种黏滞性较大的液体，以水的黏度为1计，血液的相对黏度为4～5。血液黏

滞性大小主要决定于它所含红细胞的数量和血浆蛋白质的数量。

2. 渗透压 水通过半透膜向溶液中扩散的现象称为渗透。促使水向半透膜另一侧溶液中渗透的力量，称为渗透压。

血浆的渗透压是相对恒定的。血液的渗透压由两部分构成，一种是由血浆中的无机盐离子和葡萄糖等晶体物质构成，称为晶体渗透压，约占总渗透压的99.5%，对维持细胞内外水平衡起重要作用；另一种是由血浆蛋白质等胶体物质构成，称为胶体渗透压，仅占总渗透压的0.5%，对维持血浆和组织液间水平衡起重要作用。

血液渗透压与0.9%的氯化钠溶液或5%的葡萄糖溶液相等，凡与血液渗透压相等的溶液称为等渗溶液。临床上输液应以等渗溶液为主。

3. 酸碱度 动物的血液呈弱碱性，pH在7.2～7.5。在正常情况下，血液pH之所以保持稳定，是因为血液中含有许多成对的既可中和酸又可中和碱的缓冲对。如$NaHCO_3/H_2CO_3$、Na_2HPO_4/NaH_2PO_4、Na-蛋白质/H-蛋白质等，其中以$NaHCO_3/H_2CO_3$最为重要。

临床上把每100mL血浆中含有的$NaHCO_3$的量称为碱贮。在一定范围内，碱贮增加表示机体对固定酸的缓冲能力增强。

（六）血液的凝固

血液从血管流出以后，很快会形成胶冻状的固体，这种现象称为血凝。不同动物血液凝固的时间不同：牛为6.5min，羊为2.5min。

1. 血凝过程 血凝是一个复杂的连锁性生化反应过程，大体可分为三步：

（1）凝血酶原激活物的形成。凝血酶原激活物不是一种单纯物质，而是由多种凝血因子经过一系列的化学反应而形成的复合物。当组织受到损伤（外源性系统）或血管内皮损伤（内源性系统）时，就会使体内原来存在的一些没有活性的组织因子和接触因子被激活，这些因子进一步活化其他凝血因子，在Ca^{2+}的参与下，即可形成凝血酶原激活物。

（2）凝血酶原转变成凝血酶。凝血酶原激活物在Ca^{2+}的参与下，使血浆没有活性的凝血酶原转变为有活性的凝血酶。

（3）纤维蛋白原转变为纤维蛋白。凝血酶在Ca^{2+}的参与下，使纤维蛋白原转变为非溶解状态的纤维蛋白。纤维蛋白呈细丝状，互相交织成网，把血细胞网罗在一起，形成胶冻状的血凝块。

血液在血管内流动时一般不发生凝固，其原因为：一方面是心血管内皮光滑，上述反应不易发生；另一方面是血浆中存在一些抗凝血物质，如肝素，可抑制凝血酶原激活物的形成，阻止凝血酶原转化为凝血酶，抑制血小板黏着、聚集，影响血小板内凝血因子的释放；此外，如果血液在心血管中由于纤维蛋白的出现而产生凝血时，血浆中存在的纤维蛋白溶解酶也往往被激活，迅速将纤维蛋白溶解，使血液不再凝固，保证血液正常运行。

2. 抗凝和促凝的措施

（1）抗凝或延缓血凝的方法。

①低温：血液凝固主要是一系列酶促反应，而酶的活性受温度影响最大，把血液置于较低温度下可降低酶促反应而延缓凝固。

②加入抗凝剂：在凝血的三个阶段中，都有钙离子的参与。如果设法除去Ca^{2+}可防止血凝。血液化验时常用的抗凝剂有草酸盐、柠檬酸盐等。

③接触光滑面：将血液置于特别光滑的容器内或预先涂有石蜡的器皿内，可以减少血小板的破坏，延缓血凝。

④使用肝素：肝素在体内、外都有抗凝血作用。

⑤脱纤维：若将流入容器内的血液迅速用木棒搅拌，或容器内放置玻璃球加以摇晃，由于血小板迅速破裂等原因，加快了纤维蛋白的形成，并使形成的纤维蛋白附着在木棒或玻璃球上，血液不再凝固。

（2）加速血凝的方法。

①升高温度：血液加温后能提高酶的活性，加速凝血过程。

②提高创面粗糙度：可促进凝血因子的活化，促使血小板解体，释放凝血因子，最后形成凝血酶原激活物。

③注射维生素K：维生素K可促使肝合成凝血酶原，并释放入血，还可促进某些凝血因子在肝合成。因此，维生素K对出血性疾病具有止血的作用。

（七）血量和失血

血液的总量一般可按体重百分比计算，牛约8.0%。这些血液在安静时并不全部参加血液循环，总有一部分交替贮存于脾、肝、皮肤的毛细血管等处。这些具有贮存血液机能的脏器或部位称为血库，其贮存的血量为血液总量的8%～10%。在机体剧烈活动或大失血时会迅速放出，参加血液循环。因此家畜一次失血如果不超过10%，不会影响健康。但如果一次性失血超过20%，机体生命活动会受到显著影响；短时间内失血超过30%，可能危及生命。

四、心脏生理

（一）心肌的生理特性

1. 自动节律性　心脏在没有神经支配的情况下，在若干时间内仍能维持自动而有节律的跳动，这一特性称为自动节律性。自动节律性源于心脏的传导系统。心脏传导系统的各个部位，都具有产生自律性的能力，但自律性高低不一。窦房结的自律性最高，成为心脏正常活动的起搏点，其他部位自律细胞的自律性依次逐渐降低，在正常情况下不自动产生兴奋，只起兴奋传导作用。以窦房结为起搏点的心脏节律性活动，称为窦性心律。当窦房结的功能出现障碍，兴奋传导阻滞或某些自律细胞的自律性异常升高时，潜在起搏点也可以自动发生兴奋而引起部分或全部心脏的活动。这种以窦房结以外的部位为起搏点的心脏活动，称为异位心律。

2. 传导性　是指心肌细胞的兴奋沿着细胞膜向外传播的特性。正常生理情况下，由窦房结发出的兴奋可以按一定途径传播到心脏各部，顺次引起整个心脏中的全部心肌细胞进入兴奋状态。兴奋在房室结的传导速度明显放慢，并有约0.07s的短暂延搁，保证心房完全收缩把全部血液送入心室，使心室收缩时有充足的血液射出。

3. 兴奋性　心肌对适宜刺激发生反应的能力，称兴奋性。当心肌兴奋时，它的兴奋性也发生相应的周期性变化。

（1）绝对不应期。心肌在受到刺激而出现一次兴奋后，有一段时间兴奋性极度降低到零，无论给予多大的刺激，心肌细胞均不发生反应，这一段时间称为绝对不应期。心肌细胞的绝对不应期比其他任何可兴奋细胞都长得多，对保证心肌细胞完成正常功能极其重要。

（2）相对不应期。在心肌开始舒张的一段时间内，给予较强的刺激，可引起心肌细胞产生兴奋，称为相对不应期。此期心肌的兴奋性已逐渐恢复，但仍低于正常。

（3）超常期。在心肌舒张完毕之前的一段时间内，给予较弱的刺激，就可引起兴奋，此期称为超常期。超常期过后，心肌细胞的兴奋性恢复至正常水平。

4. 收缩性 心肌兴奋的表现是肌纤维收缩，称为收缩性。心肌收缩的最大特点是单收缩，而不像骨骼肌的强直收缩，从而使心脏保持舒缩活动交替进行，保证心脏的射血和血液的回流等功能的实现。

在心脏的相对不应期内，如果给予心脏一个较强的额外刺激，则心脏会发生一次比正常心律提前的收缩，称为额外收缩（期外收缩）；额外收缩后，往往发生一个较长的间歇期，称为代偿间歇，恰好补偿上一个额外收缩所缺的间歇期时间，以保证心脏有充足的补偿氧和营养物质的时间，而不致发生疲劳。

（二）心动周期和心率

1. 心动周期 心脏每收缩和舒张一次，称为一个心动周期。在一个心动周期中，心脏各部分的活动遵循一定的规律，又有严格的顺序性，一般分为三个时期：

心房收缩期：左、右心房基本上同时收缩，两心室处于舒张状态。

心室收缩期：左、右心室收缩，两心房已收缩完毕，进入舒张状态。

间歇期：心室已收缩完毕，进入舒张状态，而心房仍然保持舒张状态。

在心动周期中，由于心房和心室收缩期都比舒张期短，所以心肌在每次收缩后能够有效地补充氧和营养物质以及排出代谢产物。由于心房的舒缩对射血意义不大，所以一般都以心室的舒缩为标志，把心室的收缩期称心缩期，而把心室的舒张期称心舒期。

2. 心率 健康家畜单位时间内心脏搏动的次数称为心跳频率，简称心率。心率可因动物种类、年龄、性别、所处环境、地域等情况而不同。黄牛的心率为60～80次/min，水牛的心率30～50次/min，羊的心率为70～80次/min。

（三）心脏的泵血过程

1. 心房收缩期 此期正处于间歇期末，心室的压力低于心房的压力，房室瓣仍处于开放状态，所以心房收缩时，房内压升高，血液便通过开放的房室瓣进入心室，使心室血液更充盈。

2. 心室收缩期 心房收缩后，心室即开始收缩，室内压逐渐升高，当超过房内压时，将房室瓣关闭，使血液不能逆流回心房。室内压继续升高，当超过主动脉和肺动脉内压时，血液冲开动脉瓣，迅速射入主动脉和肺动脉内。心室收缩时，心房已处于舒张期，可吸引静脉血液流入心房。

3. 间歇期 心室开始舒张，室内压急剧下降，低于动脉内压时，动脉瓣立即关闭，防止血液逆流回心室。之后心室内压继续下降至低于房内压时，房室瓣开放，吸引心房血液流入心室，为下一个心动周期做准备。

（四）心音

心动周期中，由于心肌收缩、瓣膜启闭，引起血流振动产生的声音，称为心音。通常在胸壁的心区内可以听到。它由"通—嗒"两个声音组成，分别称第一心音和第二心音。

正常心音

第一心音为心缩音，在心脏收缩时，由于房室瓣关闭、腱索弹性震动，血液冲开主动脉瓣、肺动脉瓣及血液在动脉根部的震动以及心肌收缩心室壁的震动而产生。其特点是音调低而持续时间长。

第二心音为心舒音，在心脏的舒张期，心室内压突然下降、引起心室壁震动，主动脉瓣、肺动脉瓣关闭产生的震动。其特点是音调高而持续时间短。

（五）心排血量及其影响因素

1. 每搏输出量和每分输出量 心脏收缩时，从左、右心室射进动脉的血量基本上是相等的。每一个心室每次收缩排出的血量称每搏输出量。每个心室每分钟排出的血液总量称为每分输出量。一般所说的心排血量是指每分输出量。它是衡量心脏功能的一项重要指标。每分输出量大致等于每搏输出量和心率的乘积，即：

$$心排血量 = 每搏输出量 \times 心率$$

正常时，心排血量是随着机体新陈代谢的强度而改变。新陈代谢增强时，心排血量也会相应增加。心脏这种能够通过增加心排血量来适应机体需要的能力，称为心脏的储备力。当心脏的储备力发挥到最大限度后，仍不能适应机体的需要时，即发生心力衰竭。

2. 影响心排血量的主要因素 决定心排血量的因素是每搏输出量和心率，而每搏输出量的大小主要受静脉回流量和心室肌收缩力的影响。

（1）静脉回流量。当静脉回心血量增加时，心室容积相应增大，收缩力加强，每搏输出量就增多；反之，静脉回心血量减少，每搏输出量也减少。

（2）心室肌收缩力。在静脉回流量和心舒末期容积不变的情况下，心肌可在神经系统和各种体液因素的调节下，改变其收缩力量。心肌收缩力量增强，使心缩末期的容积比正常时进一步缩小，减少心室的残余血量，从而使每搏输出量明显增加。

（3）心率。心率在一定范围内加快能够增加心排血量。但心率过快会使心动周期的时间缩短，特别是舒张期的时间缩短。这样就会造成心室还没有被血液完全充盈的情况下进行收缩，结果每搏输出量减少。此外，心率过快会使心脏过度消耗供能物质，从而使心肌收缩力降低。所以，动物心力衰竭时，尽管心率增快，但并不能增加心排血量而使循环功能好转。

五、血管生理

（一）动脉血压和动脉脉搏

1. 动脉血压 血压是指血液在血管内流动时对血管壁产生的侧压力，通常用千帕（kPa）来表示。通常所说的血压是指动脉血压。

动脉血压（动画）

在一个心动周期中，动脉血压随心室的舒缩而不断变化。在心室收缩期，动脉血压升高，其最高值，称为收缩压。在心室舒张期末，动脉血压降至最低值，称为舒张压。收缩压与舒张压的差值，称为脉搏压，它可以反映动脉管壁的弹性。动脉管壁弹性良好可使脉搏压减小，弹性下降则脉搏压上升。

动脉血压的影响因素（动画）

动脉血压的数值主要取决于心排血量和外周阻力，因此，凡是能影响心排血量和外周阻力的各种因素，都影响动脉血压。

2. 动脉脉搏

（1）动脉脉搏的形成。每次心室收缩时，血液射向主动脉，使主动脉内压在短时间内迅速升高，富有弹性的主动脉管壁向外扩张。心室舒张时，主动脉内压下降，血管壁又发生弹性回缩而恢复原状。因此，心室的节律性收缩和舒张使主动脉壁发生同样节律扩张和回缩的振动。这种振动沿着动脉管壁以弹性压力波的形式传播，形成动脉脉搏。通常临床上所说的脉搏就是指动脉脉搏。

（2）动脉脉搏的临床意义。由于脉搏是心搏动和动脉管壁的弹性所产生，它不但能够直接反映心率和心动周期的节律，而且能够在一定程度上通过脉搏的速度、幅度、硬度、频率等特性反映整个循环系统的功能状态。所以检查动脉脉搏有很重要的临床意义。

检查脉搏一般选择比较接近体表的动脉，牛在尾中动脉。

（二）静脉血压和静脉血回流

血液对静脉管壁的侧压力，称为静脉血压。右心房作为体循环的终点，血压最低，接近于零。血液在静脉内的流动，主要依赖于静脉与右心房之间的压力差。能引起这种压力差发生变化的任何因素都能影响静脉内的血流，从而改变由静脉流回右心室的血量，即静脉回心血量。影响静脉回流量最主要的因素有：

1. 血压差促使血液回流　动物躺卧时，全身各大静脉大都与心脏在同一水平，由于远心段静脉血压依次向近心段降低，所以单靠静脉系统中各段的血压差就可以推动血液流回心脏。

2. 胸腔负压的抽吸作用　呼吸运动时胸膜腔内产生的负压变化，是影响静脉回流的另一因素。胸膜腔内压比大气压低，吸气时更低。由于静脉管壁薄而柔软，故吸气时，胸腔内的大静脉受到负压牵引而扩张，使静脉容积增大，内压下降，因而对静脉回流起抽吸的作用。

3. 骨骼肌的挤压作用　骨骼肌收缩时能挤压附近静脉，提高静脉内压力，使其中的血液推开瓣膜产生向心性流动。

（三）微循环及其特点

血液循环的主要功能是完成体内的物质运输，实现血液与组织细胞间的物质交换。血液与组织间的物质交换是在微动脉与微静脉之间的毛细血管网实现的，这部分血管网的结构机能具有适应于物质交换需要的特性，因此将毛细血管网的血液循环称为微循环。

典型的微循环由微动脉、后微动脉、毛细血管前括约肌、真毛细血管、通血毛细血管、动－静脉吻合支和微静脉等部分组成。微动脉的管壁有环形的平滑肌，其收缩和舒

图 2-56　微循环模式
1. 小动脉　2. 中间小动脉　3. 前毛细血管　4. 直捷通路
5. 真毛细血管　6. 小静脉　7. 动静脉短路　8. 前括约肌
（山东省畜牧兽医学校. 2000. 家畜解剖生理. 第三版）

张可控制微血管的血流量。在真毛细血管起始端通常有1～2个平滑肌细胞，形成一个环，即毛细血管前括约肌，该括约肌的收缩状态决定进入真毛细血管的血流量（图2-56）。

在微循环系统中，血液由小动脉到小静脉有三条不同的途径：

1. 直捷通路　其基本路径是微动脉→后微动脉→通血毛细血管→微静脉。这一通路途径较短，血流快并经常处于开放状态，物质交换功能较小。这一途径主要是促使血液迅速通过微循环而由静脉回流入心。

2. 营养通路　又称迂回通路，其基本路径是微动脉→后微动脉→真毛细血管网→微静脉。这一通路管壁薄，途径长，血流速度慢，通透性好，有利于物质交换，是血液与组织细胞进行物质交换的主要场所。

3. 动—静脉短路 其基本路径是微动脉→动静脉吻合支→微静脉。这一通路管壁较厚，途径最短，血流速度快，但经常处于关闭状态。它基本无物质交换作用，但对体温调节有一定的作用。

（四）组织液与淋巴液

存在于血管外组织细胞间隙中的液体，称为组织液。体内绝大部分组织液呈凝胶状态，不能自由流动，故组织液不会因重力作用而流向身体的低垂部位。它构成了组织细胞与血液之间进行物质交换的必需环境。

1. 组织液的生成与回流 组织液来自毛细血管血液。因毛细血管壁具有通透性，故除血细胞和大分子物质（如高分子蛋白质）外，水和其他小分子物质，如营养物质、代谢产物、无机盐等，都可以弥散或滤过的方式透过毛细血管壁，在血液和组织液之间进行交换。因此，组织液中各种离子成分与血浆相同，但蛋白质浓度明显低于血浆。

组织液是血浆滤过毛细血管壁形成的。液体通过毛细血管壁的滤过和重吸收取决于四个因素：即毛细血管血压、组织液胶体渗透压、组织液静水压、血浆胶体渗透压。其中，毛细血管血压和组织液胶体渗透压是促使液体由毛细血管内向血管外滤过的力量（生成压），组织液静水压和血浆胶体渗透压是将液体从血管外重吸收入毛细血管内的力量（回流压）。滤过的力量和重吸收的力量之差，称为有效滤过压。

有效滤过压 =（毛细血管血压 + 组织液胶体渗透压）−（组织液静水压 + 血浆胶体渗透压）

如果有效滤过压为正值，则血浆中的液体由毛细血管滤出，形成组织液；如果为负值，则组织液回流入血液。一般在毛细血管动脉端组织液生成，在静脉端部分组织液回流入血液（图2-57）。

一部分组织液进入毛细淋巴管内生成淋巴液，简称淋巴。

微循环的结构与功能（动画）

图 2-57 组织液生成与回流示意

（南京农业大学．1998．家畜生理学．第三版）

2. 影响组织液和淋巴液生成的因素 组织液的生成与回流是由有效滤过压决定的，因此影响有效滤过压的因素，均可影响组织液和淋巴液的生成。

（1）毛细血管血压。凡能使毛细血管血压升高的因素都可促进组织液和淋巴液的生成。

（2）血浆胶体渗透压。在正常生理状况下，血浆胶体渗透压的变化幅度很小，不会成为引起有效滤过压明显变化的因素。在病理状况下，如某些肾疾患，因有大量蛋白尿，使血浆蛋白质损失,血浆胶体渗透压降低,导致有效滤过压升高,组织液生成量增加,回流减少,可出现水肿。

(3) 毛细血管壁的通透性。组织活动时代谢增强,能使局部温度升高,pH降低,氧消耗增加等,这些都可以使毛细血管壁通透性增大,促进组织液和淋巴液的生成。

(4) 淋巴回流。由于一部分组织液经淋巴管回流入血液,因此,如淋巴回流受阻,在受阻部位远端的组织间隙中组织液积聚,也可引起水肿,如丝虫病引起的肢体水肿等。

任务十四 心血管系统技能训练

技能训练一 心脏形态结构的识别

【目的要求】认识心脏的形态构造。

【材料及设备】牛心脏的新鲜标本、解剖器械。

【方法步骤】

(1) 观察心包,心包的壁层和紧贴心脏的心外膜之间构成心包腔,腔内有少量滑液。

(2) 剥去心包,观察心脏的外形、冠状沟、室间沟、心房、心室及连接在心脏上的各类血管。

(3) 切开右心房、右心室和右房室口。观察右心房和前、后腔静脉入口,用尺量心房肌的厚度(记录)。观察右心室和肺动脉口的瓣膜,右心室的厚度(记录)、乳头肌、腱索。观察右房室瓣,注意腱索附着点。

(4) 切开左心室、左心房和左房室口。观察左心室壁,测量其厚度并和右心室壁作比较。观察左房室口的瓣膜,并和右房室瓣作比较。观察左心房,找到肺静脉的入口。沿左房室瓣深面找到主动脉口并做纵行切口,观察主动脉瓣的结构。

【技能考核】在牛的心脏新鲜标本上或模型上识别心基、心尖、冠状沟、心房、心室、房室瓣、动脉瓣和进出心脏的血管。

技能训练二 血细胞形状构造的识别

【目的要求】准确识别血液中各种血细胞的形态、构造。

【材料及设备】显微镜、血涂片。

【方法步骤】用高倍镜或油镜观察血涂片,识别红细胞和各种白细胞的形态结构。

【方法步骤】绘出各种血细胞的形态结构图。

技能训练三 牛心脏体表投影位置与静脉注射、脉搏检查部位的识别

【目的要求】能准确地在活体上找到牛心脏的体表投影位置和静脉注射、脉搏检查部位,正确地听诊心音和检查脉搏。

【材料及设备】牛、保定设备、采血针头、听诊器。

【方法步骤】

(1) 将牛驻立保定。

项目二 牛(羊)解剖生理

(2) 心脏体表投影的确定：左侧，肩关节水平线下，第3~6肋间的肘窝处。用听诊器听诊心音，并分辨第一、第二心音。

(3) 牛采血与静脉注射部位的确定：确定牛颈静脉沟的位置，用采血针采血，确认常用的采血、静脉注射部位。

(4) 脉搏的检查：距尾根10cm处找到尾中动脉，检查脉搏。

【技能考核】在牛活体上，指出心脏的体表投影、静脉注射和检查脉搏的部位，能正确地听诊心音、检查脉搏。

复习思考题

1. 名词解释：内环境、自动节律性心音、心率、脉搏、血压、心排血量、心动周期、窦性心律、代偿间歇、碱贮。
2. 叙述心腔的构造，并说明心音产生的原因。
3. 结合凝血过程，说明防止和加速血凝的措施。
4. 结合组织液的生成与回流，说明水肿发生的机理。
5. 影响心排血量的因素有哪些？
6. 简述颈静脉注射药物时药物在血管内的运输路径。
7. 影响静脉回流的因素有哪些？
8. 简述各类白细胞的生理功能。

什么是血型（动画）

任务十五　免疫系统认知

学习目标

了解免疫细胞、免疫组织、免疫器官的概念及免疫系统的组成和作用；掌握牛常检淋巴结、脾的形态、位置和机能。能在显微镜下识别淋巴结、脾的组织结构；在牛尸体和活体上找到常检淋巴结。

免疫系统由免疫器官、免疫细胞和免疫分子组成。

一、免疫器官

免疫器官包括中枢免疫器官和周围免疫器官。中枢免疫器官有骨髓、胸腺，它们是免疫细胞发生、分化和成熟的场所，其共同特点是发生早、退化早。周围免疫器官有淋巴结、脾、扁桃体和血淋巴结等，它们是T细胞、B细胞定居和抗原进行免疫应答的场所。

(一) 中枢免疫器官

1. 骨髓　骨中的红骨髓可以生成血液中的一切血细胞，如：骨髓中多数干细胞经过增殖和分化，成为髓系干细胞和淋巴系干细胞。髓系干细胞是颗粒白细胞和单核吞噬细胞的前身；淋巴系干细胞则演变为淋巴细胞。淋巴细胞在骨髓内即可分化、成熟为B淋巴细胞，然后进入血液和淋巴,参与机体的免疫反应。

2. 胸腺 位于胸腔纵隔内和颈部。既是淋巴器官,又是内分泌器官。来自骨髓的淋巴干细胞在胸腺中受胸腺素和胸腺生成素等的诱导作用,增殖分化、成熟为具有免疫功能的T细胞,而后进入外周淋巴器官,参与机体的免疫反应。

牛的胸腺为粉红色的分叶状器官,质地柔软。犊牛胸腺发达,分颈、胸两部。颈部分左、右两叶,自胸前口沿气管、食管向前延伸至甲状腺的附近;胸部位于心前纵隔内。胸腺在性成熟以后逐渐退化,但并不完全消失,即使在老年期,在胸腺原位的结缔组织中,仍可发现小块有活动的胸腺遗迹。

(二)周围免疫器官

1. 淋巴结

(1) 淋巴结的形态位置。淋巴结位于淋巴管径路上,多位于凹窝或隐藏之处,大小不一,大的几厘米,小的只有1mm,多成群分布。形态有球形、卵圆形、扁圆形等。淋巴结在活体上呈淡红色,肉尸上略呈灰白色,淋巴结的一侧凹陷为淋巴结门,是血管、神经和淋巴管出入的地方;另一侧凸出,有多条输入淋巴管注入。

(2) 淋巴结的组织构造(图2-58)。淋巴结由被膜和实质构成。

①被膜:为覆盖在淋巴结表面的结缔组织膜。被膜结缔组织伸入实质形成许多小梁并相互连接成网,与网状组织共同构成淋巴结的支架。进入淋巴结的血管沿小梁分布。

②实质:淋巴结的实质可分为皮质和髓质。

皮质:位于淋巴结的外周,颜色较深。由淋巴小结、副皮质区和皮质淋巴窦组成。淋巴小结位于皮质区浅层,呈圆形或椭圆形,可分为中央区和周围区。中央区着色淡,除网状细胞外,主要有B淋巴细胞、巨噬细胞、少量的T淋巴细胞和浆细胞等。此区的淋巴细胞增殖能力较强,称为生发中心。周围区着色较深,聚

图2-58 淋巴结构造模式
1. 输入淋巴管 2. 生发中心 3. 髓质窦 4. 皮质窦
5. 淋巴小结 6. 输出淋巴管 7. 静脉 8. 动脉
9. 小梁 10. 髓索 11. 被膜

(山东省畜牧兽医学校.2000.家畜解剖生理.第三版)

集大量的小淋巴细胞。副皮质区为弥散淋巴组织,位于淋巴小结之间和皮质、髓质的交界处,是T淋巴细胞的主要分布区。在抗原的刺激下,该区的淋巴细胞可大量繁殖,离开淋巴结,经淋巴管而进入血液。皮质淋巴窦是位于被膜下、淋巴小结与小梁之间互相通连的腔隙,是淋巴流经的部位。窦内存在着网状细胞、淋巴细胞和巨噬细胞。窦壁由内皮细胞构成,壁上有孔,淋巴细胞和淋巴液可以自由进出。

髓质:位于中央部和门部,颜色较淡。由髓索和髓质淋巴窦组成。髓索是排列呈索状的淋巴组织,彼此吻合成网状,主要由B淋巴细胞组成,还有少量浆细胞和巨噬细胞。淋巴结功能活跃时,髓索发达,浆细胞多,产生抗体。髓质淋巴窦位于髓索之间和髓索与小梁之间,结构与皮质淋巴窦相同,接受来自皮质淋巴窦的淋巴,并将淋巴液汇入

输出淋巴管。

(3) 淋巴结的功能。淋巴结是体内最重要、分布广泛的免疫器官，通过淋巴细胞参与机体的免疫活动；巨噬细胞具有很强的吞噬能力，能吞噬由淋巴带来的异物和微生物；淋巴结还产生淋巴细胞，是重要的造血器官。

(4) 牛主要淋巴结的分布位置见图 2-59。

图 2-59 牛体浅层主要淋巴结
1. 腮腺淋巴结 2. 下颌淋巴结 3. 颈浅淋巴结 4. 髂下淋巴结
5. 坐骨淋巴结 6. 腘淋巴结
(董常生.2001.家畜解剖学.第三版)

肩前淋巴结

腘淋巴结

体液免疫形成过程（动画）

①下颌淋巴结：呈卵圆形，位于下颌间隙中，下颌血管切迹稍后，外侧与颌下腺前端相邻。收集头腹侧、鼻腔、口腔前部及唾液腺的淋巴。

②颈浅淋巴结：又称肩前淋巴结，位于肩关节前上方，臂头肌和肩胛横突肌深面。接受颈部、前肢和胸壁的淋巴，输出管汇入右气管淋巴干或胸导管。

③髂内淋巴结：分布于髂内动脉和旋髂深动脉起始部附近，一般1~4个，长1~5cm，接纳后肢、骨盆壁、盆腔器官和腰部的淋巴，输出管形成腰淋巴干。

④腹股沟浅淋巴结：母畜为乳房淋巴结，位于乳房基部后上方皮下，接纳乳房前庭、阴门及股部、小腿部皮肤的淋巴。公畜则为阴囊阴茎背侧淋巴结，位于精索之后，阴囊基部阴茎两侧。

⑤髂下淋巴结：又称股前或膝上淋巴结，位于股阔筋膜张肌前缘的膝襞中，为一个大而长的淋巴结，在体表即可触摸到。接纳腹壁、骨盆、股部、小腿部皮肤的淋巴。

⑥腘淋巴结：位于股二头肌、半腱肌与腓肠肌外侧头之间，接纳小腿部的淋巴。

⑦气管支气管淋巴结：位于气管分叉的附近，形状不规则。它主要接纳支气管、心肺的淋巴，汇入胸导管。

⑧肝门淋巴结：位于肝门附近，沿门静脉、肝动脉和胆管分布，牛一般1~3个，多则10个，羊2~4个。接纳肝、胰、十二指肠和皱胃的淋巴，输出管汇入腹腔淋巴干。

⑨肠系膜淋巴结：位于肠系膜前、后动脉附近和肠系膜中，数目很多。收集小肠、大肠各段的淋巴及其他腹腔淋巴，最后汇入肠淋巴干。

2. 脾 脾是体内最大的淋巴器官。

(1) 脾的形态和位置。牛脾呈长而扁的椭圆形，呈灰蓝色，质地稍硬，贴于瘤胃背囊的左前方。羊脾呈扁的钝角三角形，红紫色，质柔软，附着于瘤胃背囊的前上方。

(2) 脾的组织构造。

①被膜：为覆盖在脾表面的一层富含弹性纤维和平滑肌的结缔组织膜，其表面覆以浆膜。被膜伸入脾内部形成小梁，并吻合成网状，构成网状支架。被膜和小梁内的平滑肌舒缩，对脾的贮血量有重要的调节作用。

②实质：脾的实质又称为脾髓，由淋巴组织组成，可分为红髓和白髓。

红髓：由脾索和脾窦组成，因含有许多红细胞而呈红色。脾索为彼此吻合成网的淋巴组织索，除网状细胞外，还有B淋巴细胞、巨噬细胞、浆细胞和各种血细胞；脾窦即为血窦，分布于脾索之间，其形状、大小视血液充盈程度而变化。窦壁内皮细胞呈长杆状，沿脾窦长轴平行排列，内皮细胞之间有裂隙，基膜也不完整，这些均有利于血细胞从脾索进入脾窦。

白髓：主要由密集的淋巴组织构成，沿着动脉分布，分散于红髓之间。它分为动脉周围淋巴鞘和淋巴小结。动脉周围淋巴鞘为长筒状，淋巴组织紧包在中央动脉周围，它相当于淋巴结的副皮质区，主要是T细胞定居的地方，为脾的胸腺依赖区；淋巴小结又称为脾小体，结构与淋巴结的淋巴小结相似，位于淋巴鞘的一侧，亦有生发中心，主要由B淋巴细胞组成。

(3) 脾的功能。通过淋巴细胞活动参与机体的免疫活动；通过巨噬细胞的吞噬作用，清除流经脾的血液中的微生物和异物。此外，脾还是体内重要的造血和贮血器官。

3. 其他淋巴器官

(1) 血淋巴结。呈球状，暗红色，较小，主要位于血液循环的径路上。有一定的造血和免疫功能。

(2) 扁桃体。扁桃体在咽峡和鼻咽部的黏膜内，分为咽扁桃体和腭扁桃体，以腭扁桃体最发达。呈卵圆形隆起，表面有很多清晰的隐窝。

扁桃体无输入淋巴管又处于暴露位置，故抗原可从口腔直接感染。扁桃体的主要作用有两个：一是可产生淋巴细胞，二是对抗原起反应，构成全身防御系统的一部分。

4. 淋巴小结 在黏膜上皮下面的某些部位，有淋巴细胞密集形成的淋巴组织，称为淋巴小结。有的单个存在，称为孤立淋巴小结，有的集合成群，称为集合淋巴小结。

二、免疫细胞

（一）免疫细胞的种类

1. 淋巴细胞 淋巴细胞大小不一，一般在 $5\sim18\mu m$，胞核大，胞质少。它随血液周流全身，因而在机体的每个组织中都能找到。淋巴细胞不但能识别外来的"非己"物质，而且能辨别自己体内的成分，这种能力是淋巴细胞的主要特征，也是免疫反应的起点。现已发现的淋巴细胞有如下几种：

(1) T细胞。是骨髓的淋巴干细胞在胸腺分化、成熟的淋巴细胞，也称胸腺依赖性淋巴细胞，用胸腺（thymus）一词英文字头"T"来命名。该细胞成熟后进入血液和淋巴液，参与细胞免疫。

（2）B细胞。是淋巴干细胞直接在骨髓分化、成熟的淋巴细胞，为骨髓依赖性淋巴细胞。用骨髓（bone marrow）一词英文字头"B"命名。B淋巴细胞进入血液和淋巴后在抗原刺激下分化成浆细胞，产生抗体，参与体液免疫。

（3）K细胞。是发现较晚的淋巴样细胞，分化途径尚不明确，具有非特异性杀伤功能。它能杀伤与抗体结合的靶细胞，且杀伤力较强。

（4）NK细胞。又称自然杀伤细胞，它不依赖抗体，不需抗原作用即可杀伤靶细胞。尤其是对肿瘤细胞及病毒感染细胞，具有明显的杀伤作用。

2. 单核巨噬细胞系统 它是指分散在许多器官和组织中的一些具有很强的吞噬能力的细胞，这些细胞都来源于血液的单核细胞。主要包括疏松结缔组织中的组织细胞、肺内的尘细胞、肝血窦中的枯否氏细胞、血液中的单核细胞、脾和淋巴结内的巨噬细胞、脑和脊髓内的小胶质细胞等。血液中的中性粒细胞虽有吞噬能力，但不是由单核细胞转变而来，且只能吞噬细胞而不能吞噬较大的异物，因此不属于单核巨噬细胞系统。

单核巨噬细胞系统的主要机能是吞噬侵入体内的细菌、异物以及衰老、死亡的细胞，并能清除病灶中坏死的组织和细胞；在炎症的恢复期参与组织的修复；肝中的枯否氏细胞还参与胆色素的制造等。

3. 抗原提呈细胞 指在特异性免疫应答中，能够摄取、处理、转递抗原给T细胞和B细胞的细胞，其作用过程称为抗原提呈。有此作用的细胞主要有巨噬细胞、B细胞、周围淋巴器官中的树突状细胞、指状细胞及真皮层中的朗汉斯细胞等。

4. 粒性白细胞 细胞质中含有颗粒的白细胞称粒性白细胞。其中，中性粒细胞除具有吞噬细菌、抗感染能力外，尚可与抗原、抗体相结合，形成中性粒细胞—抗体—抗原复合物，从而大大加强对抗原的吞噬作用，参与机体的免疫过程；嗜碱性粒细胞主要参与体内的过敏性反应和变态反应；嗜酸性粒细胞与免疫反应过程密切相关，常见于免疫反应的部位，有较强的吞噬能力，抗寄生虫的作用也较强。

（二）免疫细胞的功能

淋巴细胞、巨噬细胞是免疫活动的骨干细胞。淋巴细胞能首先识别抗原为外来物，而后给予应答，不同的淋巴细胞采取不同的应答方式：一种是淋巴细胞分化为浆细胞，进而产生抗体；另一种是淋巴细胞分化成能执行细胞免疫的细胞，而后由这种细胞去直接破坏抗原。巨噬细胞的免疫则较少有特异性，其免疫方式主要是直接吞噬抗原，或以免疫源的形式将抗原提供给淋巴细胞群。巨噬细胞和淋巴细胞间相互作用，并与免疫系统发生广泛的联系。

三、淋　巴

淋巴是免疫系统重要的组成部分，同时又是体内主要的体液之一，它和血液、组织液关系密切。淋巴液来源于组织液，组织液来源于血液，而淋巴液最后又回到了血液，三者密切相关，任何一方出现变化都将对其他两方发生影响。

（一）淋巴的生成

淋巴是组织液透过毛细淋巴管壁进入毛细淋巴管而形成的。毛细淋巴管是以盲端起始于组织间隙，管壁极薄，通透性极强，允许较大的蛋白质分子和脂肪微粒直接进入淋巴管。在生理条件下，组织液压力大于毛细淋巴管内的压力，所以组织液可顺利进入毛细淋巴管盲端而生成淋巴。当运动时，血流量增大，静脉压升高，淋巴的生成速度也加快。

（二）淋巴管

淋巴生成后，沿毛细淋巴管—淋巴管—淋巴导管—前腔静脉或颈静脉回流到血液。

1. 毛细淋巴管 以盲端起始于组织间隙，并彼此吻合成网，通透性大于毛细血管，可使组织液中的大分子物质如细菌、异物等较易进入毛细淋巴管内。因而当动物受到感染时，其炎症病灶首先要在淋巴系统表现出来。

2. 淋巴管 由毛细淋巴管汇合而成，其形态构造与静脉相似，但管径较细，数量较多，管壁较薄，管内瓣膜较多。淋巴管行进过程中要经过许多淋巴结。

3. 淋巴导管 全身的淋巴管最后汇集成两条最大的淋巴导管，并与静脉血管相连接。

（1）胸导管。起始于最后胸椎到第二、三腰椎腹侧面的乳糜池（长梭形，是胸导管的起始段，收集肠道来的淋巴，因含有大量脂肪，呈乳白色，所以称乳糜池），而后沿主动脉右侧前行，在胸腔通过食管和支气管左侧下行，注入前腔静脉左侧或左颈静脉。乳糜池和胸导管沿途主要收集后肢、腹壁、腹腔、骨盆壁及骨盆腔内器官、左侧胸壁、左肺、左心、左头颈部、左前肢的淋巴。

（2）右淋巴导管。是由右侧头颈部、右前肢、右侧胸壁的淋巴导管汇集而成。较胸导管短小，位于斜角肌深层。最后注入右颈静脉或前腔静脉右侧。

（三）淋巴的生理意义

淋巴是体液的重要组成部分，其生理意义在于：

1. 调节血浆和组织细胞之间的体液平衡 淋巴的回流虽然缓慢，但对组织液的生成与回流平衡却起着重要的作用。如果淋巴回流受阻，可引起淋巴淤积而出现组织液增多，局部肿胀等症状。

2. 免疫、防御、屏障作用 淋巴在循环、回流入血过程中，要经过免疫系统的许多器官，而且液体中含有大量免疫细胞，能有效地参与免疫反应，清除细菌、异物等抗原，产生抗体。所以，淋巴系统具有重要的免疫、防御、屏障作用。

3. 回收组织液中的蛋白质 由毛细血管动脉端滤出的血浆蛋白，不可能逆浓度差从组织间隙重吸收入毛细血管，只有经过淋巴回流，才不至于在组织液中堆积。据测定，每天经淋巴回流入血的血浆蛋白约占循环血浆蛋白总量的四分之一。

4. 运输脂肪 由小肠黏膜上皮细胞吸收的脂肪微粒，主要经肠绒毛内毛细淋巴管回收，然后经过乳糜池—胸导管回流入血。因而胸导管内的淋巴液呈现白色乳糜状。

Z 知识链接
HISHI LIANJIE

自从19世纪路易斯·巴斯德（Louis Pasteur）发现微生物是引起炎症的罪魁祸首以来，医学界一直把注意力集中在使用抗生素治疗细菌感染的疾病。但长期使用抗生素会带来许多负面作用，它不但会造成肝、肾的损伤，而且会使人体产生抗药性。而机体免疫系统可对入侵抗原（细菌、病毒等）进行识别并产生抗体，对机体进行自我保护。利用免疫学原理发展免疫治疗技术和生物工程技术并将其运用于医学临床，可减少抗生素在临床上的应用，减少长期应用抗生素对人体的伤害。

项目二　牛（羊）解剖生理

任务十六　免疫系统技能训练

技能训练一　牛（羊）淋巴结、脾形态结构和位置识别

【目的要求】在新鲜标本上识别主要淋巴结和脾。

【材料及设备】牛（羊）的尸体标本、解剖器械。

【方法步骤】在牛（羊）的尸体标本上找到下颌淋巴结、颈深淋巴结、肩前淋巴结、腋淋巴结、肘淋巴结、股前（膝上）淋巴结、腘淋巴结、腹股沟深淋巴结、腹股沟浅淋巴结、纵隔后淋巴结、腹腔淋巴结、肠系膜淋巴结和脾。

【技能考核】在牛或羊的标本上，识别上述淋巴结和脾。

技能训练二　淋巴结和脾组织结构的识别

【目的要求】识别淋巴结和脾的组织构造。

【材料及设备】淋巴结和脾的组织切片、显微镜。

【方法步骤】

1. 淋巴结的观察　先用低倍镜后用高倍镜观察淋巴结切片的下列构造：被膜、淋巴小结、副皮质区、皮质淋巴窦、髓索和髓窦。

2. 脾的观察　先用低倍镜后用高倍镜观察脾组织切片的下列构造：被膜、脾小梁、脾小体、髓索和髓窦。

【技能考核】在显微镜下找到淋巴结和脾的主要结构，绘出淋巴结和脾的组织结构图。

复习思考题

1. 名词解释：单核巨噬细胞系统、免疫、抗原提呈。
2. 血液、组织液、淋巴液三者之间有何关系？
3. 兽医临床和卫生检疫常检的体表淋巴结有哪些？位置在哪里？
4. 为什么检查淋巴结可以判断动物是否患有疾病？

任务十七　神经系统与感觉器官认知

学习目标

了解神经系统的组成及功能，掌握植物性神经的结构与功能特点，理解条件反射的概念、形成机理。能识别脑、脊髓的形态结构。

一、神经系统的构造

神经系统是畜体的调节系统,它既调节畜体内各器官的活动,使之协调成为统一整体,又能使畜体适应外界环境的变化,保证畜体与环境间的相对平衡。

神经系统结构和功能的基本单位是神经元。神经元借突触彼此连接构成了整个中枢和外周神经。神经细胞体大部分位于中枢内,构成脑和脊髓的灰质;小部分形成外周神经节。突起即神经纤维,在中枢形成脑、脊髓的白质,在外周形成神经。神经与感受器和效应器相联系形成各种末梢器官。

(一) 中枢神经

1. 脊髓 是较低级的中枢。

(1) 脊髓的形态位置。脊髓位于脊椎管内,呈背腹稍扁的圆柱状,前端经枕骨大孔与延髓相连,后端至荐骨中部。脊髓分为颈、胸、腰和荐四部分,有两个膨大部位:颈、胸交界处形成颈膨大,由此发出支配前肢的神经;腰、荐交界处形成腰膨大,由此发出支配后肢的神经。腰膨大之后脊髓逐渐缩小呈圆锥状,称脊髓圆锥,向后伸出细丝,称终丝。终丝与其左右两侧的神经根聚集成马尾状,合称马尾。

脊髓背侧有一背正中沟,腹侧有一正中裂。脊髓两侧发出成对的脊神经根,每一脊神经根又分为背根和腹根。较粗的背根上有一膨大部,称脊神经节,是感觉神经元的胞体所在处,由此发出感觉神经纤维,专管感觉,又称感觉根;腹根是由腹角运动神经元发出运动神经纤维,专管运动,称为运动根。背根和腹根在椎间孔处合并为脊神经出椎间孔。

(2) 脊髓的结构。脊髓中部为灰质,呈蝴蝶形,颜色较深;外周为白质,颜色较浅。在灰质中央有一个脊髓中央管(图2-60)。

①灰质:从横断面上看,灰质有一对背角和一对腹角,在胸腰段脊髓

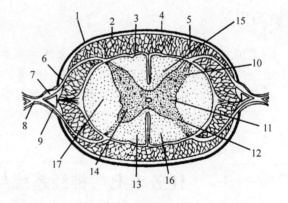

图2-60 脊髓横断面模式
1. 硬膜 2. 蛛网膜 3. 软膜 4. 硬膜下腔
5. 蛛网膜下腔 6. 背根 7. 脊神经节 8. 脊神经
9. 腹根 10. 背角 11. 侧角 12. 腹角 13. 白质
14. 灰质 15. 背索 16. 腹索 17. 侧索
(山东省畜牧兽医学校.2000.家畜解剖生理.第三版)

灰质还形成一个侧角。从脊髓纵向观，背角形成背侧柱，腹角形成腹侧柱，侧角形成侧柱。背角内有联络神经元的细胞体，腹角内有运动神经元的细胞体，在胸腰段脊髓的侧角内有交感神经元的细胞体。

②白质：白质由神经纤维构成，被灰质分成背侧索、腹侧索和侧索。背侧索位于两个背侧柱及背正中沟之间，主要由感觉神经元发出的上行纤维束构成；腹侧索位于两个腹侧柱及腹正中裂之间，主要由运动神经元发出的下行纤维束构成；侧索位于背侧柱和腹侧柱之间，它们由脊髓背侧柱的联络神经元的上行纤维束和来自大脑与脑干中间神经元的下行纤维束构成。一般靠近灰质柱的白质都是一些短的纤维，主要联络各段的脊髓，称为脊髓固有束。

2. 脑 脑是神经系统的高级中枢。位于颅腔内，大小与颅腔相适应。脑分为大脑、小脑和脑干三个部分，大脑位于前方，脑干位于大脑和脊髓之间，小脑位于脑干背侧（图 2-61～图 2-63）。

（1）脑干。由延髓、脑桥、中脑及其前端的间脑构成。脑干后连脊髓，前接大脑，是脊髓与大脑、小脑连接的桥梁。

①延髓：是脊髓向前的延续，形似脊髓，腹侧正中线两侧各有一纵行的由运动神经纤维

图 2-61 牛脑（背侧面）
1. 嗅球 2. 额叶 3. 大脑纵裂 4. 脑沟
5. 脑回 6. 枕叶 7. 小脑半球 8. 延髓
9. 小脑蚓部 10. 顶叶 11. 颞叶
(董常生.2001.家畜解剖学.第三版)

图 2-62 牛脑（外侧面）
1. 延髓 2. 斜方体 3. 脑桥 4. 大脑脚 5. 嗅沟 6. 梨状叶
7. 垂体 8. 漏斗 9. 视神经 10. 脑岛 11. 嗅三角 12. 嗅回 13. 嗅球 14. 小脑
15. 大脑横裂 16. 外薛氏沟 17. 外缘沟 18. 上薛氏沟 19. 横沟 20. 大脑外侧沟
21. 冠状沟 22. 背角沟 23. 前薛氏沟
Ⅲ. 动眼神经 Ⅴ. 三叉神经 Ⅵ. 外展神经 Ⅶ. 面神经 Ⅷ. 前庭耳蜗神经
Ⅸ. 舌咽神经 Ⅹ. 迷走神经 Ⅺ. 副神经 Ⅻ. 舌下神经
(董常生.2001.家畜解剖学.第三版)

束形成的隆起称锥体。锥体的大部分运动神经纤维束在其后部向对侧交叉，称锥体交叉。延髓背侧面的前部扩展，形成第四脑室底壁后半部分。背侧及两侧各有一股纤维束，连于小脑。延髓中含有与唾液分泌、吞咽、呼吸、心血管活动等有关的神经中枢。

②脑桥：位于延髓前方，腹侧面为横向隆起，内含横向纤维，是连接大脑与小脑的重要通道。其背侧面构成第四脑室底壁的前部。

图2-63　牛脑的矢状面

1. 脊髓　2. 延髓　3. 脑桥　4. 小脑　4′. 小脑树　5. 四叠体
6. 丘脑间黏合　7. 松果体　8. 灰结节和漏斗　9. 垂体　10. 视神经　11. 大脑半球　12. 胼胝体
13. 穹隆　14. 透明中隔　15. 嗅球　16. 后髓帆和脉络丛　17. 前髓帆　18. 第三脑室脉络丛
a. 第四脑室　b. 中脑导水管　c. 第三脑室

（董常生．2001．家畜解剖学．第三版）

③中脑：位于脑桥前方，间脑后方。腹侧面有两条短粗的纵行纤维柱称大脑脚。背侧有四个丘形隆起，称四叠体。前方一对隆起较大，称前丘，与视觉反射有关；后方一对隆起较小，称后丘，与听觉反射有关。四叠体和大脑脚之间有中脑导水管，前接第三脑室，后通第四脑室。

④间脑。位于中脑的前方，大部分被两侧的大脑半球所覆盖，由丘脑和下丘脑组成。

丘脑为两个卵圆形的灰质块，两块以中间块相连。在灰质块间的矢状面有一环形间隙，称第三脑室，其前方经左、右脑室间孔与大脑半球内的侧脑室相通，后方经中脑导水管与第四脑室相通。丘脑后部外侧有两个隆起，分别称为内侧膝状体和外侧膝状体。前者是听觉冲动通向大脑皮层的联络站；后者是视觉冲动向大脑皮层传递的联络站。在丘脑的背侧后方与中脑的四叠体之间，有一椭圆形小体，称松果体，属于内分泌腺。

下丘脑（丘脑下部）位于丘脑腹侧，包括第三脑室侧壁下部的一些灰质核团，以及视交叉、灰结节、漏斗、脑垂体、乳头体等结构。还含有视上核、室旁核，它们分别能释放加压素和催产素。下丘脑是较高级的调节内脏活动的中枢。

（2）小脑。小脑略呈球形，位于延髓和脑桥背侧，其表面有许多凹陷的沟和凸出的回。小脑分为中间较窄且卷曲的蚓部和两侧膨大的小脑半球。小脑灰质主要覆盖于小脑半球的表面；小脑白质在深部，呈树枝状分布。白质中有分散存在的神经核。

（3）大脑。主要由左、右两个完全对称的大脑半球组成，借胼胝体相连。两个大脑半球内分别有一个呈半环形狭窄腔隙,称侧脑室,两侧脑室分别以室间孔与第三脑室相通。大脑半球由顶部的大脑皮质、内部的白质和基底核以及前底部的嗅脑等组成。

①皮质:大脑皮质是覆盖在大脑半球表面的灰质层,表面有很多沟状凹陷,称脑沟,脑沟之间有弯曲的隆起,称脑回。每个大脑半球根据机能和位置不同,可分五个叶,即额叶、顶叶、颞叶、枕叶、边缘叶。

②白质:大脑半球的白质位于皮质深面,主要由三种纤维组成。

连合纤维:是联系左、右大脑半球的横向神经纤维,构成胼胝体。

联络纤维:是联系同侧大脑半球各部分之间的神经纤维。

投射纤维:是大脑皮层与皮层下中枢相连联系的神经纤维,分上行(感觉)和下行(运动)两种,这些纤维都集中通过内囊。

以上这些纤维把脑的各部分与脊髓联系起来,再通过外周神经与各个器官联系起来,因而大脑皮质能支配所有的活动。

③基底核(纹状体):是大脑白质中基底部的灰质核团,主要有尾状核和豆状核,两核之间有白质(上、下行的投射纤维)构成的内囊。尾状核、内囊和豆状核都有灰、白质相间的条纹,称纹状体。一般认为,纹状体是锥体外系统发放冲动的一个重要联络站。

④嗅脑:主要包括位于大脑腹侧前端的嗅球以及沿大脑腹侧面延续的嗅回、梨状叶、海马等部分。其中有些结构与嗅觉有关,有些则与嗅觉无关,属于大脑边缘系统,具有更为复杂的功能。

3. 脑脊膜、脑脊液和血管

(1)脑脊膜。在脑和脊髓表面都包有三层膜,由外向内依次为硬膜、蛛网膜和软膜(图2-64)。它们有保护、支持脑和脊髓的作用。

①硬膜:是一层较厚而坚韧的致密结缔组织。在脑部,脑硬膜紧贴颅腔壁,无间隙。脊髓部分的脊硬膜与椎管内面骨膜之间形成的腔隙称硬膜外腔,腔内充满大量的脂肪和疏松结缔组织。兽医临床上常用硬膜外腔麻醉的方法麻醉脊神经根。硬膜与蛛网膜之间的腔隙称为硬膜下腔。

②蛛网膜:薄而透明,位于硬膜的深面。蛛网膜与软膜间的腔隙称为蛛网膜下腔,内有脑脊液。

③软膜:薄而富有血管,紧贴于脑和脊髓表面,分别称为脑软膜和脊软膜。软膜上的毛细血管突入各脑室腔内形成脉络丛,可产生脑脊液。

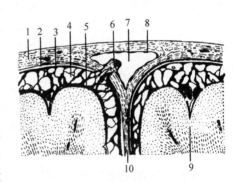

图2-64 脑脊膜构造模式
1.硬膜 2.硬膜下腔 3.蛛网膜
4.蛛网膜下腔 5.软膜 6.蛛网膜绒毛
7.静脉窦 8.内皮 9.大脑皮质 10.大脑镰
(山东省畜牧兽医学校.2000.
家畜解剖生理.第三版)

(2)脑脊液。是由脉络丛产生的无色透明液体,充满脑室、脊髓中央管及蛛网膜下腔。

脑脊液的主要作用是维持脑组织渗透压和颅内压的相对恒定;保护脑和脊髓免受外力的震荡;供给脑组织的营养;参与代谢产物的运输等。

(3)脑、脊髓的血管。脑的血液主要来自颈动脉及枕动脉,这些血管在脑底部吻合成一动脉环,由此分出小动脉分布于脑。脊髓的血液来自椎动脉、肋间动脉和腰动脉等分支,在脊髓腹侧汇合成一脊髓腹侧动脉，它沿腹正中裂伸延，分布于脊髓。静脉血则汇入颈内静脉和一些节段性的同名静脉。

（二）外周神经系统

外周神经系统是神经系统的外周部分，即除脑、脊髓以外，所有神经干、神经节、神经丛及神经末梢的总称。

外周神经可分为脑神经、脊神经和植物性神经。

1. 脑神经 共有12对，大多数从脑干发出。脑神经按其所含纤维传递功能不同，分为感觉性、运动性和混合性三类神经。其中第Ⅰ、Ⅱ、Ⅷ对脑神经是感觉神经；第Ⅲ、Ⅳ、Ⅵ、Ⅺ、Ⅻ对脑神经是运动神经；第Ⅴ、Ⅶ、Ⅸ、Ⅹ对脑神经是混合神经。在第Ⅲ、Ⅶ、Ⅸ、Ⅹ对脑神经中含有副交感神经纤维。脑神经的次序、名称、连结脑的部位及分布范围见表2-5。

表2-5 脑神经分布简表

顺序及名称	连脑部位	性质	分布范围	机能
Ⅰ嗅神经	嗅球	感觉	鼻黏膜嗅区	嗅觉
Ⅱ视神经	间脑	感觉	视网膜	视觉
Ⅲ动眼神经	中脑	运动	眼球肌	眼球运动
Ⅳ滑车神经	中脑	运动	眼球肌	眼球运动
Ⅴ三叉神经	脑桥	混合	头部肌肉、皮肤、泪腺结膜、口腔齿髓、舌、鼻腔等	头部皮肤、口、鼻腔、舌等感觉，咀嚼运动
Ⅵ外展神经	延髓	运动	眼球肌	眼球运动
Ⅶ面神经	延髓	混合	鼻唇肌、耳肌、眼睑肌、唾液腺等	面部感觉、运动唾液的分泌
Ⅷ位听神经	延髓	感觉	内耳	听觉和平衡觉
Ⅸ舌咽神经	延髓	混合	舌、咽	咽肌运动、味觉、舌部感觉
Ⅹ迷走神经	延髓	混合	咽、喉、食管、胸腔、腹腔内大部分器官和腺体等	咽、喉和内脏器官的感觉和运动
Ⅺ副神经	延髓和颈部脊髓	运动	斜方肌、臂头肌、胸头肌	头、颈、肩带部的运动
Ⅻ舌下神经	延髓	运动	舌肌	舌的运动

脑神经名称的记忆口诀：一嗅二视三动眼，四滑五叉六外展，七面八听九舌咽，十迷一副舌下全。

2. 脊神经 是由背根（感觉根）和腹根（运动根）汇合而成。脊神经都是混合神经。按照从脊髓发出的部位分颈神经、胸神经、腰神经、荐神经和尾神经。

脊神经出椎间孔后，分为背侧支和腹侧支。背侧支较细，分布于脊柱背侧，如颈背部、鬐甲、背腰部的皮肤和肌肉；腹侧支较粗，分布于脊柱腹侧（胸腹壁）及四肢的肌肉和皮肤。脊神经分支很广，现将在生产和临床中常用脊神经腹侧支的分支分布情况介绍如下：

（1）躯干神经（图2-65）。

①膈神经：由第Ⅴ、Ⅵ、Ⅶ对颈神经腹侧支连合而成，经胸前口入胸腔，沿纵隔后行，分布于膈。

②肋间神经：为胸神经腹侧支。在每一肋间隙沿肋间动脉后缘下行，分布于肋间肌。其中最后一对肋间神经在第一腰椎横突末端前下缘进入腹壁，分布于腹肌和腹部皮肤，以及阴

囊皮肤、包皮或乳房等处。

③髂下腹神经（髂腹后神经）：为第一腰神经腹侧支。经过第二、三腰椎横突之间进入腹壁肌肉，分布于腹肌和腹部皮肤。

④髂腹股沟神经：为第二腰神经的腹侧支。沿第四腰椎横突末端的外侧缘延伸于腹肌之间，分布于腹肌、腹壁和股内侧皮肤。

（2）前肢神经（图2-66）。分布于前肢的神经由臂神经丛发出。臂神经丛是由最后三对颈神经腹侧支和第一对胸神经腹侧支连合而成，位于肩关节内侧。由此丛发出的神经有肩胛上神经、肩胛下神经、腋神经、桡神经、尺神经和正中神经等。其中正中神经是前肢最长的神经，由臂神经丛向下伸延到蹄。

图2-65 母牛的腹壁神经

1. 阴部神经 2. 精索外神经 3. 会阴神经的乳房支
4. 髂腹股沟神经 5. 髂下腹神经 6. 最后肋间神经

（范作良.2001.家畜解剖）

（3）后肢神经（图2-67）。分布于后肢的神经由腰荐神经丛发出。腰荐神经丛由后三对腰神经及前两对荐神经的腹侧支构成，位于腰荐部腹侧。由腰荐神经丛发出的神经有股神经、坐骨神经、胫神经、腓神经、跖内侧神经和跖外侧神经。

图2-66 牛的前肢神经

1. 肩胛上神经 2. 臂神经丛 3. 腋神经 4. 腋动脉 5. 尺神经
6. 正中神经和肌皮神经总干 7. 正中神经 8. 肌皮神经皮支 9. 桡神经

（范作良.2001.家畜解剖）

图2-67 牛的后肢神经

1. 坐骨神经 2. 肌支 3. 胫神经 4. 腓神经
5. 小腿外侧神经 6. 腓浅神经 7. 腓深神经

（范作良.2001.家畜解剖）

3. 植物性神经 主要分布到内脏，故又称内脏神经。植物性神经也是由感觉（传入）神经和运动（传出）神经组成，但通常所讲的植物性神经是指其运动神经。植树物性神经又可分为交感神经和副交感神经（图2-68）。

图2-68 植物性神经构造模式

1. 白质 2. 灰质 3. 背角 4. 侧角 5. 腹角 6. 背根 7. 腹根 8. 脊神经节
9. 交感神经干 10. 脊神经 11. 节前纤维 12. 交感神经的节后纤维 13. 椎神经节 14. 皮肤
15. 传入神经 16. 内脏传入神经纤维 17. 骨骼肌 18. 支配骨骼肌的传出神经纤维
19. 血管壁平滑肌 20. 支配血管的传出神经纤维 21. 皮质腺 22. 支配腺体的传出
神经纤维 23. 椎下神经节 24. 副交感神经的节后纤维 25. 内脏（肠或其他器官）

（山东省畜牧兽医学校.2000.家畜解剖生理.第三版）

(1) 植物神经与躯体神经的区别。

①躯体神经（脑、脊神经）支配骨骼肌；而植物性神经分布于平滑肌、心肌和腺体等。

②躯体神经从中枢发出后直接到达所支配的骨骼肌；而植物性神经从中枢发出，不直接到达效应器，需更换一个神经元，第二个神经纤维才能到达所支配的效应器。第一个神经元在中枢发出的纤维称节前纤维；第二个神经元在神经节中发出的纤维称节后纤维。

(2) 交感神经。中枢位于胸腰段脊髓灰质侧角中，外周部分包括交感神经干、神经节（脊椎两则椎神经节和椎下神经节）和神经丛等。节后纤维主要分布在内脏器官、血管、汗腺及竖毛肌等处。

①交感干分为颈部交感干、胸部交感干、腰部交感干及荐部交感干等。

②交感神经节主要有颈前神经节、星状神经节、腹腔肠系膜前神经节、肠系膜后神经节。

颈前神经节：呈纺锤形，位于寰枕关节下方。它发出的节后纤维随颈部动脉分布于头部血管、唾液腺、泪腺和瞳孔开大肌。

星状（颈胸）神经节：形态不规则，位于第一肋骨上端的内侧。其节后纤维分布于胸腔器官，如心、肺、气管、主动脉和食管。

腹腔肠系膜前神经节：位于腹腔动脉和肠系膜前动脉起始部周围。该神经节发出的节后纤维与迷走神经一起形成许多神经丛，随腹腔动脉和肠系膜前动脉分布于腹腔器官，如胃、肝、脾、胰、小肠、结肠、肾和肾上腺等。

肠系膜后神经节：位于肠系膜后动脉起始部，其节后纤维分布于结肠后部及生殖器官等处。

（3）副交感神经。中枢位于脑干和荐部脊髓。节后神经元位于器官内或器官附近。由脑干发出的副交感神经与某些脑神经一起行走，分布到头、颈和胸腹腔器官。其中迷走神经是体内行程最长、分布最广的混合神经。它由延髓发出，出颅腔后行，在颈部与交感神经干形成迷走交感干，经胸腔至腹腔，伴随动脉分布于胸腹腔器官。其节后纤维主要分布于咽、喉、气管、食管、胃、脾、肝、胰、小肠、盲肠及大结肠。

从荐部发出的副交感神经，形成2~3支盆神经。盆神经与腹后神经一起形成盆神经丛，分布于小结肠、直肠、膀胱和生殖器官。

（4）交感神经与副交感神经的区别。交感神经和副交感神经都是内脏运动神经，并且多数是共同支配一个器官，而交感神经在分布范围上更广泛一些。两者在起始部位、形态结构、分布范围和生理机能等方面各有特点。主要有以下几点不同：

①中枢部位不同。
②周围神经节的部位不同。
③节前纤维和节后纤维的比例不同。
④分布范围不同。
⑤两者的作用基本是颉颃的。

动作电位的产生机制（动画）

二、神经生理

（一）神经纤维生理

生理学上，把沿着神经纤维传播的兴奋，称神经冲动。

1. 神经纤维兴奋的产生

兴奋性突触传递（动画）

（1）静息电位。细胞、组织兴奋时发生的电位变化，称为生物电。实验证明，神经纤维和其他细胞一样，在静息状态下，细胞膜表面上的各点之间电位是相等的，而膜内外有明显的电位差，即内负、外正的电位，这种细胞膜内外的电位差，称静息电位（或膜电位）。细胞膜保持外正、内负的这种极化状态，称为极化。这种极化状态是神经纤维实现其特殊传导功能的先决条件，也是它对于刺激产生兴奋或抑制的物质基础。各种因素凡能消除或降低这种极化状态时，就将产生兴奋。反之，就会产生抑制。

抑制性突触传递（动画）

静息电位的产生，一般用"离子学说"来解释，是由于一些离子在细胞膜内、外两侧不均衡的分布而造成的。如细胞内 K^+ 浓度高，为膜外的 20~40 倍；而细胞膜外的 Na^+ 浓度约为膜内的 20 倍。在静息状态下，内侧的 K^+ 外流，而有机负离子不能外流，这样形成内负、外正的电位差。之所以产生上述电位和变化的电位，是由于细胞膜在不同情况下对不同离子有不同的通透能力。

(2) 动作电位。神经或肌肉细胞在兴奋时所产生的可传播的电位变化，称为动作电位。当神经纤维受到刺激而兴奋时，引起细胞膜的通透性改变，此时细胞膜对 Na^+ 的通透性突然发生瞬间的增大。膜外的 Na^+ 就依靠膜内外原有的 Na^+ 浓度差和外正内负的电位差的推动，而迅速向膜内扩散，先使膜内外原有的电位差迅速缩小，直至消除静息时膜两侧的极化状态，这个过程称去极化；随着更多的 Na^+ 继续流入膜内，去极化进一步发展，从而使膜内带正电位，膜外带负电位，这个过程称反极化；最后，使细胞膜恢复原来的通透性，又恢复为膜外为正、膜内为负的静息状态电位水平，这个过程称复极化。

在生理学上常把动作电位看作是细胞兴奋的标志。因而兴奋也成了动作电位的同义词。所以，兴奋性就可理解为在接受刺激时产生动作电位的能力。

(3) 神经纤维兴奋传导的速度。它主要受到两方面的影响，一是有无髓鞘，有髓鞘者传导快，无髓鞘者传导慢；二是神经纤维的粗细，直径大者传导快，直径小者传导慢。

①局部电流（学说）传导：一般是指无髓神经纤维某一点受到刺激而产生兴奋，即产生了动作电位，这个动作电位就会沿着无髓神经纤维一点一点地连续向两端传导，这就是兴奋在无髓神经纤维上的传导过程。

②跳跃式传导。有髓神经纤维的动作电位是沿着神经纤维从一个朗飞氏节跳到邻近的另一个朗飞氏节。这种传导方式，其传导兴奋的速度显然比无髓神经纤维或一般细胞的传导速度要快得多。

2. 神经纤维传递兴奋的一般特征

(1) 神经纤维的完整性。神经纤维传导冲动时，首先要求神经纤维在结构上和生理功能上是完整的，如果神经纤维被切断，冲动就不能通过切口向下传递；如果神经纤维受压、局部低温或麻醉药等作用，冲动也会发生降低或阻滞。

(2) 神经纤维的绝缘性。一条神经干内含有许多神经纤维，但是任何一条纤维的冲动，只能沿本身纤维传导，这样才能保证传递信息的准确性，使动物产生有效的反射活动。

(3) 神经纤维传导的双向性。刺激神经纤维的任何一点，所产生的冲动可沿纤维向两端同时传导，这就称传导的双向性。

(4) 相对不疲劳性。神经纤维始终保持其传导能力，具有相对的不疲劳性。

(5) 神经纤维传导冲动的不衰减性。就是神经纤维在传导神经冲动时，不论传导距离多远，其冲动的大小、数目和速度自始至终不变的特性。这就保证了机体调节机能的及时、迅速和准确。

(二) 反射中枢生理

中枢是指中枢神经系统内对某一特定生理机能具有调节作用的神经细胞群。

1. 突触与突触传递

(1) 突触的概念。广义地说突触就是神经元之间或神经元与效应器之间传递信息的结构，是细胞间传递信息的主要形式。

(2) 突触传递。分为兴奋性突触传递和抑制性突触传递。

①兴奋性突触传递过程：当动作电位传至轴突末梢时，使突触前膜兴奋，并释放兴奋性化学递质，递质经突触间隙扩散到突触后膜，与后膜的受体结合，使后膜对 Na^+、K^+，尤其是对 Na^+ 的通透性升高，Na^+ 内流，使后膜出现局部去极化，这种局部电位变化，称为

兴奋性突触后电位。单个兴奋性突触产生的一次兴奋性突触后电位，所引起的去极化程度很小，不足以引发突触后神经元的动作电位。只有同一突触前末梢连续传来多个动作电位，或多个突触前末梢同时传来一排动作电位时，突触后神经元将许多兴奋性突触后电位叠加起来，使电位幅度加大。当达到阈电位时，便引起突触后神经元的轴突始段首先爆发动作电位，然后产生扩布性的动作电位，并沿轴突传导，传至整个突触后神经元，表现为突触后神经元的兴奋，此过程称兴奋性突触传递。

②抑制性突触传递过程：当抑制性中间神经元兴奋时，其末梢释放抑制性化学递质。递质扩散到后膜与后膜上的受体结合，使后膜对 K^+、Cl^-，尤其是对 Cl^- 的通透性升高，引起 K^+ 外流和 Cl^- 内流，使后膜两侧的极化加深，即超极化。此超极化电位称为抑制性突触后电位，这个过程称抑制性突触传递。

2. 反射活动 反射是神经系统活动的基本形式。所谓反射，是指机体感受器受到内、外环境的刺激，通过神经系统的活动而发生的反应。其结构基础是反射弧，由感受器、传入神经、中枢、传出神经、效应器五部分组成。

中枢传递兴奋主要有以下几种特征：

(1) 单向传递。在中枢神经系统中，冲动只能沿着特定的方向和途径传播，即感受器兴奋产生冲动通过传入神经传到中枢，中枢通过传出神经传到效应器，这种现象称为单向传递。中枢兴奋的单向传递，保证了神经系统的调节和整合活动能够有规律地进行。

(2) 中枢延搁。从刺激作用于感受器起，到效应器发生反应所经历的时间，称为反射时。其中兴奋通过突触时所经历的时间较长，即所谓突触延搁。兴奋在中枢内通过突触所发生的传导速度明显减慢的现象，称为兴奋的中枢延搁。

(3) 总和。在突触传递过程中，突触前末梢的一次冲动引起释放的递质不多，只引起突触后膜的局部去极化，产生兴奋性的突触后电位。如果同一突触前末梢连续传来多个冲动，或多个突触前末梢同时传来一排冲动，则突触后神经元可将所产生的突触后电位总和起来，待达到阈电位水平时，就使突触后神经元兴奋，产生动作电位，前者称为时间总和，后者称为空间总和，二者都称为中枢内兴奋的总和。

(4) 扩散与集中。由机体不同部位传入中枢的冲动，常最后集中传递到中枢同一部位。这种现象称为中枢兴奋的集中。例如饲喂时，由嗅觉、视觉和听觉器官传入中枢的冲动，可共同引起唾液分泌中枢的兴奋，从而导致唾液分泌。从机体某一部位传入中枢的冲动，常不限于中枢的某一局部，而往往可引起中枢其他部位发生兴奋，这种现象称为中枢的扩散。例如，当皮肤受到强烈伤害性刺激时，所产生的兴奋传到中枢后，引起机体的许多骨骼肌发生防御性收缩反应的同时，还出现心血管、呼吸、消化和排泄系统等活动的改变，这就是中枢兴奋扩散的结果。

(5) 后放。在一个反射活动中，当刺激停止后，传出神经仍可在一定时间内连续发放冲动，使反射能延续一段时间，这种现象称为后放。

(6) 易疲劳性。在反射活动中，突触是反射弧中最易疲劳的部位。因为在经历了长时间的突触传递后，突触小泡内的递质将大大减少，从而影响突触传递而发生疲劳。

(三) 中枢神经系统的感觉机能

从机能上分，中枢神经系统又分为特异性传入系统和非特异性传入系统。

1. 特异性传入系统 从机体各种感受器传入的神经冲动进入中枢神经后（除嗅觉），均沿专一特定的传入通路到达丘脑,并在丘脑内更换神经元,再由丘脑发出上行纤维(投射纤维)达到大脑皮质的特定的区域引起特异性的感觉,称特异性传入系统。

2. 非特异性传入系统 在特异性传导系统的纤维,途经脑干时发出侧支与脑干网状结构内的神经元发生突触联系,传入冲动到网状结构与很多神经元作用后,失去了各种感觉的特异性,然后抵达丘脑,从丘脑再发出纤维弥散地投射于大脑皮质,称非特异传入系统。其生理作用是激动整个大脑皮质,维持和提高其兴奋性,使大脑处于觉醒状态。

特异性传导系统与非特异性传导系统两者互相影响,互相依存,引起大脑皮层产生感觉。

(四)中枢神经系统的运动机能

大脑皮层是中枢神经系统控制和调节骨骼肌活动的最高级中枢,它是通过锥体系统和锥体外系统来实现的。

1. 锥体系统 皮质运动区内存在着许多大锥体细胞,这些细胞发出粗大的下行纤维组成锥体系统。其纤维一部分经脑干交叉到对侧,与脊髓的运动神经元相连,调节各小组骨骼肌参与的精细动作。如锥体系统受损坏,随意运动即消失。

2. 锥体外系统 除了大脑皮层运动区外,其他皮层运动区也能引起对侧或同侧躯体某部分的肌肉收缩。这些部分和皮质下神经结构发出的下行纤维,大部分组成锥体外系统。该系统调节肌肉群活动,主要是调节肌紧张,使躯体各部分协调一致。若锥体外系统受损伤,机体虽能产生运动,但动作不协调、不准确。

(五)中枢神经系统对内脏活动的调节

1. 植物性神经的机能 植物性神经的机能在于调节平滑肌、心肌和腺体(消化腺、汗腺及内分泌腺)的活动。内脏器官一般是受交感神经和副交感神经的双重支配,这两种神经对同一内脏器官的调节作用既是相反的,又互相协调统一。

(1)交感神经机能。交感神经的机能活动一般比较广泛,主要作用在于促使机体适应环境的急骤的变化(如剧烈运动、窒息和大失血等)。交感神经兴奋可使心脏活动加强加快,心率加快,皮肤与腹腔内脏血管收缩,促使大量的血液流向脑、心及骨骼肌;使肺活动加强、支气管扩张和肺通气量增大;使肾上腺素分泌增加,抑制消化及泌尿系统的活动。

(2)副交感神经机能。副交感神经活动比较局限,主要在于使机体休整,促进消化、贮存能量以及加强排泄,提高生殖系统功能。这些活动有利于营养物质的同化,增加能量物质在体内的积累,提高机体的储备力量。

2. 植物性神经末梢的兴奋传递

(1)植物性神经的化学递质。植物性神经末梢的兴奋传递与躯体运动神经末梢兴奋传递一样,都是通过神经末梢释放某些化学递质来实现的。副交感神经节的节后纤维末梢所释放的化学递质是乙酰胆碱。交感神经极少数释放乙酰胆碱,多数释放去甲肾上腺素。

胆碱能纤维就是能释放乙酰胆碱的神经纤维,主要包括副交感神经纤维、躯体运动神经纤维和少数的交感纤维;肾上腺素能纤维就是能释放去甲肾上腺素的神经纤维,主要包括大部分交感神经纤维末梢。

(2)受体。凡是能与乙酰胆碱结合的受体称胆碱能受体,主要分为毒蕈碱型受体(M)和烟碱型受体(N)。凡是能与去甲肾上腺素或肾上腺素结合的受体均称为肾上腺能受体,主要分为α型受体和β型受体等。

（3）递质的灭活。在正常情况下，从神经末梢释放的递质一方面作用于受体，另一方面又被各自相应的酶所破坏或移除。例如，乙酰胆碱在几毫秒内，即可被组织中的胆碱酯酶所破坏。去甲肾上腺素大部分被重新吸收回轴浆中，小部分被组织中的儿茶酚胺氧位甲基移位酶破坏，其重新被吸收和破坏的速度比较缓慢，所以交感神经发挥效应的时间较长。

> **知识链接**
>
> 动物发生有机磷中毒时，在使用特效解毒药解毒前，应先注射适量的阿托品。这是因为心肌表面的胆碱能受体是毒蕈碱型受体，它与乙酰胆碱的作用可被阿托品阻断。有机磷中毒发生时，心肌运动终板蓄积大量的乙酰胆碱，注射阿托品能阻断乙酰胆碱的作用，保护心肌不致过度抑制而停搏。

（六）皮层下各级中枢机能概述

1. 脊髓的机能

（1）传导机能。主要有传导感觉和运动冲动的机能。

（2）反射机能。能完成骨骼肌、内脏的简单的反射活动。如屈肌反射、牵张反射、排粪反射、排尿反射等。

2. 脑干的机能

（1）延髓的机能。传导机能；反射机能，包括呼吸中枢、心血管运动中枢、吞咽中枢和消化腺分泌反射中枢，有"生命中枢"之称。

（2）脑桥的机能。传导机能；反射机能，包括角膜反射、呼吸调整中枢等。

（3）中脑的机能。传导机能；反射机能，包括协调机体运动、视觉和听觉的低级中枢。如姿势反射（翻正反射）；朝向反射（探究反射）。

（4）脑干网状结构的机能。含有多种调节生命活动的中枢及传导机能。

①有调节内脏活动中枢，如心血管中枢、呼吸运动中枢。

②维持大脑皮层的兴奋水平，使大脑皮层保持觉醒状态。

③调节肌紧张。含有调节肌紧张的易化区及抑制区，具有调节运动平衡的作用。

3. 间脑的机能

（1）丘脑的机能。有感觉冲动的第三级神经元（除嗅觉外），对传入的冲动有粗略地分析和综合。即有一定的感觉机能，并上传到大脑相应区域。

（2）下丘脑的机能。

①有调节植物性神经、水的代谢、体温、摄食行为等功能。

②在性行为、生殖过程及情绪反应等方面起重要作用。

③分泌各种释放因子和激素，从而间接影响内脏活动，是调节内脏活动的较高级中枢。

4. 小脑的机能

（1）调节肌紧张，维持躯体平衡，如小脑损伤时会出现共济失调。

（2）使各种随意运动准确和协调。

（七）大脑皮层的机能

大脑皮层是主宰动物机体一切正常活动的最高级中枢。

1. 大脑皮层的主要机能分区 顶叶：躯体的感觉区；枕叶：视觉区；颞叶：听觉区；额叶：运动区；边缘叶：内脏感觉和运动协调区。

2. 条件反射 条件反射是大脑皮层在非条件反射基础上所形成的特有反射形式。一般把条件反射称高级神经活动。

（1）条件反射的形成。条件反射是一个复杂的过程。例如，动物采食时，食物入口引起唾液分泌，这是非条件反射。如在食物入口之前，给予哨声刺激，最初哨声和食物没有联系，只是作为一个无关的刺激而出现，哨声并不引起唾液分泌。但如果哨声与食物总是同时出现，经过多次结合后，只给哨声刺激也可引起唾液分泌，便形成了条件反射，这时的哨声就不再是与吃食物无关的刺激了，而成为食物到来的信号。可见，形成条件反射的基本条件，就是条件刺激与非条件刺激在时间上的结合，这一结合过程称强化。任何条件刺激与非条件刺激结合应用，都可以形成条件反射。

（2）影响条件反射建立的因素。

①在刺激方面：首先是条件刺激与非条件刺激多次反复紧密的结合；条件刺激必须在非条件刺激之前出现；刺激的强度要适宜；已建立起来的条件反射必须用非条件刺激去强化巩固，否则条件反射会逐渐消退。

②在机体方面：首先要求动物必须是健康的，大脑皮层是清醒的，有病或昏睡状态的动物不易形成条件反射；还应避免其他刺激对动物的干扰。

3. 条件反射与非条件反射的区别

（1）非条件反射。是先天遗传的，同种动物共有；有固定的反射弧，恒定；在大脑皮层以下各级中枢就能完成；非条件刺激引起，数量有限，适应性差。

（2）条件反射。后天获得的，在一定条件下形成，有个体差异；无固定反射弧，易变，不强化就消退；必须经过大脑皮层才能完成；条件刺激引起，数量无限，适应性强。

4. 家畜的行为 动物的"行为"一词，是指动物具有适应性意义的行动或活动状态。亦即动物机体对内在和外部环境条件的改变所做的调整性活动。

条件反射的形成（动画）

家畜主要有以下的功能性行为：

（1）摄食行为。包括采食、放牧和饮水行为。

（2）性行为。包括雌雄动物的性行为模式。

（3）母性行为。包括分娩、哺育、哺乳行为。

（4）群体行为或社会行为。包括依恋、争斗、优胜等级、领域和动物通讯等。

（5）应激状态。包括母仔分离、断乳、畜群变动、拥挤、运输、圈禁，以及屠宰等条件下的行为特征。

附：感觉器官

感觉器官主要包括触觉、嗅觉、味觉、视觉、听觉等器官。感觉器官能接受特定的刺激，并将刺激转化为冲动，通过特殊传导至中枢，经分析、综合而产生感觉。

一、视觉器官——眼

眼由眼球和眼球的辅助装置构成（图2-69）。

（一）眼球

由眼球壁、折光装置构成。

1. 眼球壁

（1）外膜（纤维膜）。由角膜、巩膜构成。角膜无色透明，富含感觉神经末梢，无血管。巩膜白色不透明，坚韧而厚，具有保护作用。

（2）中膜（血管膜）。富含血管和色素，有供给营养、吸收散光的作用。血管膜由虹膜、睫状体、脉络膜构成。虹膜位于眼球前部，形如圆盘，中央有圆孔为瞳孔；脉络膜紧贴于巩膜内面，是一层柔软而富含血管、色素的膜；睫状体是血管膜增厚的部分，位于角膜与巩膜交界处的内侧，由许多平滑肌构成，睫状体有产生房水、调节视力的作用。

图2-69 眼球构造模式
1. 上眼睑 2. 球结膜 3. 角膜 4. 瞳孔
5. 虹膜 6. 眼前膜 7. 眼后膜 8. 下眼睑
9. 泪腺 10. 眶上突 11. 晶状体 12. 玻璃体
13. 睫状小带 14. 睫状体 15. 视网膜
16. 脉络膜 17. 巩膜 18. 视神经

（山东省畜牧兽医学校.2000.家畜解剖生理.第三版）

（3）视网膜。由虹膜部、视部构成。虹膜部紧贴于虹膜，位于睫状体的内面，无感光作用，称盲部。视部衬贴于脉络膜里面，含有感光细胞，有感光作用。感光细胞有两种：一种是视锥细胞，对强光、有色光敏感；一种是视杆细胞，对弱光敏感。视网膜的神经细胞的轴突汇集于视乳头，形成视神经的起始部。

2. 折光装置 包括眼房水、晶状体、玻璃体。

（1）眼房水。为无色透明的液体，充满于眼房内。眼房是位于晶状体与角膜之间的腔隙，它被虹膜分为前房和后房，两房经瞳孔相通。

（2）晶状体。位于虹膜后方，形如双凸的透镜，无色透明而有弹性。其周围有睫状小带连于睫状体上，借睫状肌的收缩调节晶状体表面的曲度。

（3）玻璃体。无色透明的胶状物质，充满晶状体与视网膜之间，能曲折光线。

（二）眼球的辅助装置

1. 眼睑 俗称眼皮，为覆盖在眼球前方的皮肤褶，有保护作用。眼睑分为上、下眼睑，游离缘上具有睫毛。

2. 结膜 位于眼球与眼睑之间一层薄膜，淡红色。分为睑结膜和球结膜，二者之间形成结膜囊。位于眼内角的结膜褶称第三眼睑（也称瞬膜），呈半月形，常有色素，内有一片软骨。

3. 泪器 分为泪腺和泪道两部分。泪腺略呈卵圆形，位于眼球的背侧，有十余条泪道开口于结膜囊，分泌的泪液有湿润、清洁结膜的作用。多余的泪液经骨质的鼻泪孔至鼻腔，随呼吸排出。

4. 眼肌 附着在眼球外面的一小块随意肌，使眼球多方向转动。眼肌具有丰富的血管、神经，活动灵活，不易疲劳。

二、位听器官——耳

耳分为外耳、中耳、内耳。外耳和中耳有收纳和传导声波的装置；内耳藏有听觉感受器和位平衡感受器（图2-70）。

（一）外耳

外耳由耳郭、外耳道、鼓膜三部分构成。耳郭位于头部两侧，以软骨为基础，被覆皮肤。外耳道为耳郭基部至鼓膜之间的管道，管道皮肤内有由汗腺演变来的耵聍腺，其分泌物称耵聍（耳蜡）。鼓膜位外耳与中耳之间，是一层坚韧而有弹性的薄膜。

（二）中耳

中耳由鼓室、听小骨、咽鼓管构成。鼓室是位于颞骨内的一个含气的腔隙，内面被覆有黏膜。听小骨位于骨室内，由锤骨、砧骨、镫骨构成。咽鼓管是连接鼓室与咽的管道。

图2-70 耳构造模式
1. 鼓膜 2. 外耳道 3. 鼓室 4. 锤骨
5. 砧骨 6. 镫骨及前庭窗 7. 前庭 8. 椭圆囊和球囊
9. 半规管 10. 耳蜗 11. 耳蜗管 12. 咽骨管 13. 耳蜗窗
（范作良.2001.家畜解剖）

（三）内耳

内耳位于颞骨内，由迷路、位听感受器构成。迷路是曲折迂回的双层套管结构，分为骨迷路和膜迷路。骨迷路为骨质迷路，构成迷路的外层；膜迷路为一层膜性管，构成迷路的内层。在迷路内含有位觉器（前庭器）和听觉器（螺旋器）。

任务十八　神经系统技能训练

技能训练　脑、脊髓形态构造识别

【目的要求】掌握脑和脊髓的形态构造。

【材料及设备】脑和脊髓的浸泡标本，脑正中矢状面显示脑各部构造和脑室的标本、脑干标本，脑、脊髓形态构造挂图。

【方法步骤】

1. 脑

（1）脑的外部观察。在脑的背侧面观察大脑半球，小脑半球、蚓部、脑沟、脑回。在脑的腹侧面观察嗅球、视神经交叉、脑垂体、大脑脚、脑桥和延髓等。

（2）脑的各部结构。在脑的正中矢状面上，观察胼胝体、灰质、白质、延髓、脑桥、中脑、间脑及脑室等。

2. 脊髓 在标本上识别脊髓的外部形态和分段，观察背正中沟、腹正中裂、颈膨大、腰膨大、脊髓圆锥和马尾。

【技能考核】在牛脑、脊髓标本或模型上，指出脑、脊髓的上述结构。

复习思考题

1. 名词解释：神经中枢、灰质、白质、神经核、脑脊液、脑干。
2. 简述神经系统的组成和功能。
3. 简述交感神经与副交感神经的机能。
4. 什么是条件反射？它是怎样形成的？有何实践意义？
5. 支配腹侧壁肌肉的神经有哪些？

任务十九 内分泌认知

学习目标

理解激素的概念，掌握牛体内内分泌腺的形态、位置、结构，了解各内分泌腺分泌的激素及其作用。

一、概　　述

（一）内分泌的概念

内分泌系统是由体内独立的内分泌腺和分散在不同部位的内分泌组织、内分泌细胞组成。内分泌腺的结构特点是：没有导管，腺细胞常排列成索状、团状或围成滤泡，腺细胞周围有丰富的毛细血管和毛细淋巴管，分泌的激素直接进入血液或淋巴内，经血液循环到达全身。内分泌系统的主要功能是通过分泌激素，来调节靶细胞和靶器官的活动，以维持机体功能上的协调和内环境的恒定。

畜体内独立存在的内分泌腺主要有脑垂体、甲状腺、甲状旁腺、肾上腺和松果体。内分泌组织、内分泌细胞还广泛存在于其他器官内，如胰腺内的胰岛、睾丸内的间质细胞、卵巢内的卵泡细胞和黄体细胞等。

（二）激素的概念和种类

由内分泌腺或散在的内分泌细胞所分泌的高效能的生物活性物质称为激素。激素经过细胞分泌后进入血液或淋巴，通过循环系统运到全身各处，调节细胞、组织或器官的生理活动。常把激素作用的细胞、组织或器官，称为靶细胞、靶组织或靶器官。

体内各种激素按其化学性质分为两大类：一类是含氮类激素，如脑垂体、甲状腺、甲状旁腺、胰岛和肾上腺髓质的分泌物，这类激素容易被胃肠道的消化酶分解破坏，因此不宜口服，应用时必须注射；另一类是类固醇激素，如肾上腺皮质和性腺所分泌的激素，这类激素可口服。目前许多激素已经能提纯或人工合成，并应用于畜牧生产和兽医治疗工作中。

（三）激素的作用特点

（1）激素本身不是营养物质，也不能被氧化分解提供能量，它的作用只是促进或抑制靶器官、靶组织或靶细胞原有的功能，使其活动加快或减慢。

（2）激素是一种高效能的生物活性物质，在体内含量很少，它们在血液中的浓度一般在百分之几微克以下，但对机体的生长发育、新陈代谢都有着非常重要的调节作用。如 $0.1\mu g$ 的肾上腺素就能使血压升高。

（3）各种激素的作用都有一定的特异性，即某一种激素只能对特定的细胞或器官产生调节作用，但一般没有种间的特异性。

（4）激素的分泌速度和发挥作用的快慢均不一致。如肾上腺素在数秒钟就能发生效应；胰岛素较慢，需数小时；甲状腺素则更慢，需几天。

（5）激素在体内通过水解、氧化、还原或结合等代谢过程，逐渐失去活性，不断从体内消失。

激素的作用原理（动画）

二、内分泌腺

（一）脑垂体

1. 脑垂体的形态位置和构造 脑垂体是体内最大的内分泌腺，位于脑底部的垂体窝内，呈上下稍扁的卵圆形，红褐色。

脑垂体可分为前叶、中间部和后叶。前叶和中间部由腺组织构成，又称为腺垂体；后叶由神经组织构成，又称为神经垂体（图2-71）。

2. 脑垂体的机能

（1）腺垂体。腺垂体由许多不同类型的腺细胞组成，能分泌促甲状腺激素、促肾上腺皮质激素、促性腺激素（包括卵泡刺激素和黄体生成素）、促黑色素细胞激素、催乳素和生长激素。其中前三种分别促进甲状腺、肾上腺皮质和性腺的生长发育以及激素的分泌；促黑色素细胞激素能

图2-71 牛脑垂体构造
1. 神经部 2. 中间部 3. 垂体裂 4. 远侧部
（周其虎.2001.畜禽解剖生理）

促进黑色素的合成以使皮肤和被毛颜色加深；催乳激素促进乳腺发育生长并维持泌乳，刺激促黄体生成激素受体的形成；生长激素能促进骨骼和肌肉的生长，若分泌不足则生长停滞，体躯矮小，形成"侏儒症"。

（2）神经垂体。神经垂体由神经组织构成，本身不分泌激素。但丘脑下部的某些神经核（视上核和室旁核）分泌加压素和催产素，沿神经纤维运送到神经垂体并贮存于该处，根据需要释放入血液，发挥其生理效应。

①加压素。主要生理作用是促进肾的远曲小管、集合管对水分的重吸收，使尿量减少。它可使除脑、肾外的全身小动脉收缩而升高血压，故称加压素。但由于它也可使冠状动脉收缩，使心肌供血不足，临床上不用作升压药。

②催产素（子宫收缩素）。能促进妊娠末期子宫收缩，因而常用于催产和产后止血。此

外，它还能使乳腺导管平滑肌收缩，促进乳汁排出。

(二) 甲状腺

1. 甲状腺的位置、形态和构造　甲状腺位于喉后方，气管前端两侧和腹面，红褐色。甲状腺分左、右两侧叶和中间的峡部。甲状腺表面有一层薄的致密结缔组织被膜，并伸入腺体内将其分成许多小叶，在小叶中含有大小不一的圆形腺泡。腺泡周围由基膜和少量结缔组织围绕，并有丰富的毛细血管和淋巴管。

甲状腺内还有内分泌细胞，称滤泡旁细胞，常单个或成群分布于腺泡之间，能产生降钙素。

2. 甲状腺的生理机能　甲状腺能分泌甲状腺素和降钙素。

(1) 甲状腺激素。由腺泡分泌，主要作用是促进机体的新陈代谢及生长发育。甲状腺激素可加速组织细胞内各种营养物质的氧化分解和合成，促进机体的新陈代谢和生长发育。特别影响幼畜的骨骼、神经和生殖器官的生长发育。实验证明，切除幼畜甲状腺，不但生长停滞，体躯矮小，而且反应迟钝，形成"呆小症"。

(2) 降钙素。由甲状腺内滤泡旁细胞分泌，有增强成骨细胞活性、促进骨组织钙化和血钙降低的作用。

(三) 甲状旁腺

1. 甲状旁腺的位置、形态　甲状旁腺多位于甲状腺附近，很小，呈圆形或椭圆形。

2. 甲状旁腺的生理机能　甲状旁腺分泌的甲状旁腺素，主要作用是调节血钙浓度。

(1) 在维生素 D 存在的情况下，可促进小肠对钙的吸收。

(2) 刺激破骨细胞的活动，使骨骼中磷酸钙溶解并转入血液中，以补充血磷，提高血钙含量。

(3) 促进肾小管对钙重吸收和磷的排泄（即"保钙排磷"），使血钙浓度升高，血磷降低。

甲状旁腺素升高血钙的作用与甲状腺滤泡旁细胞分泌的降钙素降低血钙的作用，有着密切的关系，二者分泌也都受着血钙浓度的调节。

(四) 肾上腺

1. 肾上腺的位置、形态和构造　肾上腺是成对的红褐色腺体，位于肾的前内侧。其实质分为皮质和髓质两部分。皮质在外，结构致密，颜色较浅；髓质在内，颜色较深。

肾上腺皮质按细胞排列状态，可分为三层：外层称多形区，细胞排列成团块和索状，此区的细胞能分泌盐皮质激素；中层称束状区，细胞排列成束，该区的细胞能分泌糖皮质激素；内层称网状区，细胞排列成网状，该区的细胞能分泌性激素。

髓质由排列不规则的细胞索和窦状隙组成，能分泌肾上腺素和去甲肾上腺素。

2. 肾上腺的生理机能

(1) 肾上腺皮质激素。包括盐皮质激素、糖皮质激素和性激素。

①盐皮质激素：盐皮质激素以醛固酮为代表，这类激素主要参与体内水盐代谢的调节。它可促进肾小管对钠的重吸收和对钾的排泄，因此有"保钠排钾"的作用。

②糖皮质激素：糖皮质激素主要是氢化可的松，其次有少量皮质酮。其主要作用是促进糖的代谢。一方面，它可促进糖的异生作用；另一方面，抑制组织细胞对血糖的利用。因此，糖皮质激素有升高血糖、对抗胰岛素的作用。同时糖皮质激素可促进脂肪分解，促进肌

肉等组织蛋白质的分解。所以，大量使用糖皮质激素，可引起生长缓慢、机体消瘦、皮肤变薄、骨质疏松、创伤愈合迟缓等现象。

另外，糖皮质激素还有抗过敏、抗炎症、抗毒素的作用。

③性激素：包括雄性激素和雌性激素，正常情况下分泌很少，不会对机体产生影响。

(2) 肾上腺髓质激素。包括肾上腺素和去甲肾上腺素两种激素，它们的生理机能基本相同，均有类似交感神经兴奋的作用，但也有某些差别。

①对心脏和血管的作用：肾上腺素和去甲肾上腺素都能使心跳加快、血管收缩和血压上升。在临床上，由于肾上腺素有较好的强心作用，所以常用作急救药物。去甲肾上腺素可使小动脉收缩，增加外周阻力使血压升高，因此是重要的升压药。

②对平滑肌的作用：肾上腺素能使气管和消化道平滑肌舒张，胃肠运动减弱。此外，肾上腺素还可使瞳孔扩大及皮肤竖毛肌收缩，被毛竖立。去甲肾上腺素也有这些作用，但较弱。

③对代谢的作用：两者均能促进肝和肌肉组织中糖原分解为葡萄糖，使血糖升高。能促进脂肪的分解。

④对神经系统的作用：两者都能提高中枢神经系统的兴奋性，使机体处于警觉状态，以利于应付紧急情况。

知识链接

动物在遇到特殊紧急情况时，可引起交感—肾上腺髓质系统兴奋，使肾上腺素和去甲肾上腺素分泌增多，导致一系列器官系统的变化：中枢神经系统兴奋，反应灵敏；呼吸加快加强，心跳加快，心排血量增加，血压升高，血液循环加快，骨骼血管舒张，全身血液重新分配；促进肝糖原和脂类分解，增加血糖和血浆脂肪酸水平，葡萄糖和脂肪酸氧化过程增强，增加组织的耗氧量，提高基础代谢率，以适应紧急状态下对能量的需求。

(五) 胰腺内的内分泌组织—胰岛

胰岛是分散于胰腺中大小不等的细胞群，主要有α和β细胞两种。α细胞分泌胰高血糖素，β细胞分泌胰岛素。

1. 胰岛素 胰岛素的作用主要有以下三方面：

(1) 促进肝糖原生成和葡萄糖分解，以及促进糖转变为脂肪，从而使血糖降低。因此，胰岛素分泌不足时，血糖升高，当超过肾糖阈时，则大量的血糖从尿中排出，导致依赖性糖尿病。

(2) 促进脂肪的合成，抑制脂肪的分解，使血中游离脂肪酸减少。因此，胰岛素分泌不足时，脂肪即大量分解，血内脂肪酸增高，在肝内不能充分氧化而转化为酮体，出现酮血症并伴有酮尿，严重时可导致酸中毒和昏迷。

(3) 促进蛋白质合成，抑制蛋白质分解。

2. 胰高血糖素 胰高血糖素的作用与胰岛素相反。

(1) 促进糖原分解，促进糖异生，升高血糖。

(2) 促进脂肪分解，促进脂肪酸氧化，使酮体增多。

知识链接

1965年9月17日，中国科学家历经7年多的艰苦探索，终于在世界上首次用人工方法成功合成了具有生物活性的蛋白质—结晶牛胰岛素。这是新中国在自然科学基础理论研究方面取得的第一项世界级水平的成果，它实现了人工合成蛋白质的伟大创举，同时深化了人们对生命本质及其运动规律的认识。

（六）性腺内的内分泌组织

性腺是雄性的睾丸和雌性的卵巢的总称。睾丸可分泌雄性激素，卵巢可分泌雌性激素。性激素对于家畜的生长、发育、生殖和代谢等方面都起着十分重要的作用。

1. 雄激素 由睾丸间质细胞分泌，主要成分是睾丸酮，其主要机能是：

（1）促进雄性生殖器官（前列腺、精囊腺、尿道球腺、输精管、阴茎和阴囊）的生长发育，并维持其成熟状态。

（2）刺激公畜产生性欲和性行为。

（3）促进精子的发育成熟，并延长在附睾内精子的贮存时间。

（4）促进雄性动物特征的出现，并维持其正常状态。

（5）促进蛋白质的合成，使肌肉和骨骼比较发达，并使体内贮存脂肪减少。

（6）促使公畜皮脂腺的分泌增强，特别是公羊和公猪比较明显。

2. 雌激素 由卵巢内卵泡细胞分泌，其中作用最强的是雌二醇。其主要生理作用是：

（1）促进母畜生殖器官的生长发育。

（2）促进雌性动物特征的出现，并维持其状态。

（3）促进母畜发情。

（4）刺激母畜发生性欲和性兴奋。

3. 孕激素 由排卵后的卵泡形成的妊娠黄体细胞所分泌，又称孕酮。孕酮的主要机能是：

（1）在雌激素作用的基础上，进一步促进排卵后子宫内膜的增厚（血管和腺体增生），腺体分泌子宫乳，为受精卵在子宫种植和发育准备条件。

（2）抑制子宫平滑肌的活动，为胚胎创造安静环境，故有保胎作用。

（3）在雌激素作用的基础上，进一步刺激乳腺腺泡的生长，使乳腺发育完全，准备泌乳。

4. 松弛素 由妊娠末期的黄体分泌，至分娩时大量出现，分娩后随即消失。松弛素的生理机能是扩张产道，使子宫和骨盆联合韧带松弛，便于分娩。

任务二十 内分泌系统技能训练

技能训练 主要内分泌腺的形态、位置识别

【目的要求】在新鲜标本上，识别甲状腺、肾上腺。

【材料及设备】牛或羊的尸体标本、解剖器械。

【方法步骤】在牛或羊的尸体标本上找到气管，在前3~4个气管环的两侧和腹侧找到甲状腺；在肾的内侧前缘找到肾上腺。

【技能考核】在牛或羊的标本上，准确找到甲状腺和肾上腺。

复习思考题

1. 简述激素的概念及其作用特点。
2. 腺垂体内分泌哪些激素，有何作用？
3. 神经垂体内贮存哪些激素，有何作用？
4. 说出下列激素的机能：甲状腺激素、降钙素、甲状旁腺素、糖皮质激素、盐皮质激素、肾上腺素、去甲肾上腺素、胰岛素和胰高血糖素。

任务二十一　体温认知

学习目标

掌握牛的正常体温，了解体温调节的规律。能正确测量牛的体温。

一、正常体温

所谓体温就是机体的温度，它来源于机体在新陈代谢过程中所产生的热量。动物体各部分的温度并不是完全相同的。机体内部的温度一般比体表的温度高些，就是机体内各器官因机能不同温度也有差异。在实际工作中，一般都是以测量直肠的温度作为畜体深部的体温指标。反刍动物的正常体温见表2-6。

表2-6　反刍动物的正常体温

畜　别	体温（℃）	畜　别	体温（℃）
黄牛	37.5~39.0	绵羊	38.5~40.5
水牛	37.5~39.5	山羊	37.6~40.0
奶牛	38.0~39.3		

除此之外，畜体的体温还因个体、品种、年龄、性别及环境温度、活动状况等因素的影响而有相当的差异。一般来讲，幼龄动物的体温比成年动物的高些；雄性动物比雌性动物的高，但雌性动物在发情、妊娠等时期的体温又比平常要高一些。正常情况下，畜体的温度一般白天比夜间高，而早晨最低。如牛的体温昼夜间的差异为0.5℃左右，长期在外放牧的绵羊昼夜温差则为1℃左右。

二、体温相对恒定的意义

在正常情况下，畜体温度是相对恒定的。体温的相对恒定是保证畜体新陈代谢和各种功能活动正常进行的一个重要条件。因为代谢过程中都需要酶的参与,而最适宜酶活动的温度是37~40℃。过高或过低的温度都会影响酶的活性,或使其活性丧失,致使机体的各种代谢发生紊乱,甚至危及生命。体温的变化对中枢神经系统的影响特别显著,如发热时,中枢神经的功能就会发生紊乱。所以在兽医临床上,体温往往作为畜体健康状况的一个重要标志。

三、机体的产热过程和散热过程

家畜体温的相对恒定,是机体内产热与散热两个过程取得动态平衡的结果。

(一)产热

机体在新陈代谢过程中一切组织和器官都在不断地产生着热量,但由于营养物质在不同组织器官中氧化分解的强度不同,因而产生的热量也就不同。在整个机体内,肌肉、肝、腺体产生的热量最多,特别是骨骼肌,动物在工作时肌肉的产热量占总产热量的2/3以上。剧烈运动时的产热量还要增加4~5倍。此外,草食动物的饲料在消化管内消化过程中也产生大量的热量,这也是体热的一个主要的来源。一些外界因素,如热的饲料、饮温水、外环境温度增高等,都可以成为体热的一部分来源。

(二)散热

机体在不断产生热量的同时,必须不断地将所产生的热量发散掉,这样才能维持体温的相对恒定。机体主要通过皮肤、呼吸道、排粪、排尿等途径来散热。其中以皮肤散热为主。机体通过皮肤散热的方式有四种:

1. 辐射 是机体以红外线的方式直接将热量散放到环境中去的散热方式。体表的温度与周围的空气或环境物体之间的温度差异越大,辐射所能散发的热量就越多。因此,低温的空气及寒冷的地面,都可增加机体的辐射散热。反之,如环境温度超过体表温度,畜体不仅不能利用辐射散热,反而会吸收环境的热而使体温升高。

2. 传导 是机体靠与较冷物体接触而将体热传出的一种散热方式。动物本来就是热导体,体热是通过血液循环传导至皮肤表面的,然后再由皮肤传给所接触的物体。与皮肤接触的物体导热性越好,温度越低,传导所散失的热量就越多。

3. 对流 是机体靠周围环境的冷热空气的流动将体热散失的一种散热方式。动物体周围与体表接触的空气,由于受到体热的加温,密度变小而逐渐地上升,被较冷空气取而代之,这样冷热空气的不断对流就把动物的体热给带走了。影响这一散热方式的因素主要是空气的流动速度及其温度的高低。在一定限度内,对流速度(风速)越大,散热也就越快。

4. 蒸发 是当机体所处环境的温度等于体温或超过体温时,机体通过皮肤表面水分的蒸发和由呼吸道呼出水蒸气成为主要的散热方式。1g水分在蒸发时,可以散失2.43kJ的热量,所以汗腺发达的家畜,出汗是一个很重要的散热途径。汗腺不发达的家畜则可通过呼吸道内水分的蒸发来散热。

当外界气温高于体表温度时,蒸发散热成为唯一的散热方式。

> **知识链接**
>
> 正常动物体产热和散热处于动态平衡，维持体温不变。当动物在运动时，机体代谢加速，产热增加，借助于皮肤血管扩张、血流加速、汗腺分泌增加以及呼吸加快等，将体内产生的热量送达体表，通过辐射、传导、对流及蒸发等方式散热，以保持体温在正常范围内。当气温超过皮肤温度（一般为32~35℃），或环境中有热辐射源（如电炉、明火），或空气中湿度过高通风又不良时，机体内的热难以通过辐射、传导、对流等方式散发，甚至还会从外界环境中吸收热，造成体内热量贮积从而引起中暑。

四、体温的调节

畜体通过神经调节和体液调节，使体内的产热过程和散热过程保持着动态平衡，从而维持着体温的恒定。

（一）体温调节中枢

体温调节中枢在下丘脑。下丘脑前区和视前区存在着热敏感神经元和少数的冷敏感神经元。当热敏感神经元兴奋时，可使机体的散热量加强；而冷敏感神经元兴奋时，会引起机体的产热反应加强。由这两种神经元共同构成了机体的体温调节中枢。

动物体的体温之所以能保持在一个稳定的范围内，还由于下丘脑的体温调节中枢存在着调定点，调定点的高低决定着体温的高低。视前区—下丘脑前区的热敏感觉神经元就起调定点的作用。热敏神经元对温热的感受有一定的阈值，这个阈值就称该动物的体温稳定调定点。当中枢的温度升高时热敏感神经元冲动发放的频率就增加，使散热增加，反之则发出的冲动减少，产热增加。从而达到调节体温的作用，使体温保持相对的恒定。

（二）体温调节的过程

正常情况下，当体内、外温度降低时，皮肤、内脏的温度感受器接受刺激发出神经冲动，并沿着传入神经到达下丘脑的热敏感神经元；或血液温度降低直接刺激热敏感神经元和冷敏感神经元，分别使其抑制或兴奋，从而共同作用于下丘脑的体温调节机构。此时，皮肤的血管收缩，减少皮肤的直接散热；全身骨骼肌紧张度增强，发生寒战，同时在中枢的支配下还能促进肾上腺素和甲状腺素分泌增加，使机体的代谢增强，产热量增加。另外，动物行为方面会表现出被毛竖立，采取蜷缩姿态等来减少散热。反之，当外界环境升高时，则可引起皮肤血管舒张、汗腺分泌增加，而增加散热。同时肌肉紧张度降低，物质代谢减弱，降低了产热过程。

复习思考题

1. 什么是体温？我们常用什么方法测量体温？
2. 写出牛、羊、猪、犬、鸡、马、驴等畜禽的正常体温的变动范围。
3. 简述体温调节的主要方式有哪些。
4. 体温恒定对机体有何意义？

项目三
猪解剖生理特征

学习目标和思政目标

了解猪的运动、消化、呼吸、泌尿、生殖等系统的组成和生理特点；掌握猪的胃、肠、肺、肾、膀胱、睾丸、卵巢、子宫等器官的形态、位置和构造特点；掌握猪的常检淋巴结的形态和位置；了解猪的生活习性。树立食品安全理念，具备"服务三农"意识和情怀；具有节约意识和环保意识，增强职业认同感、责任感和使命感。

任务一 猪骨骼、肌肉与被皮认知

一、骨　骼

猪的全身骨骼包括：头部骨骼、躯干骨骼、前肢骨骼和后肢骨骼（图3-1）。

图 3-1 猪的骨骼

1. 头骨　2. 颈椎　3. 胸椎　4. 腰椎　5. 荐椎　6. 尾椎　7. 髋骨
8. 股骨　9. 髌骨　10. 腓骨　11. 胫骨　12. 跗骨　13. 跖骨　14. 趾骨　15. 肋骨
16. 胸骨　17. 肩胛骨　18. 臂骨　19. 尺骨　20. 桡骨　21. 腕骨　22. 掌骨　23. 指骨

(马仲华.2002.家畜解剖学及组织胚胎学.第三版)

（一）头部骨骼的特征

猪的头部骨骼近似楔形，背侧面后缘的枕嵴是头骨的最高点，顶额部由此向前下倾斜。与草食动物相比，猪的头骨后缘相对较高。鼻骨狭而平或微凹，其前端尖，附有吻骨。吻骨为一块三面棱形的小骨，由鼻中隔软骨前端两个骨化点形成，为猪头部特有的骨，是吻突的骨质基础。颞窝完全位于头骨的侧面，其前缘额骨的眶上突较短，与颧弓之间有一宽的空隙，由眶韧带连接。上颌骨纵凹，使上颌部变窄。下颌骨强大（图3-2）。

图3-2　猪头骨（侧面）
1. 切齿骨　2. 吻骨　3. 鼻骨　4. 上颌骨　5. 泪骨　6. 额骨　7. 顶骨
8. 枕骨　9. 颞骨　10. 枕骨髁　11. 颧骨　12. 颈静脉突　13. 下颌骨
（马仲华．2002．家畜解剖学及组织胚胎学．第三版）

（二）躯干骨骼的特征

1. 脊柱　猪的脊柱由50～58枚椎骨组成。

（1）颈椎。7枚。第3～6颈椎的椎体短而宽，腹侧嵴不明显，椎头和椎窝不发达。横突越向后越大，分为两支，背侧支向外向后方倾斜，短而厚；腹侧支向下倾斜，呈较宽的梯形薄板。前后相邻的腹侧支重叠，与对侧腹侧支间形成深而宽的腹侧沟。第7颈椎的棘突最高，横突不分支。与草食动物相比，猪寰椎的背侧弓和腹侧弓较大，但寰椎翼较小。枢椎较小，棘突发达，向后上方倾斜。

（2）胸椎。一般为14～16枚，偶有17枚。椎弓根部有独立的椎外侧孔。除最后胸椎外，椎体正下方无腹侧棘。最后胸椎的椎外侧孔消失，而出现深凹的椎后切迹。

（3）腰椎。6或7枚。除最后腰椎外，腹侧面有明显的腹侧棘，且中段腰椎腹侧棘特别发达。

（4）荐椎。4枚，愈合成荐骨，荐椎横突相互愈合，前部宽并向两侧突出，称荐骨翼。棘突不明显。

（5）尾椎。一般有20～23枚，偶见25枚。前4～5枚结构完整，关节突互成关节。横突在前部的尾椎呈板状，向后逐渐变小。第1尾椎常与荐骨愈合。

2. 肋　猪的肋有14或15对，偶见17对。前7对为真肋（偶见6对或8对），后7对为假肋（偶见8对）。有些品种的猪，最后一对肋骨不参与形成肋弓，称为浮肋。

3. 胸骨　猪的胸骨呈前高后低的长三棱形，由6节胸骨片组成。第1节为胸骨柄，左右压扁，前端有柄状软骨。胸骨体由第2～6胸骨片构成，上下压扁，向后逐渐变宽。剑状软骨短而小。在胸骨的侧方有肋凹，与肋软骨成关节。

4. 胸廓　猪的胸廓较长，略呈斜底的圆锥形，其前口呈尖顶向下的等腰三角形。

(三)四肢骨骼的特征

1. 前肢骨骼

(1)肩胛骨。短而宽。肩胛冈呈三角形,中部向后弯,冈结节明显。

(2)臂骨。三角肌粗隆不明显,缺大圆肌粗隆。近端外侧结节特别发达,分前、后两部,前部大,弯向内侧。

(3)前臂骨。尺骨较桡骨发达。桡骨短,稍向前弓。尺骨长,其近端膨大,肘突特别长,突出于桡骨的上方;远端细,与尺腕骨和副腕骨成关节。

(4)腕骨。有8枚,分为两列。近列4枚,由内向外依次为桡腕骨、中间腕骨、尺腕骨及副腕骨。远列也是4枚,由内向外依次为第1、第2、第3及第4腕骨(图3-3)。

(5)掌骨。有4枚,第1掌骨消失,第3和第4掌骨发达,呈三棱形,为大掌骨;第2和第5掌骨较细而短,为小掌骨。

(6)指骨和籽骨。猪有4指。第3和第4指为主指,上接第3和第4掌骨。每一主指有3个指节骨、2个近籽骨和1个远籽骨。第2和第5指为悬指,较小,上接第2和第5掌骨。每一悬指有3个指节骨和2个近籽骨,无远籽骨。

图3-3 猪的前脚骨(左)

A. 背侧 B. 掌侧

1. 尺骨 2. 桡骨 3. 尺腕骨 4. 中间腕骨 5. 桡腕骨 6. 副腕骨 7. 第1腕骨 8. 第2腕骨 9. 第4腕骨 10. 第3腕骨 11. 掌骨 12. 系骨 13. 冠骨 14. 蹄骨 15. 近籽骨 16. 远籽骨

Ⅱ. 第2指 Ⅲ. 第3指 Ⅳ. 第4指 Ⅴ. 第5指

(马仲华. 2002. 家畜解剖学及组织胚胎学. 第三版)

2. 后肢骨骼

(1)髋骨。长而狭,与牛的相似。左、右髂骨和坐骨的上部几乎平行。坐骨棘特别发达,坐骨弓深而窄。骨盆底壁的后部低而平,有利于猪的分娩。

(2)股骨。无第3转子,小转子亦不明显,大转子与股骨头同高。股骨远端前面的滑车关节面较小。

(3)膝盖骨。较狭长。

(4)小腿骨。腓骨与胫骨几乎等长。胫骨强大,远端内侧突出部为内侧踝。腓骨细,近端粗而远端细,两端均与胫骨相结合,中间有明显的小腿骨间隙。远端的外侧突出部为外侧踝。

(5) 跗骨。有 7 枚，分 3 列。近列 2 枚，即距骨和跟骨，跟骨的跟结节非常发达。中列 1 枚，即中央跗骨。远列 4 枚，即第 1、第 2、第 3 及第 4 跗骨，第 4 跗骨内侧面与中央跗骨成关节（图 3-4）。

(6) 跖骨、趾骨和籽骨。与前肢的掌骨、指骨和籽骨相似，但稍长一些。

图 3-4 猪的后脚骨
A. 背侧面 B. 跖侧面
1. 跟骨 2. 距骨 3. 中央跗骨 4. 第 4 跗骨 5. 第 3 跗骨 6. 第 2 跗骨 7. 第 1 跗骨
8. 跖骨 9. 系骨 10. 冠骨 11. 蹄骨 12. 近籽骨 13. 远籽骨
Ⅱ. 第 2 指 Ⅲ. 第 3 指 Ⅳ. 第 4 指 Ⅴ. 第 5 指
（马仲华．2002．家畜解剖学及组织胚胎学．第三版）

二、肌 肉

(一) 皮肌

与牛相比，猪的颈皮肌较发达，可分为深、浅两部。

(二) 前肢肌

猪的前肢肌基本上与牛的相似。但猪有发育完全的四指，指部肌肉有下列特点：比牛多一条走向第 2 指的第 2 指伸肌。指总伸肌分 3 个肌腹：内侧肌腹（指内侧伸肌）在第 3 掌骨近端分为两支，分别走向第 2 和第 3 指；中间肌腹的腱在第 3、4 掌骨远端分为两支，分别走向第 3 和第 4 指；外侧肌腹走向第 5 指。指外侧伸肌分为两支，走向第 4 和第 5 指。指浅屈肌分深浅两部，浅头腱在腕管的后面下行，于掌指关节处形成腱环后，止于第 4 指的中指节骨；深头腱在腕管内下行，于掌指关节的后方形成腱环后，止于第 3 指的中指节骨。指深屈肌的总腱在掌骨远端分为 4 支，中间的两支大，分别通过指浅屈肌深、浅腱形成的腱环，止于第 3 和第 4 指；较小的内、外侧支走向第 2 和第 5 指。第 3 和第 4 骨间肌发达。

(三) 躯干肌

猪的夹肌厚而大，位于颈侧上部，其中段向前分为 3 支，各呈扁梭形。头半棘肌发达，分为上、下两部分。棘间肌和横突间肌均发达。胸骨甲状肌和胸骨舌骨肌均由第1肋走向甲状软骨和舌骨。肋间内肌在肋软骨间特别发达。膈的中心腱质部较马的圆，膈肌是旋毛虫和囊尾蚴的主要检测部位之一。腹黄膜不发达。腹外斜肌和腹横肌的肉质部发达。腹直肌厚而发达，两端窄，中间宽，有7～10条腱划。

（四）后肢肌

猪的臀肌群与牛的相似，但臀深肌较大，是肌内注射部位之一。股二头肌和半腱肌均有坐骨头和椎骨头，而半膜肌仅有坐骨头。猪有四趾，趾部多一条走向第二趾的趾长伸肌。趾长伸肌和趾外侧伸肌与前肢的指总伸肌和指外侧伸肌相似。趾浅屈肌、趾深屈肌和骨间肌与前肢的指浅屈肌、指深屈肌和骨间肌相似。跗部和跖部背侧还有相当发达的趾短伸肌。

（五）头部肌

头部肌肉分颜面肌和咀嚼肌。颜面肌分布在口、鼻、眼、耳的周围，如猪的上唇固有提肌可使吻突向上，亦称吻突提肌。上唇降肌位于上颌骨前方，起于面嵴，以一强腱止于鼻骨下方的吻部皮下。并在此处与对侧同肌腱会合，可降吻突和收缩鼻孔，亦称吻突降肌。吻突提肌和降肌交替收缩时，使吻突上下活动。一侧的犬齿肌交替收缩时，使吻突向左、右侧活动。这些肌肉同时收缩时，可固定吻突。咀嚼肌主要是咬肌，是猪囊尾蚴检测的主要部位之一。

猪的全身浅层肌如图3-5所示。

图3-5 猪的全身浅层肌

1. 上唇固有提肌 2. 鼻孔外侧开肌 3. 鼻唇提肌 4. 口轮匝肌 5. 吻突降肌 6. 颧肌
7. 下唇降肌 8. 胸骨舌骨肌 9. 胸头肌 10. 臂头肌 11. 颈斜方肌 12. 胸斜方肌
13. 背阔肌 14. 胸深后肌 15. 后上锯肌 16. 腹外斜肌 17. 腰髂肋肌 18. 冈上肌
19. 三角肌 20. 臂三头肌 21. 臂肌 22、23. 腕桡侧伸肌 24. 腕斜伸肌 25. 指总伸肌
26. 第5指伸肌 27. 指浅屈肌 28. 腕外侧屈肌 29. 臀中肌 30. 阔筋膜张肌 31. 臀股二头肌
32. 半膜肌 33. 半腱肌 34. 腓肠肌 35. 趾深屈肌 36. 第5趾伸肌 37. 第4趾伸肌
38. 趾长伸肌 39. 第3腓骨肌 40. 腓骨长肌

(马仲华.2002.家畜解剖学及组织胚胎学.第三版)

三、皮肤及皮肤的衍生物

（一）皮肤腺

皮肤腺位于真皮内，包括汗腺、皮脂腺和乳腺等。

1. 汗腺 猪的汗腺较不发达，且蹄间分布最集中。在腕的内侧面皮肤内还有腕腺。

2. 皮脂腺 猪的皮脂腺不发达。

3. 乳腺 常构成 5~8 对（少数品种猪有 10 对）乳房，成对排列于胸部和腹白线的两侧。每个乳房有 1 个乳头，每个乳头有 2~3 个乳头管开口。

乳中的无机盐主要是氯化物、磷酸盐和硫酸盐等。乳中的铁含量很少，所以哺乳期的仔猪应补充少量含铁物质，否则会发生仔猪贫血。猪乳成分见表 3-1。

表 3-1 猪乳成分比较表（g/L）

成分	水分	脂肪	乳糖	蛋白质	无机物
初乳	693	72	24	188	6
常乳	831	56	31	71	11

（二）蹄

猪每肢有两个主蹄和两个悬蹄。主蹄的构造与牛（羊）主蹄相似，但蹄球更发达，蹄底显得较小（图 3-6）。

图 3-6 猪蹄的底面
1. 悬蹄 2. 蹄球 3. 蹄底 4. 蹄壁
（马仲华.2002.家畜解剖学及组织胚胎学.第三版）

任务二 猪内脏认知

一、消化系统

（一）猪消化系统的构造特点

猪的消化系统包括口腔、咽、食管、胃、肠、肝、胰等（图 3-7）。

1. 口腔 猪口腔较长，但因品种不同而有较大差异。

（1）口唇。分上唇和下唇。上、下唇的游离缘共同围成口裂。口裂的两端会合成口角。猪上唇较宽厚，与鼻端共同形成吻突，主要起掘地觅食作用。吻突前部有短而细的毛，侧面

图 3-7 猪的消化系统模式

1.舌尖 2.口腔 3.咽 4.喉 5.咽憩室 6.食管 7.胃 8.肝 9.胰
10.十二指肠 11.空肠 12.回肠 13.盲肠 14.结肠旋襻 15.结肠终襻 16.直肠 17.肛门

(周其虎.2001.畜禽解剖生理)

中后部有缺刻,与犬齿相对,此处唇薄且向上方突起,形成皱褶。公猪犬齿即在此处外突;母猪此处上、下唇常闭合不严。下唇小而尖,颏部皮肤有小隆起,称颏器,内有颏腺。口裂长,口角与第3~4前臼齿相对。

(2) 颊。黏膜平滑,内有颊腺。在与第4~5臼齿相对的颊黏膜上有腮腺管的开口。

(3) 腭。猪硬腭狭而长,构成固有口腔的顶壁。沿正中线形成沟状腭缝,两侧有20~22条腭褶。其前端为切齿乳头,两侧各有一小孔(切齿管),为鼻腭管的开口,管的另一端通鼻腔。软腭(或称腭帆)较短而厚,向后达会厌背侧的中部。软腭两侧与舌根及咽壁相连的黏膜褶,分别称为舌腭弓和咽腭弓,软腭口腔面沿中线有一浅沟,沟两侧的黏膜里有发达的腭帆扁桃体,呈卵圆形,黏膜表面有许多扁桃体隐窝。此外,猪软腭内还有发达的腭腺,其排泄管开口于软腭表面。

(4) 口腔底和舌。猪口腔底部的舌下肉阜不明显。在舌体与齿龈之间的舌下隐窝黏膜上,有多个纵行排列的舌下腺管的开口。舌窄而长,舌尖较薄,腹侧面与口腔底间形成两条舌系带。舌背黏膜上分布有下列乳头:丝状乳头细而柔软,密排于舌背;圆锥乳头斜向后上方,主要位于舌根部;菌状乳头散在,以舌两侧较多;轮廓乳头有2~3个,位于舌根背侧面的前部;叶状乳头有1对,位于舌根两侧。此外,在舌根背侧的固有膜内还有淋巴上皮器官,称为舌扁桃体(图3-8)。

(5) 齿。猪齿除犬齿是长冠齿外,其他均为短冠齿。齿冠、齿颈和齿根三部分区别明显。上、下切齿各有3对,即门齿、中间齿和

图 3-8 猪的舌

1.舌扁桃体 2.腭扁桃体及窦 3.食管 4.杓状软骨
5.喉口 6.会厌 7.软腭 8.舌根 9.叶状乳头
10.轮廓乳头 11.舌体 12.菌状乳头 13.舌尖

(马仲华.2002.家畜解剖学及组织胚胎学.第三版)

（隅）边齿。上切齿较小，方向较垂直，相邻两齿间有间隙。下切齿方向较水平。（隅）边齿和中间齿紧密相邻。公猪的犬齿发达，呈弯曲的三棱形。上犬齿向外向上弯曲，下犬齿特别长，向外向上向后弯曲，露出于口裂外。母猪的犬齿不发达。犬齿与切齿和前白齿之间均形成较宽的齿间隙。白齿每侧有7个，由前向后逐渐增大。前白齿4个，属于切型齿；后白齿3个，属于丘型齿（图3-9）。

猪的恒齿式：$2\left(\dfrac{3}{3}\ \dfrac{1}{1}\ \dfrac{4}{4}\ \dfrac{3}{3}\right)=44$

图3-9 猪的齿
A. 上颌 B. 下颌
1. 后白齿 2. 前白齿 3. 犬齿 4. 边齿 5. 中间齿 6. 门齿
（马仲华.2002.家畜解剖学及组织胚胎学.第三版）

（6）唾液腺。包括腮腺、下颌腺和舌下腺。

①腮腺：很发达，呈三角形，棕红色，位于耳根下方、下颌骨后缘的脂肪内，表面有筋膜、耳肌等覆盖。腮腺开口于与第4或第5上白齿相对的颊黏膜上。猪腮腺为浆液型腺。

②下颌腺：较小，呈扁圆形，位于下颌支的内侧和后方，腮腺深面。下颌腺管在下颌骨内侧向前延伸，开口于舌系带两侧口腔底的黏膜上。猪下颌腺为混合型腺。

③舌下腺：呈扁平长带形，在3对唾液腺中最小，红黄色，分为前、后两部。前部较大，为多口舌下腺，开口于舌体两侧的口腔底黏膜上。后部为单口舌下腺，开口于下颌腺管开口的附近。猪舌下腺主要为黏液型腺。

2. 咽 狭而长，向后可延伸到第2颈椎腹侧，分为鼻咽部、口咽部和喉咽部。鼻咽部有鼻中隔延续而形成的咽中隔，两侧壁各有一漏斗状的咽鼓管咽口。口咽部较短。喉咽部的底壁两侧有一对较深的梨状隐窝，在食管口背侧形成短的盲管，称咽憩室。

3. 食管 食管短而直，其颈段沿气管的背侧后行。食管的始端和末端管径较大，中部较细。食管腺发达，整个黏膜均有分布，但向后逐渐减少。黏膜固有层中淋巴组织多。肌肉在颈段为横纹肌，胸段为骨骼肌和平滑肌交错排列，腹段为平滑肌。

4. 胃 猪胃容积相对较大，5～8L，属单室胃，形状与马胃相似。胃的左侧部大而圆，下方的凸曲部称胃大弯。在近贲门处有一盲突，称胃憩室。猪胃贲门与幽门距离较近，两门之间的凹曲部称为胃小弯。在幽门处有自小弯一侧向内突出的一个纵长鞍形隆起，称幽门圆枕，与其对侧的唇形隆起相对，有关闭幽门的作用。

猪胃横卧于腹前部，大部分在左季肋部，小部分在剑状软骨部，仅幽门端位于右季肋部。前与膈、肝接触，后与大网膜、肠、肠系膜及胰接触。

胃黏膜分为无腺部和有腺部（图3-10）。无腺部面积小，位于贲门周围，黏膜表面上皮角化而粗糙，色苍白。其余为有腺部，黏膜上皮为单层柱状上皮，黏膜表面有许多小窝，称胃小凹，是胃腺的开口。有腺部又分为三个腺区：贲门腺区最大，呈淡黄色，占胃的左半部；胃底腺区次之，色棕红，位于贲门腺区的右侧，沿胃大弯分布；幽门腺区最小，色淡，位于幽门部，黏膜常形成不规整的暂时性皱褶。胃底腺是分泌胃液的主要腺体，其主细胞分泌胃蛋白酶原和凝乳酶，壁细胞分泌盐酸。

胃的肌膜分为纵层、环层和斜行纤维。纵层分布于胃大弯、小弯和幽门部的浅层。环层分布于胃底和幽门部。斜行纤维分深、浅两层，外斜纤维分布于无腺部和贲门部；内斜纤维分布于贲门附近，并参与形成贲门括约肌。

胃在小弯处以小网膜与肝相联系，在大弯处以大网膜与横结肠和脾等相联系。大网膜发达，浅、深两层间形成网膜囊。营养良好的个体的网膜因含丰富的脂肪而呈网格状。

图3-10 猪胃黏膜
1. 胃憩室 2. 食管 3. 无腺区 4. 贲门
5. 十二指肠 6. 十二指肠憩室 7. 幽门
8. 幽门圆枕 9. 胃小弯 10. 幽门腺区
11. 胃大弯 12. 胃底腺区 13. 贲门腺区
（马仲华.2002.家畜解剖学及组织胚胎学.第三版）

5. 肠 分为小肠和大肠（图3-11）。

（1）小肠。分十二指肠、空肠和回肠三段，全长15～20m。

①十二指肠：位于右季肋部和腰部，肠系膜短，位置较固定。十二指肠起始段形成"乙"状弯曲，然后沿右季肋部向上向后伸延至右肾后端，转而向左再向前伸延移行为空肠，后段有胆管、胰管的开口。

②空肠：形成许多肠袢，以较宽的空肠系膜与总肠系膜相连。空肠大部分位于腹腔右半部，在结肠圆锥与肝、胃之间，与右髂部腹壁和腹底壁后部相接触，小部分位于腹腔左侧后部。

③回肠：回肠短而直，以回肠口开口于盲肠与结肠交界处，末端斜向突入盲肠腔内，形成发达的回肠乳头。猪回肠固有膜和黏膜下层内的淋巴集结特别明显，呈长带状，分布于肠系膜附着缘对侧的肠壁内。

图3-11 猪的肠
1. 胃 2. 十二指肠 3. 空肠 4. 回肠 5. 盲肠
6. 结肠圆锥向心回 7. 结肠圆锥离心回
8. 结肠终袢 9. 直肠
（马仲华.2002.家畜解剖学及组织胚胎学.第三版）

(2) 大肠。全长 4~4.5m。直径比小肠粗，各段形成数目不等的纵肌带和肠袋。

①盲肠：短而粗，呈圆筒状，长 20~30cm，盲端钝圆。肠壁形成 3 条纵肌带和 3 列肠袋。猪盲肠位于左髂部，在左肾后端腹侧起始于回肠口，向后下方延伸到结肠圆锥后方，盲端位于盆腔入口与脐之间的腹底壁上。

②结肠：与盲肠相接，二者以回肠口为界。起始部的直径与盲肠相似，此后逐渐变细。结肠分为前部的旋袢和后部的终袢。旋袢最长，呈螺旋状卷曲成结肠圆锥。圆锥的底朝向背侧，附着于腰部和左髂部；圆锥的顶伸向脐部。结肠圆锥包裹于结肠系膜内，由向心回和离心回组成。向心回位于结肠圆锥的外周，管径较粗，有两条明显的纵带和两列肠袋；离心回按逆时针方向盘绕至圆锥底部，延续为终袢。

③直肠：直肠位于盆腔内，沿脊柱下方和生殖器官背侧向后延伸至肛门，周围常有大量脂肪组织。猪直肠在肛门前方形成明显的直肠壶腹。

6. 肝（图 3-12） 猪肝比牛肝发达，呈红褐色，质量约为体重的 2.5%。肝的中部厚而边缘薄，壁面隆凸，与膈及腹腔侧壁相贴，并有后腔静脉通过；脏面凹，形成一些内脏器官的压迹。猪肝分叶明显，以 3 个深的切迹分为左外叶、左内叶、右内叶和右外叶。右内叶的内侧有不发达的中叶，又以肝门为界分为背侧的尾叶和腹侧的方叶。猪肝的小叶间结缔组织发达，肝小叶分界清楚，在肝的表面，肉眼可见呈暗色小粒。

图 3-12 猪肝面
1. 食管 2. 肝动脉 3. 门静脉 4. 后腔静脉
5. 尾叶 6. 肝门淋巴结 7. 胆管 8. 胆囊管
9. 右外叶 10. 右内叶 11. 胆囊 12. 方叶
13. 左内叶 14. 左外叶 15. 小网膜附着线

(马仲华. 2002. 家畜解剖学及组织胚胎学. 第三版)

猪肝位于腹腔最前部，以左、右三角韧带和左、右冠状韧带附着在膈的后面。大部分位于右季肋部，小部分位于左季肋部和剑状软骨部。

胆囊位于肝右叶与方叶之间的胆囊窝内。肝管在肝门处与胆囊管汇合成胆总管，开口于距幽门 2~5cm 处的十二指肠。

7. 胰 猪胰呈灰黄色，近似三角形，位于十二指肠前部和胃小弯附近。胰管开口于距幽门 10~12cm 处的十二指肠。

猪内脏器官的分布如图 3-13、图 3-14 所示。

(二) 猪的消化生理特点

猪属于杂食动物，虽然在大肠中也有大量微生物，并参与食物的消化过程，但缺乏牛、羊等复胃动物那样体积很大的前胃。所以，猪在一般饲养管理条件下，主要依靠机械和化学性消化，生物学消化不占重要地位。

1. 口腔内消化 猪有坚硬的吻突，可以掘地觅食，并靠尖形的下唇将食物送进口腔内。猪饮水或饮取液体食物时，主要靠口腔形成的负压来吸引。猪的口裂较大且靠后，闭合不严，饮水时往往发出特殊的声响。猪咀嚼食物较细致，咀嚼时下颌多做上下运动，横向运动较少。咀嚼时有气流自口角进出，因而随着下颌上下运动，发出咀嚼所特有的响声。

猪唾液由唾液腺分泌，为无色透明的黏液。相对密度为 1.007 左右，pH 约为 7.4。唾液中有淀粉酶、黏蛋白和各种无机盐离子，能将淀粉分解为糊精和麦芽糖。猪一昼夜分

图 3-13 猪左侧内脏器官
1. 心脏 2. 肺 3. 膈 4. 大网膜及胃 5. 脾 6. 胰 7. 左肾 8. 膀胱
9. 盲肠 10. 空肠 11. 结肠 12. 肝

(马仲华.2002.家畜解剖学及组织胚胎学.第三版)

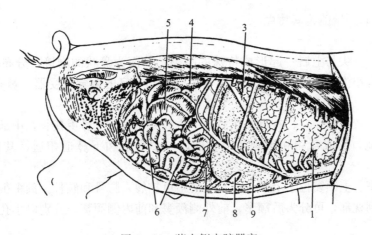

图 3-14 猪右侧内脏器官
1. 心脏 2. 肺 3. 膈 4. 右肾 5. 结肠 6. 空肠 7. 大网膜 8. 胆囊 9. 肝

(马仲华.2002.家畜解剖学及组织胚胎学.第三版)

泌唾液约15L。腮腺分泌能力最强,但仅在采食时分泌。

2. 胃内消化 胃液由胃腺分泌,为无色透明的酸性液体,pH 为 0.5～1.5,由水、有机物、无机盐和盐酸组成。有机物主要是各种消化酶,包括胃蛋白酶、胃脂肪酶和凝乳酶。猪胃内容物不易完全排空,所以胃液是连续分泌的,采食时分泌增加。成年猪一昼夜胃液的总分泌量可达 6～8L。

猪的胃腺细胞不产生水解糖类的酶,但在胃内也存在糖的消化过程,主要是依靠唾液淀粉酶和植物性饲料含有的酶来完成的。猪胃内容物除在幽门部可混合外,其他大部分饲料分层排列,胃液不易迅速浸透饲料。混有唾液的饲料在其中心和无腺部保持较长时间的中性、弱酸性环境,给唾液淀粉酶形成适宜的消化环境。此外,仔猪在出生初期,胃液内不含盐酸,胃液中的胃蛋白酶的含量也很低,这对仔猪消化蛋白质有一定的影响,也是仔猪容易腹泻的原因之一。

3. 小肠内消化　小肠的消化主要是在胰液、胆汁和小肠液的作用下完成。胰液由胰腺组织中的消化腺细胞分泌，经胰管排入十二指肠。胰液是无色透明的碱性液体，pH 为 7.8～8.4。猪胰液是连续分泌的，采食时分泌增加。猪胆汁的分泌量较大。猪小肠液中起消化作用的酶主要有三种：一是小肠液中游离存在的酶；二是存在于脱落的小肠上皮细胞中的酶；三是肠黏膜上皮内的酶。上述各种酶可将蛋白质、脂肪和糖类分解为可被吸收利用的营养物质。

4. 大肠内消化　猪的大肠具有相对大的容积，大肠内食糜的酸碱度接近中性，又保持无氧状态，温度和湿度等也适宜，具备与草食动物相似的微生物繁殖条件。猪在饲喂大量植物性饲料的条件下，大肠内的微生物消化作用就显得尤为重要。猪饲料中的部分纤维素、淀粉和其他糖类被细菌等微生物发酵后，产生的乳酸、乙酸、丙酸等低级脂肪酸，可被大肠黏膜吸收，供机体利用。猪大肠内的细菌也能分解蛋白质、氨基酸等含氮物质，其分解产物氨、胺类等有害物质随粪便排出，故猪的粪便具特有的恶臭味。此外，猪大肠内的微生物还能合成 B 族维生素。

二、呼吸系统

（一）猪呼吸系统的构造特点

1. 鼻

（1）外鼻。鼻尖与上唇一起形成特殊的吻突，前面为盘状的吻镜，分布有短而稀的触毛。皮肤表面有小沟，沟的深处有吻腺腺管的开口和丰富的触觉感受器。鼻孔小，卵圆形，位于吻突前面。

（2）鼻腔。较狭长，左、右鼻腔在后部下方彼此相通。上鼻甲狭长，中部卷曲成上鼻甲窦；下鼻甲较宽，形成背侧和腹侧两个卷曲，与中鼻道和下鼻道相通，其后部形成下鼻甲窦。

（3）鼻旁窦。上颌窦位于上颌骨内，老龄猪可扩展入腭骨和颧骨。额窦很发达，沿颅顶一直向后扩展到枕部，可分为后额窦、前外侧额窦和前内侧额窦，分别以小孔通中鼻道和筛鼻道。

2. 喉　喉较长。环状软骨弓的前缘呈波浪形，后缘倾斜向后，与气管的第 1 软骨环之间有环状气管膜连接。甲状软骨长，软骨板宽阔，后部较高。杓状软骨的小角突发达，末端呈分叉状，左、右两软骨在此互相连接。两块杓状软骨与环状软骨间有小的杓间软骨。会厌软骨呈圆形，较宽，与甲状软骨前缘疏松相连，具有弹性和韧性，当吞咽时，会厌关闭喉口，可防食物误入气管（图 3-15）。

喉前庭较宽、较长，不形成前庭襞。喉室将声襞及声韧带分为前、后两部，并向前外侧突出形成盲囊。声门下腔较窄，声门裂较窄。

3. 气管和支气管　猪气管呈圆筒形，气管软骨有 32～36 个。在相当于第 4 或第 5 肋处，气管分叉为两支主支气管，分叉前还于第 3 肋的上 1/3 处直接分出一支支气管到右肺前叶。

4. 肺　健康猪肺为粉红色，呈海绵状，质软而轻，富有弹性。猪肺叶间裂很深，肺分叶明显。右肺以深的叶间裂分为尖叶、心叶、膈叶和副叶。左肺分为心叶、尖叶和膈叶，尖叶又以心切迹为界分为前部和后部（图 3-16）。肺内间质发达，猪肺小叶明显。

图3-15 猪的喉软骨
1.会厌软骨 2.甲状软骨 3.杓状软骨
4.环状软骨 5.气管软骨

（马仲华.2002.家畜解剖学及组织胚胎学.第三版）

图3-16 猪肺分叶模式
1.尖叶 2.心叶 3.膈叶
4.副叶 5.支气管 6.气管

（马仲华.2002.家畜解剖学及组织胚胎学.第三版）

（二）猪的呼吸生理特点

猪的呼吸与其他家畜相似，健康时常表现为胸腹式呼吸。安静时的呼吸频率为15～24次/min。

三、泌尿系统

（一）猪泌尿系统的构造特点

1. 肾（图3-17） 猪左、右肾均呈上下压扁的长椭圆形，棕黄色，对称地位于前4个腰椎横突腹侧。肾脂肪囊很发达。

猪肾为平滑多乳头肾，表面平滑。在切面上，髓质形成明显的肾锥体和若干肾乳头。输尿管在肾窦内扩大成漏斗状的肾盂，向前、后分出两支肾大盏，由其上再分出8～12个肾小

图3-17 猪肾（腹侧面，右肾切开）
1.输尿管 2.肾静脉 3.肾动脉 4.肾大盏 5.肾小盏 6.肾盂 7.肾乳头 8.髓质
9.皮质 10.后腔静脉 11.腹主动脉 12.右肾 13.右肾上腺 14.左肾 15.左肾上腺

（马仲华.2002.家畜解剖学及组织胚胎学.第三版）

盏，每一小盏包围一个肾乳头。猪肾的皮质较厚，髓质只有皮质厚度的 1/2~2/3。

2. 输尿管 猪输尿管由肾门呈直角折转向后，途中略呈弯曲状。起始段较宽，向后管径逐渐变细。

3. 膀胱 猪膀胱扩张性强，充满尿液时大部分位于腹腔内。背侧面几乎全部被覆浆膜，腹侧面仅前部被覆浆膜。

4. 尿道 母猪尿道平滑肌的环形肌较发达，纵肌不发达。尿道外口下有小的尿道下憩室。

（二）猪的泌尿生理特点

一般情况下，猪的尿液呈透明的水样，相对密度为 1.01~1.05，其酸碱度常因食物性状而异。猪每昼夜的排尿量为 2~4L。

四、生殖系统

（一）雄性生殖系统

1. 公猪生殖系统的构造特点 公猪生殖器官构造如图 3-18 所示。主要包括：

（1）睾丸和附睾。猪睾丸较大，椭圆形，位于靠近肛门下方的阴囊内，长轴由前下方向后上方倾斜。睾丸间质形成发达的纵隔和小隔，因此睾丸小叶较明显。附睾发达，附睾头由 14~21 条睾丸输出管组成，附睾管较粗，附睾尾呈钝的圆锥体。

（2）阴囊。较大，位于肛门下方，与周围的界限不明显。因距离肛门很近，会阴部较小。小猪阴囊皮肤柔软而有毛，大猪粗糙且少毛或无毛。肉膜和睾外提肌都很发达。

（3）精索和输精管。精索呈扁圆锥形，较长。由睾丸斜向前，经腹股沟管进入腹腔。输

图 3-18 公猪生殖器官
A. 成年猪 B. 去势猪

1. 包皮盲囊 2. 剥开包皮囊中的阴茎头 3. 阴茎 4. 阴茎缩肌 5. 阴茎"乙"状弯曲
6. 阴茎根 7. 尿生殖道骨盆部 8. 球海绵体肌 9. 尿道球腺 10. 前列腺 11. 附睾尾
12. 睾丸 13. 附睾头 14. 精索的血管 15. 输精管 16. 精囊腺 17. 膀胱
18. 精囊腺的排出管 19. 包皮盲囊入口 20. 输尿管

（马仲华.2002.家畜解剖学及组织胚胎学.第三版）

精管随精索行走，开口于精阜，末段不形成壶腹。

> **知识链接**
>
> 小公猪阉割一般在仔猪断乳前两周进行。将猪左侧横卧或倒提保定，左手中指背面顶住阴囊基部，用拇指及食指将睾丸固定在阴囊内，使睾丸纵轴与阴囊纵轴平行，阴囊皮肤充分紧张。右手持刀，沿阴囊中缝的外侧1cm左右做与中缝相平行的切口，切口长度为睾丸的1/3～1/2（以能挤出睾丸为原则），依次直把阴囊壁和总鞘膜切开后，用左手拇指与食指用力挤出睾丸并拉出精索，扯断精索除去睾丸。

（4）尿生殖道。尿生殖道骨盆部较长。尿道肌发达，呈半环状包住尿道骨盆部的腹侧和两侧，在背侧以腱组织相连。

（5）副性腺。很发达，去势公猪则显著萎缩。

①精囊腺：1对，十分发达，呈锥体形，淡红色，为柔软的多叶腺。位于膀胱颈和尿道起始部的背侧。每侧腺体有一导管，开口于精阜。

②前列腺：分为体部和扩散部。体部位于膀胱颈与尿道移行处的背侧，较小，以许多排出管开口于精阜的外侧；扩散部很发达，位于尿生殖道骨盆部的尿道肌与黏膜之间的海绵层内，以许多导管开口于尿生殖道骨盆部管壁背侧的黏膜上。

③尿道球腺：1对，发达，呈圆柱形，部分被球腺肌覆盖。位于尿生殖道骨盆部后2/3部的两侧。每侧腺体有一导管，较粗，从腺的后端走出，开口于由半月形黏膜褶围成的盲囊处。

（6）阴茎和包皮。猪阴茎细而长，与反刍动物相似。阴茎根由一对阴茎脚和阴茎球构成。阴茎体呈圆柱形，后部形成"乙"状弯曲，位于阴囊和精索的前方。阴茎头扭曲成螺旋状，在勃起时特别明显。尿道外口为一狭缝，位于阴茎头的腹外侧面。

猪包皮形成较长的包皮腔，以环形褶分为较宽的前部和较狭的后部。在前部背侧有一盲囊，称包皮憩室，以宽1～2指的圆孔与包皮腔相通。包皮憩室呈椭圆形，囊内常积有腐败的余尿和脱落上皮，有特殊腥臭味。包皮口狭，周围有硬毛。

2. 公猪的生殖生理特点 公猪的性成熟一般较其他家畜要早，但因品种不同而有差异。

（1）公猪的性行为。公猪的交配要经过一系列的反射动作才得以完成，而这些性动作是按一定的先后次序出现的。大体上分为求偶与勃起反射、爬跨和抽动反射、射精反射，交配结束。

公猪为分段射精，而且持续时间长，常需5～10min，甚至可长达20min。射精时精液直接射入子宫内。

（2）精液。猪的射精量很大，一般为150～500mL。精液中精子的密度较小，每毫升精液中有10万～30万个精子。

公猪在射精的不同阶段，精液组成成分不相同。开始射精时射出的是缺乏精子的水样液体，其容量占射精量的5%～20%。人工采精时，这部分常不收集。随之射出的是含有大量精子的精液，容量占射精量的30%～50%，这是采精时应收集的部分。最后是含精子较少、以胶状凝团为主的部分，这部分占射精量的40%～60%。

(二) 雌性生殖系统

1. 母猪生殖系统的构造特点 母猪的生殖器官构造如图3-19所示。

图3-19 母猪的生殖器官（背侧面）
1. 膀胱 2. 输卵管 3. 卵巢囊 4. 阴道黏膜 5. 尿道外口 6. 阴蒂
7. 子宫体 8. 子宫阔韧带 9. 卵巢 10. 输卵管腹腔口 11. 子宫角
（马仲华.2002.家畜解剖学及组织胚胎学.第三版）

（1）卵巢。猪卵巢的形状、大小、位置和内部结构，因发育程度和机能状态不同而有明显差异。4月龄以前未达到性成熟的小母猪，卵巢呈椭圆形，大小约0.4cm×0.5cm，表面平滑，淡红色，多位于荐骨岬两旁腹侧面的稍后方，腰小肌腱附近。接近性成熟时的5~6月龄的小母猪，卵巢表面因有突出的小卵泡而呈桑葚形，大小约2cm×1.5cm，位置稍移向前下方，位于髋结节前缘横切面上部。性成熟后和经产的母猪，卵巢长约5cm，位于髋结节前缘约4cm横断面上（或髋结节与膝关节连线的中点的水平面上），因有许多较成熟的卵泡而使表面呈起伏不平的结节状。卵巢前端与输卵管伞相连，后端以卵巢固有韧带与子宫角相连。卵巢系膜与卵巢固有韧带间由输卵管系膜形成宽大的卵巢囊，性成熟时卵巢大部分藏于囊内。

Z 知识链接

小母猪阉割一般选择45d左右日龄、体重7kg左右的健康小母猪。先将小母猪保定，以左手中指顶住左侧髋结节，然后以拇指压迫同侧腹壁，向中指顶住的左侧髋结节垂直方向用力压下去，使左手拇指所压迫的腹壁与中指所顶住的髋结节尽可能的接近，使拇指和中指的边线与地面垂直，此左手拇指端在压迫点就是术部。切口位置距左列乳头外缘2~3cm。

（2）输卵管。长15~30cm，前端形成宽大的输卵管漏斗，可包住整个卵巢。输卵管的前段弯曲而粗，无明显的输卵管壶腹。后段直而细，称为峡部，连于子宫角，与子宫角之间无明显分界。

(3) 子宫。属双角子宫。子宫角特别长，弯曲如小肠，经产母猪可达 1.2～1.5m。子宫体很短，约 5cm。子宫颈长，成年猪长 10～15cm，子宫颈为子宫体的 3 倍，是子宫最狭窄的部分。其黏膜褶在两旁集拢形成两行半球形隆起，称为子宫颈枕。子宫颈枕交错相嵌，使子宫颈管呈狭窄的螺旋形。猪子宫颈与阴道无明显分界，也不形成子宫颈阴道部。子宫系膜发达，含有大量平滑肌纤维。

(4) 阴道。长 10～12cm，较狭，前端不形成阴道穹窿，后端与阴道前庭相接。阴道与阴道前庭以腹侧壁的尿道外口为界。在尿道外口前方有环形的阴瓣，幼猪稍发达。

(5) 阴道前庭。黏膜形成两对纵褶，纵褶间有多个前庭小腺的开口。

(6) 阴门。阴唇皮肤有稀疏的毛。背侧连合钝圆，腹侧连合呈锐角，并垂向下方。阴蒂体位于前庭底壁内，略弯曲，末端形成不发达的阴蒂头突出于阴蒂窝内。

2. 母猪的生殖生理特点 母猪的性成熟期一般为 5～8 月龄，有些南方早熟品种则更早一些。

(1) 发情周期。母猪全年都能发情，发情周期为 19～23d，平均 21d。在一个发情周期中，不仅母猪的卵巢和生殖道出现一系列的变化，而且神经系统、性欲等也会发生变化。因此，根据体内的一系列生理变化，通常把一个发情周期分为 4 个期，即发情前期、发情期、发情后期和间情期。母猪的发情期一般为 2～3d。

(2) 排卵。母猪在一次发情中排出卵子的数量是恒定的，一般为 10～25 个。卵子通过输卵管的时间约为 50h。其中卵子到达壶腹部的时间仅为 6～12h，而卵子保持受精能力的最长时间约为 12h。

(3) 受精。猪子宫颈管开放的程度较大，精液可直接射入子宫。大部分精子于射精后 2h 到达子宫和输卵管连接处，并在 24h 内不断向输卵管运动。最先到达输卵管壶腹的精子只需 15～20min。

(4) 妊娠。受精后，受精卵在输卵管内发生卵裂，并沿输卵管向子宫移动。一般经过 3～4d 才到达子宫。猪胚泡在子宫并不立即附植，而要在子宫内游离 4～7d 后才开始附植。各胚泡间的距离相等，附植在子宫壁上的位置相对固定。此外，猪胚胎在两侧子宫角内大都趋于平均分布。母猪的妊娠期比较稳定，平均为 114d。不同品种的猪稍有差异。

(5) 分娩。母猪的分娩过程一般可分为：开口期、胎儿排出期和胎衣排出期。母猪每努责 1～4 次可产出一仔，两仔之间的间隔为 5～20min。母猪在全部胎儿产出后，经过数分钟的短暂安静，子宫肌重新开始收缩，在产后 10～60min，两侧子宫角排出胎衣。

任务三　猪免疫系统认知

一、淋 巴 结

(一) 猪淋巴结的构造特点

猪淋巴结的结构比较特殊。在淋巴门处，被膜较厚，结缔组织由此伸入内部形成粗大的小梁。小梁分支成网，并与周围的被膜相连。在小梁周围和被膜下的淋巴窦分别称为小梁淋巴窦和被膜下淋巴窦。幼龄猪淋巴结"皮质"和"髓质"的位置恰好和其他动物相反，即淋巴小结位于淋巴结的中央区域，淋巴小结之间为弥散淋巴组织。而位于被膜下的组织，网状纤维细而密集，着色浅，淋巴窦小而不明显，淋巴细胞数量不多，称为周围组织。成年猪淋巴小结常沿深层的小梁淋巴窦分布，也有淋巴小结位于被膜下的周围组织中。输入淋巴管从门部进入被膜，一直穿行到中央，汇入小梁淋巴窦，后经周围组织中的淋巴窦到被膜下淋巴窦，最后汇集成几支输出淋巴管，从被膜的不同部位出淋巴结（图3-20）。

图3-20 猪的淋巴结
1. 被膜 2. 毛细血管 3. 小梁周围的淋巴窦
4. 被膜下淋巴窦 5. 小梁 6. 淋巴小结
7. 弥散淋巴组织 8. 周围组织
（马仲华.2002.家畜解剖学及组织胚胎学.第三版）

（二）猪全身主要淋巴结

猪全身约有190个淋巴结，共有18个淋巴中心。猪淋巴结正常色泽大多呈黄白色（图3-21）。

1. 头部的淋巴结

（1）腮腺淋巴结。位于下颌关节的下方，下颌骨支及咬肌的后缘，部分或完全为腮腺所覆盖，常有2~3个。

图3-21 猪体主要浅层淋巴结
1. 颈浅背侧淋巴结 2. 颈浅腹侧淋巴结 2'. 颈浅中淋巴结 3. 咽后外侧淋巴结 4. 腮腺淋巴结
5. 下颌淋巴结 6. 下颌副淋巴结 7. 髂下淋巴结 8. 腘淋巴结
（内蒙古农牧学院、安徽农学院.1992.家畜解剖学.第二版）

（2）下颌淋巴结。位于下颌间隙中，在下颌骨支后内侧，胸骨舌骨肌外侧、下颌腺的前方，常有1~2个，是猪头部临床诊断和食品卫生检验的首选浅表淋巴结。

（3）下颌副淋巴结。位于下颌腺的后方，腮腺后下角的内侧，有2~4个。

（4）咽后淋巴结。分两组：一组称咽后外侧淋巴结，位于腮腺淋巴结的后方，腮腺的后上缘，部分或完全为腮腺覆盖，有1~2个；另一组称为咽后内侧淋巴结，位于咽肌的背外侧，在颈总动脉和迷走交感干的上方，胸头肌的深面，被胸腺和脂肪覆盖，常有数个。

2. 颈部淋巴结

（1）颈浅淋巴结。分为两组：一组称为颈浅背侧淋巴结（又称肩前淋巴结），位于肩关节的前上方，颈斜方肌和肩胛横突肌之间的深面，有1~2个；另一组称颈浅腹侧淋巴结，位于臂头肌下缘表面,有 3~5 个,组成长的淋巴结链。

(2) 颈深淋巴结。分为两组:一组称为颈深前淋巴结,较小,位于喉和甲状腺之间的气管腹外侧,有 1~5 个;另一组称颈深后淋巴结,位于甲状腺的后方,气管的腹侧,较小,有 3~8 个。

3. 前肢淋巴结　无肘淋巴结和腋固有淋巴结,只有第 1 肋腋淋巴结,位于锁骨下肌的深面,第 1 肋的前方,腋静脉的腹侧。

4. 后肢淋巴结

(1) 腘淋巴结。分为深、浅两组:一组称腘浅淋巴结,位于腓肠肌外侧头起始部的后上方,臀股二头肌和半腱肌之间的沟内脂肪中,一般有一大一小,有时缺无;另一组称腘深淋巴结,位于腘浅淋巴结的前上方,臀股二头肌和半腱肌之间的腓肠肌上,有 1~3 个。

(2) 髂股淋巴结。位于髂外侧动脉起始部的稍后方,有的还伸延到股深动脉的起始部,俗称腹股沟深淋巴结。为一较重要的淋巴结群,在兽医卫生检验中是重点检查的淋巴结。

5. 腹壁和骨盆壁的淋巴结

(1) 腰主动脉淋巴结。散布于腹主动脉和后腔静脉的腹外侧,有 8~20 个。

(2) 髂内侧淋巴结。位于旋髂深动脉的起始部,髂外侧动脉的内、外侧,有 4~9 个。

(3) 髂外侧淋巴结。位于旋髂深动脉前、后支之间或前支的前方,埋在髂腰肌腹外侧的脂肪中,有 1~3 个。

(4) 荐淋巴结。位于左、右髂内动脉起始部之间,有 1~3 个。

(5) 髂下淋巴结。又称股前淋巴结或膝上淋巴结。位于髋结节和膝关节之间,阔筋膜张肌前缘中点的皮下脂肪组织中,为数个淋巴结组成的淋巴结团块。

(6) 腹股沟浅淋巴结。母猪的腹股沟浅淋巴结位于倒数第 2 对乳房的外侧,称乳房淋巴结,是由数个淋巴结组成的淋巴结群。公猪的位于腹股沟管外皮下环的前方,阴茎的外侧,称阴囊淋巴结,是由数个淋巴结组成的淋巴结链。

(7) 肾淋巴结。位于肾门附近的肾血管附近,有 1~4 个。

(8) 肛门直肠淋巴结。位于直肠腹膜后部的背外侧,有 2~10 个。

(9) 坐骨淋巴结。位于荐结节阔韧带外侧面前部、臀中肌深层。

(10) 臀淋巴结。位于荐结节阔韧带外侧后部、臀后动脉上方。

6. 腹腔内脏的淋巴结

(1) 腹腔淋巴结。位于腹腔动脉的根部和胰左叶的前方,有 2~4 个。

(2) 胃淋巴结。通常有两组:一组位于胃小弯的肠面,胃左动脉的表面,胰体和胰左叶的腹侧;另一组位于胃贲门附近,有 1~5 个,不易与腹腔淋巴结清楚区分。

(3) 肝淋巴结。发达,位于肝门附近的门静脉上,有 2~7 个。

(4) 脾淋巴结。位于脾门的最上部,脾动脉进入脾门处,有 2~8 个。

(5) 胰十二指肠淋巴结。位于胰和十二指肠之间,有 5~10 个。

(6) 肠系膜淋巴结。位于肠系膜动脉起始部和肠系膜中,数量较多,依其所在部位区分为:肠系膜前淋巴结、空肠淋巴结、回盲结肠淋巴结、结肠淋巴结、肠系膜后淋巴结。

7. 胸腔淋巴结

(1) 胸背侧淋巴结。主要有胸主动脉淋巴结,位于第 6 胸椎的后方,胸主动脉和胸椎之间,有 2~8 个。

（2）胸腹侧淋巴结。主要有胸骨前淋巴结，位于前腔静脉的腹侧，胸骨背侧第1肋处的胸内血管附近，有数个。

（3）纵隔淋巴结。位于纵隔中，根据其所在的位置可分为纵隔前淋巴结、纵隔中淋巴结和纵隔后淋巴结。

（4）气管支气管淋巴结。位于支气管分叉附近，根据其所在的位置可分为四群：气管支气管左淋巴结、气管支气管右淋巴结、气管支气管前淋巴结、气管支气管中淋巴结。

气管淋巴干与右前肢的淋巴管合成，长约2cm，注入颈静脉或臂头静脉。

二、脾

猪脾长而狭窄，质较硬，呈暗红色，位于胃大弯的左侧，随胃大弯的弯曲而呈弧形。脾的大小因含血量的多少而不同。

脾借助胃脾韧带与胃疏松相连。

三、胸 腺

幼猪的胸腺发达，呈粉红色，分颈、胸两部。胸部胸腺位于心前纵隔中，前腔静脉下方。左、右颈部胸腺分别沿左、右颈总动脉向前伸至枕骨的颈突。性成熟后颈部胸腺先退化，以后胸部胸腺退化。

任务四　猪解剖生理技能训练

技能训练　猪主要器官及淋巴结的识别

【目的要求】掌握猪主要器官及主要淋巴结的形态、结构和位置。

【材料及设备】猪的离体器官标本或新鲜的猪尸体，常用解剖器械。

【方法步骤】

（1）将猪致死，烫毛，剥皮，识别下列淋巴结：下颌淋巴结、肩胛前淋巴结、腋淋巴结、股前（膝上）淋巴结、腹股沟浅淋巴结、腹股沟深淋巴结、腘淋巴结。

注意观察各淋巴结的形态、位置、大小和颜色。

（2）剖开猪的颈胸和腹腔，识别下列器官：喉、扁桃体、胸腺、肝、心、肺、胃、小肠（十二指肠、空肠、回肠）、大肠（盲肠、结肠）、肾、睾丸、卵巢、子宫及纵隔淋巴结、肺门淋巴结、肠系膜淋巴结。

注意观察上述器官的形态、位置和解剖构造，并注意各器官之间的相互位置关系。

【技能考核】在新鲜的猪尸体上找出上述器官及淋巴结。

复习思考题

1. 名词解释：吻骨、胃小凹、包皮憩室。
2. 猪前、后脚骨与牛相比有何不同点？

3. 写出猪的恒齿式。
4. 简述猪的胃、肠、肝、胰的形态结构特点。
5. 淀粉类饲料在猪体内是如何被消化的?
6. 绘出猪肺的分叶模式图。
7. 简述猪肾的形态结构特点。
8. 公猪的副性腺与其他家畜相比有何特点?
9. 简述母猪生殖器官的结构特点。
10. 为何在人工采精时,猪开始射精时的精液常不收集?
11. 简述母猪生殖生理特点。
12. 猪淋巴结的组织结构与其他家畜相比有何特点?
13. 简述猪体浅表主要淋巴结的位置。

项目四
马解剖生理特征

学习目标和思政目标

了解马属动物的骨骼、肌肉、皮肤及衍生物的形态、结构，消化、呼吸、泌尿、生殖系统的组成及生理特点；了解马属动物的体温、心率等生理常数及生活习性；掌握马属动物的肝、胃、肠、心、肺、肾、膀胱、脾、睾丸、卵巢、子宫、阴囊的形态、位置和构造特点。具备奋斗不止、自强不息的进取、向上的龙马精神，践行社会主义核心价值观，坚定道路自信、理论自信、制度自信、文化自信。

马属动物属单胃、草食性动物，主要包括马、驴、骡等。它们的形态结构和生理机能与反刍动物基本相似，但在身体的外部形态、内部器官的形态结构和生理机能上有着自己的特性。本项目以马为对象，具体描述马属动物身体的形态结构和生理机能的特点。

任务一 马骨骼、肌肉和被皮认知

一、骨 骼

马的全身骨骼与牛一样，也分为头部骨骼、躯干骨骼、前肢骨骼和后肢骨骼（图4-1）。

图4-1 马的全身骨骼

1. 头骨 2. 颈椎 3. 胸椎 4. 腰椎 5. 荐椎 6. 尾椎 7. 髋骨 8. 股骨 9. 髌骨 10. 腓骨 11. 胫骨 12. 跗骨 13. 第4跖骨 14. 第3跖骨 15. 近籽骨 16. 系骨 17. 冠骨 18. 蹄骨 19. 肋骨 20. 胸骨 21. 肩胛骨 22. 臂骨 23. 尺骨 24. 桡骨 25. 腕骨 26. 第4掌骨 27. 第3掌骨 28. 指骨

（马仲华. 2002. 家畜解剖学及组织胚胎学. 第三版）

项目四 马解剖生理特征

(一)头部骨骼的特征

成年马头骨呈尖端向前的四面棱锥状。

1. 背侧面 后端有横行的枕嵴。枕嵴前方有由顶骨、顶间骨和部分枕骨构成的颅顶部。额骨上无角突,表面平坦而宽,向两侧伸出颧突,其基部有眶上孔。鼻骨前端尖,后端宽大。最前方是颌前骨,它与鼻骨共同围成骨质鼻孔(图4-2)。

2. 侧面 眶窝完整而呈圆形。眼眶的后方外侧有呈弓形的突起,称颧弓。颧弓内侧的凹陷为宽大的颞窝,朝向上方,周界清楚,呈耳状。眼眶的外侧有发达的面嵴,面嵴前端形成面结节。面结节前上方的孔称眶下孔,位于上颌骨颜面中央。下颌骨体直,下颌支比牛的发达。在上颌骨、颌前骨、下颌骨可见到齿槽和齿槽间缘(图4-3)。

3. 底面 主要是下颌间隙。在后部可见到枕骨大孔、枕髁。

图4-2 马头骨(背面)

1. 枕骨 2. 顶骨 3. 颧突 4. 额骨 5. 泪骨
6. 颧骨 7. 鼻骨 8. 上颌骨 9. 切齿骨
10. 枕嵴 11. 顶间骨 12. 颧弓 13. 眶上孔
14. 眼窝 15. 眶下孔 16. 切齿孔

(马仲华.2002.家畜解剖学及组织胚胎学.第三版)

图4-3 马头骨(侧面)

1. 切齿骨 2. 上颌骨 3. 眶下孔 4. 鼻骨 5. 颧突 6. 泪骨
7. 眶上孔 8. 额骨 9. 下颌骨的冠状突 10. 颧弓 11. 顶骨
12. 外耳道 13. 枕骨 14. 颞骨 15. 枕髁 16. 颈静脉突
17. 髁状突 18. 下颌骨支 19. 面嵴 20. 下颌骨体 21. 颏孔

(马仲华.2002.家畜解剖学及组织胚胎学.第三版)

(二)躯干骨骼的特征

马躯干骨同牛一样包括椎骨、肋和胸骨。

1. 椎骨 包括颈椎、胸椎、腰椎、荐椎、尾椎,它们连接起来形成脊柱。

(1)颈椎。7个,大而长。第3~5颈椎形态基本相似,第1、2、6、7颈椎比较特殊。

(2)胸椎。18个,椎体短,椎头和椎窝两侧各有一对肋凹,与肋骨头形成关节。棘突发达,第3~5棘突是构成鬐甲的骨质基础。横突短,外侧面上具有小的关节面,称为横突肋凹。

(3) 腰椎。6个，椎体和棘突与后部胸椎相似。横突长，呈上下压扁的板状。

(4) 荐椎。5个，成年时愈合成一整体，即荐骨，呈前宽后窄的三角形。

(5) 尾椎。数目变化大，马平均15～21个，前1～4个尾椎尚有椎弓、棘突和横突。向后则逐渐退化，仅保留椎体。

2. 肋　有18对，细长，8对真肋，10对假肋。每一根肋都分为肋骨和肋软骨。

3. 胸骨和胸廓　胸骨位于胸部的腹侧壁，呈舟状。胸骨体窄而高，腹侧有纵向的胸骨嵴。

马的胸廓较牛的长，前部两侧扁，向后逐渐扩大。胸前口为椭圆形，下方窄；胸后口宽大。

4. 马躯干骨的连结　包括脊柱连结和胸廓连结。

(1) 脊柱连结。与牛相似，但马项韧带的索状部与寰椎和第3～4胸椎棘突之间各有一黏液囊，临床上可因感染而发生炎症。项韧带板状部后部分为两叶。

(2) 胸廓连结。与牛相似。

(三) 前肢骨骼的特征

1. 肩胛骨　较窄，呈三角形。肩胛冈中部增厚粗糙，称冈结节。无肩峰。

2. 臂骨　为一管状长骨。近端在臂骨头外侧有大结节，内侧为小结节。骨体呈扭曲状，外侧缘中部有发达的三角肌粗隆，粗隆向上延伸为臂骨嵴。远端有髁状关节面与桡骨形成关节。髁的后面形成深的鹰嘴窝。

3. 前臂骨　包括桡骨和尺骨。桡骨发达，位于前内方。尺骨位于后外方，近端发达，远端退化。桡骨近端及骨体的掌侧面与尺骨愈合，其间有一条前臂骨间隙。

4. 腕骨　共7块，排成两列。近列为4块，由内侧向外侧依次是桡腕骨、中间腕骨、尺腕骨和副腕骨。远列有3块，由内侧向外侧依次是第2腕骨、第3腕骨和第4腕骨。

5. 掌骨　具有3枚。只有第3掌骨发育完善，起主要支持作用，称为大掌骨。第2、4掌骨小，称为小掌骨，分别位于大掌骨的内、外侧。

6. 指骨和籽骨　马仅有第3指骨，3枚籽骨。

(四) 后肢骨骼的特征

1. 髋骨　由髂骨、坐骨、耻骨组成。与牛基本相似。

2. 股骨　为畜体最大长骨，由髋臼处向前倾斜。近端有呈球状的股骨头，股骨头外侧有两个突起，前为小转子，后为大转子。股骨体外侧的第3转子比牛的明显。

3. 膝盖骨（髌骨）　为畜体最大的籽骨。呈顶向下、底朝上的短楔状，前面粗糙，后面为关节面。

4. 小腿骨　包括胫骨和腓骨。胫骨发达，位于内侧，呈三棱形，是小腿部主要负重的部分。腓骨细而短，不发达，贴附于胫骨外侧。

5. 跗骨　共6块，皆为短骨，排成3列。近列两块跗骨发达，内侧的称距骨，外侧的称跟骨。跟骨向上突出，形成跟结节。中列仅一块即中央跗骨。远列3块，从内向外依次为第2、3、4跗骨。

6. 跖骨、趾骨和籽骨　组成、数目、形态分别与前肢掌骨、指骨和籽骨相似，但略窄而长。

二、肌　肉

马的全身肌肉也分为头部肌肉、躯干肌肉、前肢肌肉和后肢肌肉（图4-4），其各部分与牛基本相似，但具有以下特征：

图4-4　马的全身浅层肌

1. 上唇提肌　2. 鼻唇提肌　3. 鼻孔外侧开肌　4. 颊肌　5. 下唇降肌　6. 颧肌　7. 肩胛舌骨肌
8. 颈静脉　9. 胸头肌　10. 臂头肌　11. 夹肌　12. 颈腹侧锯肌　13. 颈斜方肌　14. 胸斜方肌
15. 背阔肌　16. 胸腹侧锯肌　17. 肋间外肌　18. 腹外斜肌　19. 胸深前肌　20. 降胸肌
21. 冈上肌　22. 三角肌　23. 臂肌　24. 腕桡侧伸肌　25. 指总伸肌　26. 腕斜伸肌
27. 腕尺侧屈肌　28. 腕桡侧屈肌　29. 腕外侧屈肌　30. 指外侧伸肌　31. 菱形肌
32. 后上锯肌　33. 臀中肌　34. 臀浅肌　35. 阔筋膜张肌　36. 臀股二头肌　37. 半膜肌
38. 半腱肌　39. 腓肠肌　40. 趾长伸肌　41. 趾外侧伸肌　42. 趾深屈肌　43. 腘肌
44. 趾深屈肌内侧头　45. 胫骨前肌　46. 第3腓骨肌　47. 胸深后肌

（马仲华. 2002. 家畜解剖学及组织胚胎学. 第三版）

（一）皮肌

与牛相比，马除了有面皮肌、肩臂皮肌和躯干皮肌外，还有颈皮肌。

（二）头部肌肉

1. 面肌　位于颜面部，分布在鼻孔和口腔周围，与牛基本相似。

2. 咀嚼肌　分开口肌和闭口肌。闭口肌十分发达，包括咬肌和颞肌。开口肌中除枕二腹肌之外，马还有枕下颌肌，为枕二腹肌后腹的一部分，作用为下降下颌。

(三)躯干肌肉

躯干肌肉可分为脊柱肌、颈腹侧肌、胸壁肌和腹壁肌,与牛相似。

(四)前肢肌肉

1. 肩带肌 为连接躯干和前肢的肌肉,包括斜方肌、菱形肌、臂头肌、背阔肌、胸肌和腹侧锯肌。与牛相比,无肩胛横突肌。

2. 作用于肩关节的肌肉 包括伸肌(冈上肌)、屈肌(三角肌、大圆肌)、内收肌(肩胛下肌、喙臂肌)、外展肌(冈下肌)。基本同牛。

3. 作用于肘关节的肌肉 分布于臂骨周围。根据对肘关节的作用分为伸肌(臂三头肌、前臂筋膜张肌)和屈肌(臂二头肌、臂肌)。

4. 作用于腕关节、指关节的肌肉 包括伸肌(腕桡侧伸肌、指总伸肌、指外侧伸肌、腕斜伸肌)和屈肌(腕桡侧屈肌、腕尺侧屈肌、腕外侧屈肌、指浅屈肌、指深屈肌)。与牛相比,缺指内侧伸肌。

马前肢的肌肉与牛基本相似,但结构不同。马的前肢腱多肉少,其胸下锯肌的腱层形成一坚韧的弹性吊带,将躯干悬吊在两前肢之间。马站立时,前肢坚实的腱和韧带有固定腕关节、指关节和维持系关节角度的作用,站立中无需很多肌肉紧张收缩。因而马能够较长时间站立而不易疲劳。

(五)后肢肌肉

1. 作用于髋关节的肌肉 包括伸肌(臀中肌、臀深肌、股二头肌、半腱肌、半膜肌)、屈肌(臀浅肌、股阔筋膜张肌、髂腰肌、缝匠肌、耻骨肌)、内收肌(股薄肌、内收肌)。与牛相比,马多了臀浅肌。

2. 作用于膝关节的肌肉 包括伸肌(股四头肌)和屈肌(腘肌),同牛相似。

3. 作用于跗关节的肌肉 包括伸肌(腓肠肌、比目鱼肌)和屈肌(胫骨前肌、腓骨第3肌)。

4. 作用于趾关节的肌肉 包括伸肌(趾长伸肌、趾外侧伸肌、趾短伸肌)和屈肌(趾浅屈肌、趾深屈肌)。

马后肢的肌肉呈一定角度附着于骨骼上,肌肉收缩时产生强大的推动力,推动身体前进。马的后肢也靠肌肉、韧带、腱形成特殊的静力结构,起支持作用,但其静力结构不如前肢的完善。所以马站立时,左、右后肢常轮换休息,出现歇蹄现象。

三、皮肤及其衍生物

(一)马皮肤的构造特点

马的皮肤也分为表皮、真皮、皮下组织,但较牛的薄。马的皮肤广泛分布着触觉感受器,因而马较牛敏感。其中,触毛、四肢、腹部、唇、耳、鼠蹊较其他部位敏感。接触和抚摸马时,切不可直接接触其敏感部位,特别是四肢、腹部和耳部,以防逃避或反抗。

(二)马的皮肤衍生物

与牛相比,马的皮肤衍生物有以下特点:

1. 马的毛 为短而直的粗毛,在一些部位长有特殊的长毛,如马的鬣、鬃、尾等。在马的唇、眼睑、鼻孔附近还有一种长而粗的触毛,触毛的毛根有丰富的神经末梢。

2. 马的汗腺 比牛发达,几乎分布于全身,多数开口于毛囊。汗腺分泌的汗液含有较多的蛋白质,当出汗多时,被毛就呈黏胶状。由于汗液中含有氯化钠,所以,马在出汗多时易造成体内氯化钠的丧失。

3. 马的乳腺 位于两股之间,呈长椭圆形,被乳房间隔分隔为左、右两半,每半各有一个圆锥形乳头,每个乳头上有两个乳头管的开口。

4. 马蹄 马为单蹄动物,每肢只有一个蹄,包括蹄匣和肉蹄两部分(图 4-5)。

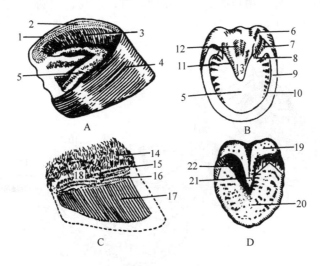

图 4-5 马 蹄

A. 蹄匣 B. 蹄匣底面 C. 肉蹄 D. 肉蹄底面

1. 蹄缘 2. 蹄冠沟 3. 蹄壁小叶层 4. 蹄壁 5. 蹄底 6. 蹄球 7. 蹄踵角
8. 蹄支 9. 底缘 10. 白线 11. 蹄叉侧沟 12. 蹄叉中沟 13. 蹄叉 14. 皮肤 15. 肉缘
16. 肉冠 17. 肉壁 18. 蹄软骨的位置 19. 肉球 20. 肉底 21. 肉枕 22. 肉支

(马仲华. 2002. 家畜解剖学及组织胚胎学. 第三版)

(1) 蹄匣。可分蹄壁、蹄底和蹄叉三部分。

蹄壁为马站立时可见的部分,前部为蹄尖壁,两侧为蹄侧壁,后部为蹄踵壁。蹄底是蹄底面的角质层,表面微凹,位于蹄壁底缘与蹄叉之间。蹄底的角质较软,其内面有许多小孔,以容纳肉蹄肉底上的乳头。蹄叉位于蹄底的后方,角质柔软,呈楔形,尖端向前,后部大而宽,在蹄踵部形成两个蹄球。

蹄壁从外向内由釉层、冠状层和小叶层三层构成。在蹄壁底缘,可以看到角质化小叶层和冠状层交接处呈现一条浅色的环状线称蹄白线。蹄白线是确定蹄壁厚度的标志,装蹄时,蹄钉不得钉在蹄白线以内,否则就会损伤肉蹄。

(2) 肉蹄。位于蹄匣内,富有血管和神经,呈鲜红色,可供给蹄匣营养,并有感觉作用。肉蹄形态与蹄匣相似,也可分为肉壁、肉底和肉叉三部分。

肉壁由真皮构成,直接与蹄骨骨膜紧密结合,表面有许多纵行的肉小叶,与蹄壁的角质小叶相嵌合。肉底由真皮构成,位于蹄骨底面,与骨膜紧密结合,肉底的表面有小乳头,伸入蹄底的角质小管中。肉叉由真皮和皮下组织构成,表面有发达的乳头,与蹄叉相嵌合。肉叉的皮下组织很发达,内含大量的胶原纤维、弹性纤维和脂肪,具有弹性,可以缓冲来自地面的冲击力。

在蹄骨与肉叉两侧后上方各有一块蹄软骨,与肉叉共同构成指(趾)端的弹性结构。

任务二 马内脏的认知

一、消化系统

马的消化系统与牛一样,由口腔、咽、食管、胃、小肠、大肠、肛门等消化器官和肝、胰等消化腺组成(图4-6)。

图4-6 马消化系统半模式

1.口腔 2.咽 3.食管 4.腮腺 5.肝管 6.胰 7.胰管 8.十二指肠 9.右上大结肠 10.右下大结肠 11.盲肠 12.骨盆曲 13.直肠 14.肛门 15.小结肠 16.左上大结肠 17.左下大结肠 18.空肠 19.回肠 20.胸骨曲 21.膈曲 22.胃 23.肝 24.腮腺管 25.舌下腺 26.颌下腺 27.颌下腺管

(周其虎.2001.畜禽解剖生理)

(一)马消化系统的构造特点

1. 口腔

(1)唇。马唇长而灵活,是采食的主要器官。上唇长而薄,表面正中有一纵沟,称人中。下唇较短厚,其腹侧有一明显的丘形隆起,称为颏。构成唇的主要基础是口轮匝肌,外面被覆有皮肤,内面贴衬黏膜。口唇的皮肤上除有密集的被毛外,还有长而粗的触毛。黏膜深层有唇腺,腺管直接开口于唇黏膜表面,唇的游离缘结构致密,有很硬的短毛,是皮肤和黏膜的移行区。

(2)腭。包括前部的硬腭和后部的软腭。

硬腭为口腔的顶壁,向后延续为软腭。硬腭的正中有一条纵行的浅沟为腭缝,腭缝的两侧有16~18条横行的腭褶,前部的腭褶高,向后逐渐变低而消失。在硬腭前部正中,有一个呈椭圆形的突起,为切齿乳头。硬腭的黏膜厚而坚实,上皮高度角质化,黏膜中无腺体,黏膜下有丰富的静脉丛。

软腭为一含肌组织和腺体的黏膜褶,由硬腭后缘垂向后下方,游离缘呈弓形,称腭弓,腭弓与舌之间形成咽峡。马的软腭特别长,咽峡很小,故不能经口呼吸,也不易呕吐。

(3) 舌。马的舌较长，舌尖扁平，舌体较大。在舌尖和舌体交界处的腹侧有一条舌系带。舌黏膜在舌背处厚而致密，两侧和腹侧较薄。黏膜表面有形状不同的4种乳头，分别是丝状乳头、菌状乳头、轮廓乳头和叶状乳头，其中后3种乳头内有味蕾。

(4) 齿。马的齿可分为切齿、犬齿、前臼齿、后臼齿。上、下切齿各有3对，由内向外分别为门齿（第1切齿）、中间齿（第2切齿）和隅齿（第3切齿）。犬齿位于齿槽间缘处，约与口角相对，公马有上、下犬齿各1对，母马一般无犬齿。上、下颌各有3对前臼齿和3对后臼齿。根据上、下颌各种齿的数目和位置，可写成齿式。

公马的恒齿式：$2\left(\dfrac{3\ \ 1\ \ 3\ \ 3}{3\ \ 1\ \ 3\ \ 3}\right)=40$　　母马的恒齿式：$2\left(\dfrac{3\ \ 0\ \ 3\ \ 3}{3\ \ 0\ \ 3\ \ 3}\right)=36$

马的齿属长冠齿，齿冠很长，齿颈不明显。切齿呈弯曲的楔形，磨面上有一个凹陷，称为齿漏斗（齿坎）。随着年龄的增长，齿不断磨损，齿漏斗逐渐变小变浅，最后消失。与此同时，在齿坎前方的齿质内出现黄褐色的斑点，称为齿星。随着年龄的增长和磨损，切齿磨面的形状也由横椭圆形变成圆形、三角形，甚至纵椭圆形，上、下切齿咬合时所构成的角度也愈来愈小。因此常根据切齿出齿、换齿、齿漏斗磨损程度、齿星出现时间及齿冠磨面形状，鉴别马的年龄。犬齿呈圆锥状，前臼齿和后臼齿呈多褶的柱状，磨面上形成4~5个齿漏斗。

2. 咽 马属动物的咽鼓管膨大，形成咽鼓管囊（喉囊），位于颅底和咽后壁之间，腮腺的深面，环椎翼的前方。

3. 食管 颈段食管开始于喉和气管的背侧，至颈中部，逐渐偏至气管左侧。胸段食管位于胸腔纵隔内，又转至气管背侧向后伸延。后穿过膈的食管裂孔进入腹腔，移行为腹段。腹段很短，与胃的贲门相接。

4. 胃

(1) 胃的形态和位置。马胃为单室胃，容积5~8L，大的可达12L。大部分位于左季肋部，小部分位于右季肋部，在膈、肝之后，左上大结肠的背侧。胃呈扁平而弯曲的囊，凸缘称胃大弯，朝向左下方；凹缘称胃小弯，朝向右上方。胃的左端向后上方膨大，称为胃盲囊，近幽门的部分体积变小，称为幽门窦（图4-7）。

(2) 胃壁的构造。马胃的黏膜被一明显的褶缘分为两部分，褶缘以上称为无腺部，褶缘以下称为有腺部。无腺部黏膜厚而苍白，与食管黏膜相连，衬以复层扁平上皮，黏膜内无腺体分布；有腺部黏膜软而皱，衬以单层柱状上皮，黏膜内含有腺体。有腺部又分为3个区：沿褶缘的一窄区，黏膜呈灰黄色，为贲门腺区；在贲门腺区下方的一大片黏膜，呈棕红色，并有明显的胃小凹，为胃底腺区；在胃底腺区右侧的黏膜，呈灰红色或灰黄色，为幽门腺区

图4-7 马胃和胰
1. 胰头　2. 十二指肠　3. 右叶　4. 左叶（胰尾）
5. 胃盲囊　6. 食管　7. 胃大弯　8. 胃小弯
9. 幽门　10. 肝管　11. 胰管　12. 门静脉

（马仲华. 2002. 家畜解剖学及组织胚胎学. 第三版）

(图4-8)。幽门处的黏膜形成一环形褶,称为幽门瓣。

5. **小肠** 分为十二指肠、空肠和回肠3段。

(1) 十二指肠。长约1m,位于腹腔右季肋部和腰部,以短的十二指肠系膜连于肝、右上大结肠、盲肠底、小结肠起始部、右肾和腰肌,位置较为固定。靠近幽门处形成"乙"状弯曲,然后向上向后伸延,在右肾后方绕过肠系膜转向左侧,在左肾下面转为空肠。

(2) 空肠。长约22m(驴12～13m),借空肠系膜(前肠系膜)悬吊于第1～2腰椎的腹侧,形成很多肠圈,常与小结肠混在一起,移动范围大。空肠位于左髂部、左腹股沟部和耻骨部。

(3) 回肠。长约1m,与空肠无明显界限,肠管较直,管壁厚,以短的回肠系膜连于盲肠。从左髂部伸至右后上方,到第3、4腰椎下方,以回盲口开口于盲肠底内侧。

小肠壁的构造与牛的相似,分为黏膜层、黏膜下层、肌层和浆膜层。

6. **大肠** 马的大肠发达,可分为盲肠、结肠和直肠3段(图4-9)。

(1) 盲肠。很发达,外形似逗点状,长约1m,容积比胃大一倍,位于腹腔右侧,可分盲肠底、盲肠体和盲肠尖3部分。盲肠底为盲肠最弯曲的部分,位于右髂部,其大弯凸向上,以结缔组织附着于腹腔顶壁;小弯凹向下内侧,有回盲口和盲结口。盲肠体为盲肠的中部,从右髂部沿右侧腹壁伸向前下方。盲肠尖为盲肠前下端的游离部,位于脐部和剑状软骨部。

盲肠的外面有4条纵带和4列肠袋。

(2) 结肠。可分为大结肠、小结肠。

①大结肠:管径粗大,长3～3.7m(驴2.5m),容积50～60L,几乎占据整个腹腔下部,呈双层马蹄铁形,可分为4段和3个弯曲。从盲结口开始,顺次为右下大结肠→胸骨曲→左下大结肠→骨盆曲→左上大结肠→膈曲→右上大结肠。

右下大结肠位于腹腔右下部,约在最后肋骨处起始于盲肠底的小弯,沿右侧肋弓向下向前,伸延至剑状软骨部,然后折向左后方,形成胸骨曲。

图4-8 马胃黏膜
1. 胃盲囊 2. 贲门 3. 食管 4. 十二指肠
5. 十二指肠憩室 6. 幽门 7. 幽门腺区
8. 胃底腺区 9. 褶缘 10. 食管部(无腺部)
(马仲华.2002.家畜解剖学及组织胚胎学.第三版)

图4-9 马的大肠
1. 盲肠底 2. 盲肠体 3. 盲肠尖 4. 右下大结肠
5. 胸骨曲 6. 左下大结肠 7. 骨盆曲 8. 左上大结肠
9. 膈曲 10. 右上大结肠 11. 小结肠
(马仲华.2002.家畜解剖学及组织胚胎学.第三版)

左下大结肠自胸骨曲沿腹腔左侧底壁向后,到达骨盆前口,在这里急转向上向前,形成骨盆曲。

左上大结肠从骨盆曲向前伸到膈、肝后方,向右后方折转形成膈曲。

右上大结肠自膈曲向后,在右下大结肠背侧,伸延至盲肠底内侧,转而向左,移行为横结肠。

下大结肠、胸骨曲有4条纵带和4列肠袋,骨盆曲和左上大结肠起始部仅有1列纵带,左上大结肠中部、膈曲和右上大结肠有3列纵带。

大结肠的肠管管径差别很大,盲结口最小,仅有5~7.5cm。下大结肠均较粗,管径20~25cm。到骨盆曲处突然变细,仅5~6cm。左上大结肠渐增粗,至膈曲达到20cm。右上大结肠末端膨大,呈囊状,称为结肠壶腹(胃状膨大部),管径达30~50cm。

Z 知识链接

在马属动物的常见疾病中,马疝痛和结肠便秘最为常见。这与马属动物特有的肠形态结构特征密切相关,马属动物大肠体积庞大,主要进行生物学消化,发酵产气引起的大肠体积剧烈改变影响了小肠的正常活动,容易造成肠扭转和肠套叠的出现,这就是所谓的疝痛。大肠各段在形态上管径的变化幅度很大,特别是结肠骨盆曲处管径很细,粪便不易快速通过,这就容易造成便秘的出现。

②小结肠:管径较细,借小结肠系膜(后肠系膜)悬吊于第3~6腰椎腹侧。主要位于左髂部上部,与空肠混杂,移动性大,在骨盆前口管径变细移行为直肠。

小结肠具有两条纵带和两列肠袋。

(3)直肠。直肠长约30cm(驴20cm),位于骨盆腔上部。其前段管径小,称狭部;后段膨大,称直肠壶腹。

7. 肝与胰

(1)肝。较扁,呈厚板状,棕红色,质脆,约占体重的1.2%。斜位于膈的后方,大部分位于右季肋部,小部分位于左季肋部。肝的背侧缘钝,腹侧缘锐。壁面(膈面)凸,与膈接触,背侧有后腔静脉沟,供后腔静脉通过;脏面凹,朝向后下方,与胃、十二指肠、大结肠、盲肠等接触。

马肝分叶明显,肝的腹缘有圆韧带切迹和叶间切迹,将肝分为左、中、右三叶。其中左叶包括左内侧叶和左外侧叶两部分;中叶又被肝门分为背侧的尾叶和腹侧的方叶,尾叶向右伸出尾状突;右叶背缘有明显的肾压迹。

马肝无胆囊,肝管直接开口于十二指肠。

马肝借很短的左、右冠状韧带、三角韧带、镰状韧带、肝圆韧带连于膈,并借肝肾韧带与右肾及盲肠底相连。

(2)胰。淡红黄色,呈不规则的扁三角形。位于腹腔背侧,大部分位于十二指肠的"乙"状弯曲中。胰管有两条,与肝管一起开口于十二指肠。

(二)马消化生理的特点

1. 口腔的消化特点 马主要用唇和齿采食,饲料经充分咀嚼后才吞咽。唇感觉敏锐,动作灵活,随时可把粗硬的草节和草根吐出。因而马采食细,咀嚼慢,采食时间长。

2. 胃的消化特点 马胃的排空速度比较缓慢，通常喂食后24h胃内还残留有食物。由于饲料经常残留，所以胃液分泌是连续的，但饲喂时分泌加强。马一昼夜可分泌30L胃液。

马在咀嚼和吞咽食物时，可反射性地引起胃底和胃体部的肌肉舒张，胃腔扩大，这称为容受性舒张，使食物容易进入胃内。食物进入胃后，一层层地铺在胃中。先进入胃的食物在周围，后进入的在中间。马胃内的食物可较长时间的保持分层排列而不混合，这种状态使马胃的贲门部以及深层的食物不易被胃液很快地浸透，较长时间地维持着弱碱性，为细菌及淀粉酶（由唾液带来的和饲料本身的酶）提供了特别适宜的环境，糖类分解过程很强。而邻近胃壁层的食糜，由于混有大量胃液，呈酸性反应，有利于饲料中蛋白质的分解。马胃内虽然也存在微生物的发酵作用，但并不进行纤维素的分解。

3. 小肠的消化特点 马一昼夜能分泌约7L的胰液和6L左右的胆汁。食糜进入十二指肠后，在这里受到胰液、胆汁和小肠液的化学消化作用，以及小肠运动的机械消化作用，大部分营养物质被消化吸收。其过程与牛的相似。

4. 大肠的消化特点 马的大肠容积庞大，与反刍动物瘤胃的作用相似。在小肠未被消化的营养物质，到大肠后在微生物和小肠消化酶的作用下继续分解。在马的盲肠和结肠内，存在大量微生物（大肠杆菌和乳酸杆菌），食糜滞留时间长，食物中40%~50%的纤维素、39%的蛋白质、24%的糖在这里被消化。纤维素发酵后产生大量挥发性脂肪酸和气体，挥发性脂肪酸可被机体吸收利用。气体主要有二氧化碳、甲烷、氮等，一部分经肛门直接排出，另一部分由肠黏膜吸收入血，经肺排出。

马的大肠形成许多肠袋，并有发达的纵肌构成的纵带，因而其运动方式与牛有所不同。马大肠的肠袋能交替地进行收缩与扩张，产生局部分节运动；纵带的收缩与舒张，产生钟摆运动。这些运动使肠内容物能充分混合。

二、呼吸系统

马的呼吸系统与牛的相似，包括鼻腔、咽、喉、气管、支气管和肺（图4-10）。

图4-10 马呼吸系统模式
1.鼻腔 2.咽 3.喉 4.气管 5.肺 6.膈

（范作良.2001.家畜解剖）

(一)马呼吸系统的构造特点

1. 鼻 马的鼻孔大,呈逗点状,由薄而灵活的内、外侧鼻翼围成。鼻腔前部衬有皮肤的部分称鼻前庭,相当于鼻翼所围成的空间,呈黑色。鼻前庭背侧的皮下有一盲囊,向后伸达鼻切齿骨切迹,称为鼻盲囊或鼻憩室,为马属动物特有。鼻前庭的外侧下部距黏膜约0.5cm处有一小孔,为鼻泪管口。固有鼻腔位于鼻前庭之后,与牛的相似,由骨性鼻腔衬有黏膜构成。鼻腔外侧壁各有上、下鼻甲,将鼻腔分为3个鼻道。

2. 喉 马的喉同牛一样,也由喉黏膜、喉软骨和喉肌构成,略有差异。

喉软骨包括会厌软骨、甲状软骨、环状软骨和一对勺状软骨。喉软骨借关节和韧带相连,内面衬以黏膜,外面附着喉肌而围成喉腔。马的喉腔同牛一样,也以声门裂为界,分为喉前庭和喉后腔,但马的喉前庭的侧壁上有一对室褶。在室褶的后方有一孔,马属动物喉黏膜由此外折,形成喉小囊。此外,马的声带较牛的短,声门裂也不如牛的宽大。

3. 气管和支气管 气管长约1m,是一圆筒状的管道,由50~60个U形软骨环连接组成。软骨环缺口朝向背侧,被致密结缔组织和平滑肌充填。气管前端与喉相接,向后沿颈腹侧正中线进入胸腔,在心基上方分为左、右支气管,分别进入左、右两肺。

4. 肺 马肺分叶不明显,以心切迹为界,心切迹以前部分称前叶(尖叶),心切迹以后部分称后叶(膈叶)。此外,右肺后叶的内侧还有一个小的副叶(图4-11)。

马肺后缘呈弓状,在体表的投影,由下列3个点连成的弧线围成。这3个点是:第16肋骨与髋结节水平线的交叉点,第14肋骨与坐骨结节水平线的交叉点,第10肋骨与肩关节水平线的交叉点。左肺的心切迹大,体表投影位于第3~6肋骨间,它与肩关节水平线交界的稍下方是心脏听诊的部位。

图4-11 马肺分叶模式
1. 尖叶 2. 膈叶 3. 副叶 4. 支气管 5. 气管
(范作良.2001.家畜解剖)

(二)马的呼吸生理特点

马的全部肺泡总面积可达$500m^2$,肺的总容量可达40L,通气量很大。在安静情况下,马的呼吸频率为8~16次/min。这些特点,有利于马快速和持久奔跑。

三、泌尿系统

马泌尿系统也同牛的一样,由肾、输尿管、膀胱和尿道组成(图4-12)。

(一)马泌尿系统的构造特点

1. 肾

(1) 肾的形态、位置。马肾为平滑单乳头肾,呈红褐色。右肾为钝角三角形,左肾为蚕豆形。左、右肾的内侧缘均有一个凹陷的肾门,是肾动脉、肾静脉、输尿管、神经和淋巴管出入之处。肾门向肾内凹陷为肾窦,肾窦内有肾盂、血管、神经、淋巴管和脂肪。

图4-12 马的泌尿系统（腹侧面）
1. 腹主动脉 2. 左肾上腺 3. 左肾 4. 输尿管 5. 膀胱圆韧带 6. 膀胱颈
7. 输尿管开口 8. 输尿管柱 9. 膀胱顶 10. 右肾 11. 右肾上腺 12. 后腔静脉
（马仲华.2002.家畜解剖学及组织胚胎学.第三版）

肾位于腰椎下方，腹主动脉和后腔静脉两侧，右肾比左肾靠前。右肾位于最后2～3肋骨上端和第1腰椎横突的下面，左肾位于最后肋骨上部和前3个腰椎横突的腹侧。

（2）构造（图4-13）。肾表面有一层致密结缔组织膜，称为纤维膜。肾实质是由若干个肾叶构成，马肾各叶均完全连合在一起，肾表面光滑无沟，全部肾乳头合成一个嵴状的肾总乳头突入肾盂中，故马肾为平滑单乳头肾。每个肾叶均能明显地分为表面的皮质和深部的髓质。

图4-13 马肾（腹侧面，左肾剖开）
1. 右肾 2. 右肾上腺 3. 肾动脉 4. 肾静脉 5. 输尿管 6. 后腔静脉
7. 腹主动脉 8. 左肾 9. 皮质 10. 髓质 11. 肾总乳头 12. 肾盂 13. 弓状血管
（马仲华.2002.家畜解剖学及组织胚胎学.第三版）

2. 输尿管 马的输尿管长约 70cm，直径 6～8mm。起于肾盂，左侧输尿管走在腹主动脉的外侧，右侧输尿管走在后腔静脉外侧，向后伸延至骨盆腔。公马的输尿管位于尿生殖褶中，与输精管相交叉，于膀胱的背面进入膀胱；母马的输尿管行于子宫阔韧带内，经子宫两侧伸延到膀胱的背侧面进入膀胱。输尿管均斜穿膀胱壁 2～3cm，以防止尿液逆流。

3. 膀胱 马的膀胱呈梨形，容积 2.8～3.8L。公马的膀胱在直肠、尿生殖褶和精囊腺的腹侧；母马的膀胱在子宫、阴道的腹侧。膀胱充满尿液时伸入腹腔，但膀胱颈位置较固定。膀胱壁的结构与牛一样。

4. 尿道 公马尿道很长，兼作排精之用，故称尿生殖道。母马尿道短而宽，长 6～8cm，位于阴道腹侧，尿道外口开口于阴道前庭腹侧壁阴瓣的后方，无尿道下憩室。

（二）马的泌尿生理特点

马尿一般呈淡黄色、黄色、暗褐色，因尿中含有较多碳酸钙结晶和黏蛋白而混浊黏稠。在普通饲养条件下，马尿的密度为 1.025～1.055，pH 为 7.2～8.7，每昼夜排尿量为 3～8L。马尿的生成和排尿机理与牛的相似。

四、生殖系统

（一）公马的生殖系统

公马生殖系统同公牛一样，包括睾丸、附睾、输精管和精索、尿生殖道、副性腺、阴茎、阴囊和包皮（图 4-14）。

图 4-14 公马生殖器官模式

1. 附睾尾 2. 睾丸 3. 附睾体 4. 附睾头 5. 精索 6. 阴茎 7. 阴茎缩肌 8. 坐骨海绵体肌 9. 尿道球腺 10. 前列腺 11. 精囊腺 12. 输精管壶腹 13. 膀胱 14. 输精管 15. 龟头 16. 包皮

（马仲华．2002．家畜解剖学及组织胚胎学．第三版）

1. 公马生殖系统的构造特点

（1）睾丸和附睾。马的睾丸为前后稍长、左右略扁的椭圆形，位于阴囊内，呈头端向前尾端向后的水平位。其前端背侧为睾丸头，与附睾头相接，并有血管、神经进出；后端为睾丸尾，借睾丸固有韧带与附睾尾相连；背侧缘称为附睾缘，直接与附睾相邻；腹侧缘为游离缘。其结构与牛相似。

(2) 输精管和精索。输精管直径约6mm，有发达的输精管壶腹（尤其是驴），末端与精囊腺导管合并，开口于精阜。精索为扁平的圆锥形索状结构，马的精索比牛的短。

(3) 尿生殖道。公马的尿生殖道以尿道内口起于膀胱颈，向后伸延至坐骨弓，这一段称为尿生殖道骨盆部；向下绕过坐骨弓，沿阴茎海绵体腹侧向前伸延至龟头，末端以尿道外口开口于体外，这一段称为尿生殖道海绵体部或阴茎部。

(4) 副性腺。包括精囊腺、前列腺和尿道球腺。

①精囊腺：1对，公马的精囊腺为囊状，呈长梨形，囊腔宽大。位于膀胱颈背侧的尿生殖褶中，输精管壶腹的外侧。每侧精囊腺的排泄管与同侧的输精管汇合，共同开口于精阜。

②前列腺：较发达，位于尿道起始部背侧。由左、右两侧叶和中部的峡构成，每侧有15～20条导管，穿过尿道壁开口于精阜后外侧。

③尿道球腺：1对，呈椭圆形，位于尿生殖道骨盆部末端的背面两侧，靠近坐骨弓。腺体的表面被覆有尿道肌，每侧腺体有6～8条输出管开口于尿生殖道背侧壁的黏膜上。

(5) 阴茎。马的阴茎粗大而直，呈左右略扁的圆柱状，无"乙"状弯曲。阴茎位于腹壁之下，起自坐骨弓，经两股之间沿中线向前，伸延到脐部。可分阴茎根、阴茎体、阴茎头三部分。

马的阴茎头因海绵体发达而膨大成圆锥状，称为龟头。龟头的基部隆起，形成龟头冠，龟头前端的腹侧面，形成凹陷的龟头窝，窝内有短的尿道突。尿生殖道外口开口于尿道突上。

(6) 包皮。马的包皮为双层皮肤褶，分为外包皮和内包皮，均由深、浅两层构成。外包皮套在内包皮外面，较长，游离缘围成包皮外口。内包皮实际是外包皮的深层延续折转而成，直接套在阴茎前端的外面，比外包皮短小，其游离缘形成包皮内口。当阴茎勃起时，包皮的各层展平成一层而包围在阴茎表面。包皮的皮肤内有汗腺和包皮腺，其分泌物与脱落的上皮细胞等共同形成一种黏稠而难闻的脂肪性包皮垢。

(7) 阴囊。是袋状的皮肤囊，位于耻骨前方，两股之间，位置较牛的靠后，阴囊颈较明显。马的阴囊皮肤较薄，具有弹性，易于移动和伸展，表面生有短而细的毛，含有色素而呈黑色，富有皮脂腺和汗腺。阴囊壁的结构与牛的相似。

2. 公马的生殖生理特点 公马的精液呈浅白色，黏稠不透明，呈弱碱性，pH为7.2～7.3，渗透压和血液相似，有特殊的臭味。公马每次交配的射精量为50～150mL。

(二) 母马的生殖系统

母马的生殖系统与母牛的一样，包括卵巢、输卵管、子宫、阴道、尿生殖前庭和阴门（图4-15）。

1. 母马生殖系统的构造特点

(1) 卵巢。1对，马属动物的卵巢比牛的大。呈豆形，借卵巢系膜悬吊于腹腔腰部，在肾的后方或骨盆前口的两侧。左、右位置不对称，左侧卵巢悬吊在左侧第4、5腰椎横突末端之下，常在左子宫角前端的内下方，位置较低；右侧卵巢在右侧第3、4腰椎横突下方，靠近腹腔顶壁，位置较高。经产老龄马的卵巢，常因卵巢系膜松弛而被肠管挤到骨盆前口处。卵巢的前端为输卵管端，接输卵管伞，后端为子宫端，借卵巢固有韧带与子宫角相连。在卵巢的游离缘上有一个凹陷，称为排卵窝，成熟卵泡由此排出，这是马属动物的特征。

(2) 输卵管。马的输卵管长而弯曲，有发达的输卵管伞。

(3) 子宫。马的子宫为双角子宫，呈Y形，分为子宫角、子宫体和子宫颈三部分。子宫角和子宫体的长度大致相等，子宫角成对，稍弯曲，全部位于腹腔内。两子宫角后端相合移行为子宫体。子宫体呈背腹略扁的圆筒状，大部分位于骨盆腔内，小部分位于腹腔内。子宫体向后延续为子宫颈，子宫颈位于骨盆腔内，其后部突入阴道，形成明显的子宫颈阴道部。子宫颈壁厚，黏膜形成许多纵褶，其中央为一窄细的管道，称子宫颈管。子宫颈阴道部的黏膜褶，形似花冠状，子宫颈外口位于其中央。

(4) 阴道。马的阴道较短，长15～20cm，位于骨盆腔内，背侧为直肠，腹侧为膀胱和尿道。阴道黏膜呈粉红色，较厚，形成许多纵褶，没有腺体。在阴道前端和子宫颈阴道部的周围，形成一个环状的隐窝，称阴道穹隆。

图4-15 母马生殖器官模式（背侧面）

1. 卵巢 2. 输卵管伞 3. 输卵管 4. 子宫角 5. 子宫体
6. 子宫颈阴道部 7. 子宫颈外口 8. 膀胱 9. 阴道
10. 阴瓣 11. 尿道外口 12. 尿生殖前庭 13. 前庭大腺开口
14. 阴蒂 15. 阴蒂窝 16. 子宫后动脉 17. 子宫阔韧带
18. 子宫中动脉 19. 子宫卵巢动脉

（马仲华. 2002. 家畜解剖学及组织胚胎学. 第三版）

(5) 尿生殖前庭。是左右略扁的短管，前接阴道，后连阴门，有明显的阴瓣，是阴道与尿生殖前庭的分界。与牛相比，马无尿道憩室。在尿道外口后方的腹侧壁上有前庭小腺的开口；在背侧壁的两侧，有前庭大腺的开口。

2. 母马的生殖生理特点 母马的性成熟时期是12～18个月。性成熟后，母马开始出现正常的发情周期。母马的发情具有明显的季节性，一般在春季出现发情。马的发情周期为19～25d，发情持续期为4～5d，排卵时间在发情结束前1～2d。卵细胞从卵巢排出后，10h内保持受精能力。马的妊娠期平均为340d，变动范围在307～402d。

任务三 马解剖生理技能训练

技能训练一 马全身骨、骨性标志、四肢关节和肌性标志的识别

【目的要求】 能够在马活体、马骨骼标本上识别出重要骨性标志、关节、主要肌群、重要肌性标志的位置。

【材料及设备】 马、马的骨骼标本、保定绳、保定柱栏等。

【方法步骤】

(1) 在头颈部触摸识别枕嵴、面嵴、眶下孔、咬肌、下颌间隙、下颌血管切迹、颈静脉沟、臂头肌、胸头肌等。

(2) 在躯干部触摸识别鬐甲、各部椎骨、腰荐间隙、肋骨和肋弓、肋间隙、胸骨柄、剑状软骨、背最长肌等。

(3) 在前肢部触摸识别前肢各骨及关节，观察各骨的形态结构、各关节的结构。

(4) 在后肢部识别后肢各骨及关节，观察各骨的形态结构、各关节的结构。

【技能考核】 在马活体上或骨骼标本上识别上述骨性标志、肌性标志。

技能训练二 马主要内脏器官的识别

【目的要求】 能够识别马的肺、肝、胃、肠、肾等主要内脏器官的形态、位置及构造。

【材料及设备】 马或马的内脏标本，解剖刀、剪、镊子等器械。

【方法步骤】

(1) 保定，用倒马器或其他方法使马倒下捆扎好四肢，并令其侧卧。

(2) 放血将马致死并剥皮，按一定方法剖开胸、腹腔，观察内脏器官的形态及所处的位置。

(3) 按顺序取出内脏器官，仔细观察并识别马的心、肺、胃、小肠、大肠、肝、胰、肾、睾丸、卵巢等各内脏器官的形态和结构。

【技能考核】 在马的新鲜尸体或标本上识别上述器官的形态构造。

复习思考题

1. 马为什么能站立睡眠而不会疲劳？
2. 马是如何消化饲料中的粗纤维的？
3. 马的大结肠有何特点？
4. 马的肺与牛相比有何特征？
5. 简述马肾的形态结构和位置。

项目五 家禽解剖生理特征

学习目标和思政目标

了解家禽骨骼、肌肉、皮肤及皮肤衍生物的形态、结构；了解家禽消化、呼吸、泌尿、生殖系统的组成和生理特点；了解家禽的正常体温范围、体温调节特点及家禽的生活习性。掌握家禽嗉囊、胃、肠、肝、胰、心、肺、肾、睾丸、卵巢、输卵管、法氏囊、胸腺、脾的形态、位置和构造特点。树立食品安全、健康中国理念，具备服务三农情怀；具有节约意识和环保意识，增强职业认同感、责任感和使命感。

家禽属于脊椎动物的鸟纲，主要包括鸡、鸭、鹅、鸽子、火鸡等。鸟纲动物最重要的特征是飞翔。在漫长的进化过程中，为适应飞翔，已形成一系列的自身结构特征，如体形呈流线型，前肢演变成翼，骨内含有气体、有气囊等。在人类长期的驯化下，许多家禽已丧失飞翔的能力，但其身体的形态、结构、机能以及活动规律，仍保持着适宜飞翔的特点。本项目以鸡为重点，阐述家禽的解剖生理特征。

任务一 家禽运动与被皮系统认知

一、运动系统

（一）骨骼

家禽为适应飞翔，骨骼发生了重要变化，一是大部分骨中空而含气，质量相对较轻；二是含有丰富的钙盐，骨质十分坚硬；三是骨多愈合，骨骼坚实有力。家禽的全身骨骼，按部位分为头骨、躯干骨、四肢骨（图5-1）。

1. 头骨 鸡的头骨呈圆锥形，以大而明显的眼眶为界，分为面骨和颅骨。颅骨大部分愈合，颅腔较小，内有脑和视觉器官。面骨不发达，主要形成禽类特有的喙。在下颌骨、颚骨之间有方骨，三骨形成活动关节，当口腔开张与闭合时，可使上喙上升和下降，便于吞食较大的食块。

2. 躯干骨 鸡的躯干骨由脊柱骨、肋骨和胸骨构成。脊柱骨分为颈椎、胸椎、腰荐椎和尾椎。颈椎的数目多，鸡13~14枚，鸭14~15枚，鹅17~18枚，鸽子12~13枚，形成"乙"状弯曲，使颈部运动灵活，利于啄食、警戒和梳理羽毛。胸、腰、荐椎数目较少，且互相愈合，活动不灵活。第2~5胸椎愈合成1块背骨，第7胸椎与腰椎、荐椎、第1尾椎愈合成腰荐骨。尾椎5~7枚，愈合成尾综骨，支撑羽毛和尾脂腺。

肋骨的数目与胸椎数目相同，鸡、鸽7对，鸭、鹅9对。除前1~2对外，每一肋骨都

图 5-1 鸡全身骨骼

1. 颌前骨 2. 下颌骨 3. 方骨 4. 颈椎 5. 锁骨 6. 乌喙骨 7. 肋骨 8. 胸骨 9. 胸嵴 10. 中突 11. 耻骨 12. 坐骨 13. 尾综骨 14. 尾椎 15. 髂骨 16. 肩胛骨 17. 胸椎 18. 臂骨 19. 前臂骨 20. 腕骨 21. 掌骨 22. 指骨 23. 股骨 24. 髌骨 25. 小腿骨 26. 跗跖骨 27. 趾骨

(山东省畜牧兽医学校.2000.家畜解剖生理.第三版)

由椎骨肋和胸骨肋两部分构成。椎骨肋靠近胸椎,与相应的胸椎形成关节;胸骨肋靠近胸骨,与胸骨形成关节。两部分肋骨之间互相成直角。除第1对和最后2~3对肋外,其他肋骨的椎肋上有钩状突,与后面的肋骨相接触,起加固胸廓的作用。

胸骨又称龙骨,非常发达,构成胸腔的底壁。在胸骨腹侧正中有纵行隆起,称龙骨突。胸骨末端与耻骨末端的距离称龙(胸)耻间距。两耻骨末端之间的距离称为耻骨间距。这两个距离大,表明母鸡正在产蛋期或产蛋能力很好。

3. 前肢骨 家禽的前肢演变成翼,分为肩带部和游离部。

(1) 肩带部。包括肩胛骨、乌喙骨和锁骨。肩胛骨狭长,与脊柱平行。乌喙骨粗大,斜位于胸廓之前,下端与胸骨成牢固的关节。锁骨较细,两侧锁骨在下端汇合,又称叉骨。

(2) 游离部。又称翼部,由臂骨、前臂骨和前脚骨组成。平时折叠成Z形,紧贴在胸廓上。臂骨发达,近端与肩胛骨、乌喙骨形成肩关节,远端与前臂骨形成肘关节,在近端还有较大的气孔。前臂骨由桡骨和尺骨构成,尺骨发达,两骨间形成较大的间隙。前脚骨由腕骨、掌骨和指骨构成,与掌骨形成腕掌关节。

4. 后肢骨 后肢骨发达,支持机体后躯的体重,分为盆带部和游离部。

(1) 盆带部。由髂骨、坐骨和耻骨构成,合称为髋骨。耻骨细长,后端游离。两侧的耻骨、坐骨分离，骨盆底部不结合，形成开放性骨盆，便于产卵。骨盆部与腰荐骨间形成广泛而牢固的骨性结合，适应后肢支撑体重。龙耻间距和耻骨间距的大小，是衡量母禽产蛋率高低的一个标志。

(2) 游离部。由股骨、髌骨、小腿骨和后脚骨组成。股骨较粗，上端与髋骨形成髋关节，下端与髌骨、小腿骨构成膝关节。膝盖骨呈不正的三角形，位于股骨远端上面。小腿骨包括胫骨和腓骨，胫骨远端与近列跗骨愈合，称为胫跗骨，与跖骨构成胫跗关节。后脚骨包括跗骨、跖骨和趾骨。跖骨分为大跖骨和小跖骨。大跖骨发达，由2、3、4跖骨及远列跗骨愈合形成，又称为跗跖骨。小跖骨（第1跖骨）小，以韧带连于大跖骨下端内侧。鸡有4个趾（乌骨鸡、贵妃鸡有5个趾），第1趾向后向内，其余3趾向前，以第3趾最发达。

(二) 肌肉

禽类的肌纤维较细，无脂肪沉积，肉眼看可分为白肌和红肌。白肌颜色较淡，血液供应较少，肌纤维较粗，线粒体和肌红蛋白较少，糖原较多，收缩快，作用短暂。红肌呈暗红色，血液供应丰富，肌纤维较细，线粒体和肌红蛋白多，收缩缓慢，作用较持久。鸡等飞翔能力差或不能飞翔的家禽，肌肉以白肌为主；鸭、鹅等善飞翔的水禽，以红肌为主。

家禽的皮肌薄，分布广泛。面部肌肉不发达，但开闭上下颌的肌肉较发达。颈部肌肉发达，大多分化为多节肌及其复合体，以保证颈部的灵活运动。肩带肌较复杂，主要作用于翼，其中最发达的是胸肌（也称胸大肌）和乌喙上肌（胸小肌），它们是飞翔的主要肌肉，可占肌肉总量的一半以上，也是肌内注射的主要部位之一。家禽的盆带肌不发达，腿肌发达。栖肌是家禽特有的肌肉，相当于哺乳动物的耻骨肌，位于股部内侧，呈纺锤形，以一薄的扁腱向下绕过膝关节的外侧和小腿跖侧，远端并入趾浅屈肌腱内，止于第2、3趾。当腿部屈曲时，栖肌收缩，可使趾关节机械性屈曲。所以家禽栖息时，能牢牢地抓住栖架，不会跌落。

知识链接

鸡的肌肉多属于白肌肉，不适应飞翔，水禽的肌肉多属于红肌肉，适应飞翔。家禽的肩带肌发达，使前肢（翼）具有强大的活动能力，保持着鸟类适应飞翔的特性。胸肌是评价产肉性能高低和肌内注射的主要部位。家禽的腿肌发达，禽类特有的栖肌依然保持了鸟类适应栖息的特性。

二、被皮系统

被皮系统由皮肤和皮肤的衍生物组成。主要机能是保护家禽体内的器官和组织不受外界机械性侵袭；调节体温；排泄废物；感觉外界环境的各种刺激等。

(一) 皮肤

家禽的皮肤薄而柔软，由表皮和真皮构成，容易与躯体剥离。禽的皮肤在翼部形成的皮肤褶称翼膜，有利于飞翔。水禽的皮肤在趾间形成蹼，有利于在水内游动。皮肤大部分由羽毛覆盖，称羽区。无羽毛部位，称裸区。

(二) 皮肤的衍生物

皮肤的衍生物有羽毛、冠、肉垂、耳叶、喙、爪、尾脂腺、鳞片等。

1. 羽毛

(1) 羽毛的类型。羽毛是家禽特有的皮肤衍生物,根据形态不同,可分为 3 类:即正羽、绒羽、纤羽。正羽也称廓羽,覆盖在家禽的体表,主干为羽轴,下段为羽根,上段为羽茎。羽茎两侧是羽片,由许多平行排列的羽枝构成。每一羽枝又向两侧分出两排小羽枝。绒羽密生于皮肤表面,蓬松的羽枝呈放射状直接从羽根发出,形如绒而得名,主要有保温作用。纤羽纤细,长短不一,形如毛发,分布在机体的各部。

根据羽毛生长的部位不同,可分为颈羽、翼羽、鞍羽、尾羽等。翼羽是用于飞翔的主要羽毛。位于两翼外侧的长硬的羽毛称为主翼羽,一般为 10 根。位于翼部近尺骨和桡骨侧的羽毛称为副翼羽,一般为 14 根。覆盖在主翼羽上的羽毛称为覆主翼羽;覆盖在副主翼羽上的羽毛称为覆副翼羽。主翼羽与副翼羽之间有一根较短而圆的羽毛称为轴羽(图 5-2)。

图 5-2 羽的各部名称
1. 翼前羽 2. 翼肩羽 3. 覆主翼羽
4. 主翼羽 5. 覆副翼羽
6. 副翼羽 7. 轴羽

(徐建义.2000.养禽与禽病防治)

(2) 换羽。鸡从出壳到成年要经过 3 次换羽。雏鸡刚出壳时,除了翼和尾外,全身覆盖绒羽,这种羽毛保温性能差,出壳不久即开始换羽,由正羽代替,通常在 6 周龄左右换完,换羽的顺序为翅、尾、胸、腹、头。第 2 次换羽发生在 6~13 周龄,换为青年羽。第 3 次换羽发生在 13 周龄到性成熟期,换为成年羽。更换成年羽后,从第 2 年开始,每年秋冬都要换羽一次。在换羽时,需要大量的营养物质,故蛋鸡在换羽期间停止产蛋。

2. 冠、肉垂、耳叶 主要是由头部皮肤褶衍生而成。

(1) 冠。表皮很薄,真皮厚。冠是第二性征的标志,公鸡的冠特别发达,呈直立状,母鸡冠常倒向一侧。公鸡和在产卵期的母鸡,冠因在真皮的中间层充满纤维性黏液组织而直立;去势的公鸡及停止产蛋的母鸡,冠因纤维性黏液组织消失而倾斜。冠的结构、形态可作为辨别鸡品种、成熟程度和健康状况的标志。

(2) 肉垂。也称肉髯,左右各一,两侧对称,鲜红色,位于喙的下方。

(3) 耳叶。呈椭圆形,位于耳孔开口的下方,呈红色或白色。

3. 喙、鳞片、爪、距

(1) 喙。见本项目任务二家禽消化系统认知。

(2) 鳞片。是分布在跖、趾部的高度角化皮肤。

(3) 爪。位于家禽的每一个趾端,鸡的呈弓形,由坚硬的背板和软角质的腹板形成。

(4) 距。在鸡的跖部内侧,公鸡的明显。

4. 尾脂腺 家禽的皮肤没有皮肤腺,但有一对尾脂腺,位于尾综骨的背侧。鸡的尾脂腺较小,呈豌豆形,水禽的尾脂腺发达。尾脂腺分泌物中含脂肪、卵磷脂和麦角固醇等。其中麦角固醇在紫外线的作用下,能变成维生素 D,供皮肤吸收利用。家禽在整理羽毛时,用喙压迫尾脂腺,挤出分泌物,用喙涂于羽毛上,使羽毛润泽。尾脂腺对水禽尤为重要。

Z 知识链接

养禽生产中，为防止出现异嗜癖和减少饲料浪费，通常在7~10日龄对蛋用雏鸡进行断喙处理，切去上喙1/2，下喙1/3；为防止鸡冠啄伤、擦伤和冻伤，对肉用父母代种鸡混养及蛋鸡笼养时，在1日龄内采取剪冠处理；为防止自然交配时种公鸡踩伤母鸡背部，在初生或2~3日龄进行去爪处理。

换羽是禽类的正常生理现象，但是，正常的换羽时间长、管理困难，严重影响产蛋性能。生产中普遍采用人工强制换羽技术，通过限饲限饮、减少光照时间或饲喂促进换羽的药物的方法，缩短换羽时间，节约饲料，减少停产损失，并有利于提高下一产蛋年的产蛋量。此外，根据家禽羽毛生长代谢特点，生产中还广泛应用活拔羽绒技术和雏鸡自别雌雄技术等。

任务二　家禽消化系统认知

家禽的消化系统由消化管和消化腺两部分组成。消化管包括口咽、食管、嗉囊、腺胃、肌胃、小肠、大肠、泄殖腔、泄殖孔；消化腺包括唾液腺、胃腺、肠腺、胰腺、肝（图5-3）。

图5-3　鸡的消化器官

1.口腔　2.咽　3.食管　4.气管　5.嗉囊　6.鸣管　7.腺胃　8.肌胃　9.十二指肠
10.胆囊　11.肝肠管和胆囊肠管　12.胰管　13.胰腺　14.空肠　15.卵黄囊憩室　16.回肠
17.盲肠　18.直肠　19.泄殖腔　20.肛门　21.输卵管　22.卵巢　23.心　24.肺

（马仲华.2002.家畜解剖学及组织胚胎学.第三版）

一、家禽消化系统的构造特点

(一) 口咽

家禽的口腔与咽之间没有明显的界线，直接相通，故称口咽。禽没有唇、齿、软腭，颊不明显，上、下颌形成喙。口咽顶部前壁正中有前狭后宽的鼻孔，后部正中有咽鼓管漏斗，咽鼓管开口于漏斗内。口咽部黏膜内有丰富的毛细血管，可使大量血液冷却，有散热作用。

1. 喙 为包在颌前骨、下颌骨外面高度角化的皮肤套，分为上喙和下喙。喙因高度钙化而坚硬，含有大量感觉神经末梢。鸡、鸽的喙呈尖端向前的圆锥形，适于摄取细小的饲料，撕碎较大的食物。雏鸡上喙的尖部有蛋齿，是由角化的上皮细胞形成，孵出时，用来划破蛋壳。

鸭、鹅的喙长而宽，末端钝圆，呈铲状。除上喙尖部外，大部分被覆有较柔软、光滑的角质蜡膜。在喙的边缘形成许多横褶，便于在水中采食时，将水滤出。

2. 舌 鸡、鸽的舌与喙形状相似，舌尖乳头高度角质化，舌体与舌根间有一列乳头。鸭、鹅的舌长而厚，较灵活，除舌体后部外，侧缘有丝状的角质乳头，与喙侧缘的横褶一起参与水的滤出。家禽的舌黏膜内味蕾较少，味觉机能较差，但对水的温度敏感。

3. 唾液腺 唾液腺很发达，分布广泛。主要分布于口腔、咽黏膜的固有层内，几乎连成一片，其导管直接开口于咽黏膜的表面。唾液腺分泌黏液性唾液。

(二) 食管和嗉囊

家禽的食管较宽，壁薄，易扩张，可分为颈段和胸段。颈段食管与气管一同偏于颈的右侧，位于皮下。鸡和鸽的食管在胸前口处膨大，形成嗉囊；鸭、鹅没有真正的嗉囊，但颈部食管粗大，也有贮存禽物的作用。食管壁由黏膜层、肌层和外膜构成，在黏膜层有食管腺，分泌黏液。颈部食管后部的黏膜层内含有淋巴组织，形成淋巴滤泡，称为食管扁桃体，鸭较发达。

(三) 胃

家禽的胃分为前、后两部分，前部称腺胃，后部称肌胃（图5-4）。

1. 腺胃 又称前胃，呈短纺锤形，位于腹腔左侧，前以贲门与食管的胸段相接，后以峡与肌胃相接。胃壁较厚，内腔较小，食物存留的时间比较短。黏膜表面分布有乳头，鸡的较大，鸭、鹅的较小、较多。腺胃黏膜浅层形成许多隐窝，隐窝内有单管状腺，称腺胃浅腺，能分泌黏液。前胃的深腺，是复管泡状腺，分布于黏膜的肌层之间，以集合管开口于黏膜乳头上，分泌盐酸和胃蛋白酶。

2. 肌胃 俗称肫，位于腹腔的左下部，呈双面凸的圆盘状，壁厚而坚实，由平滑肌构成。背腹两块厚的侧肌构成较厚的背侧和腹侧部，前后两块薄的中间肌构成薄的前囊

图5-4 鸡的胃（纵剖开）
1. 食管 2. 腺胃 3. 乳头及前胃深腺开口 3′. 深腺小叶
4. 肌胃的厚肌 4′. 肌胃角质层 4″. 肌胃后囊的薄肌 5. 幽门
（马仲华.2002.家畜解剖学及组织胚胎学.第三版）

和后囊。4块肌肉在胃的两侧以腱相连接，形成腱镜。

肌胃黏膜内有许多腺体，其分泌物与脱落的上皮细胞一起，在酸的作用下形成一层角质层，由于胆汁的返流作用而呈黄色，其上有搓板棱状皱褶，俗称肫皮（鸡内金），对胃壁及黏膜有保护作用。肌胃内含有沙砾，因此又称砂囊。

> **知识链接**
>
> 家禽的机械性消化主要在肌胃内进行，鸡采食的沙砾配合强劲的肌肉舒缩，可以加强对饲料的机械磨碎作用，提高肌胃的机械性消化作用，有利于提高饲料报酬。食草、食菜的禽类肌胃发达；高度集约化饲养的鸡，肌胃不发达；粗放饲养的鸡，肌胃较发达。
>
> 鸡内金为传统中药之一，用于消化不良、遗精盗汗等症，效果极佳，故而以"金"命名。杀鸡后，取出鸡的肌胃，立即取下内壁，洗净，晒干。生用或炒用。本品含胃激素、角蛋白、氨基酸以及微量胃蛋白酶、淀粉酶等。口服鸡内金粉后，胃液的分泌量、酸度和消化力均增高，胃运动加强、排空加快。其酸提取液或煎剂能加速从尿中排除放射性锶。

（四）肠、肝、胰

家禽的肠分为大肠和小肠，比较短，家禽肠与躯干之比是：鸡为体长7~9倍，鸭为8.5~11倍，鹅为10~20倍。

1. 小肠 分为十二指肠、空肠、回肠。

(1) 十二指肠。位于腹腔右侧，形成U形肠袢（鸭为马蹄形），分降支、升支，两支平行，以韧带相连接，其折转处可达骨盆腔。升支在胃的幽门处移行为空肠。

(2) 空肠。形成许多环状肠袢，鸡、鸽的肠袢数目较多，鸡10~11圈；鸭、鹅较少，6~8圈。在空肠的中部有一小的突起，称卵黄囊憩室，是卵黄囊柄的遗迹。

(3) 回肠。较短，以系膜与两盲肠相连。

小肠的组织结构与哺乳动物相似，其特点是：无十二指肠腺，小肠绒毛长，无中央乳糜管，脂肪直接吸收入血；黏膜下层较薄，小肠腺较短。

2. 肝和胰

(1) 肝。肝是家禽体内最大的消化腺，分为左、右两叶，右叶略大，有胆囊（鸽无胆囊）。肝的颜色因年龄和肥育状况而不同，成年禽呈红褐色，肥育禽因贮存脂肪而为黄褐色或土黄色，刚出壳的雏禽由于吸收卵黄素而呈黄色。肝位于腹腔前下部，两叶之间夹有心脏、腺胃、肌胃。肝右叶分泌的胆汁，先贮存于胆囊，再经胆囊管运至十二指肠；肝左叶分泌的胆汁，不经胆囊，由肝管直接排入十二指肠。

> **知识链接**
>
> 鹅肥肝营养丰富、质地细嫩、口味鲜美，是高档营养食品。生产中常常选用大型肉用鹅，在育肥后期用高能能量饲料采用填饲的方法，人工强制催肥后可获得质量300~900g的鹅肥肝。

(2) 胰。位于十二指肠袢内，淡黄色或淡红色，长条分叶状。鸡有2~3条胰管，鸭、鹅有2条，与胆管一起开口于十二指肠的终部。

3. 大肠和泄殖腔

(1) 大肠。家禽的大肠有盲肠和直肠。盲肠有两条，长 14～23cm，沿回肠两侧向前伸延，分为盲肠基、盲肠体、盲肠尖三部分。盲肠基部较窄，以盲肠口通直肠。在盲肠基部黏膜内有淋巴组织分布，称为盲肠扁桃体，鸡的最明显，是诊断疾病时主要检查的部位。鸽的盲肠很不发达，小如芽状。禽没有明显的结肠，直肠短，也称结直肠。

大肠的组织结构与小肠相似，但绒毛短宽。

(2) 泄殖腔。是直肠末端膨大形成的腔道，是消化系统、泌尿系统、生殖系统的共同通道。泄殖腔内以两个黏膜褶分为粪道、泄殖道、肛道三部分（图5-5）。

粪道是直肠的末端，较膨大，前接直肠，黏膜上有短的绒毛。

泄殖道较短，前以环行褶与粪道为界，后以半月褶与肛道为界。泄殖道是泌尿和生殖道的共同开口处。背侧有一对输尿管的开口。在输尿管开口的背侧略后方，雄禽有一对输精管乳头，是输精管的开口；雌禽在输尿管的左侧有一个输卵管的开口。

图5-5 幼禽泄殖腔正中矢面示意

1. 粪道　1′. 粪道泄殖道壁　2. 泄殖道　2′. 泄殖道肛道壁
3. 肛道　4. 肛门　5. 括约肌　6. 肛道背侧腺　7. 腔上囊

（马仲华.2002.家畜解剖学及组织胚胎学.第三版）

肛道通过泄殖孔与外界相通，在肛道的背侧有法氏囊（腔上囊）的开口。法氏囊呈椭圆形，幼禽发达，性成熟后开始退化。在肛道的背侧壁和外侧壁内有肛道背侧腺、外侧腺，能分泌黏液。

泄殖孔是泄殖腔对外的开口，也称肛门，由背侧唇和腹侧唇围成，内有环行括约肌。

二、家禽的消化生理特点

1. 口腔的消化作用　家禽的口腔消化较简单，主要依靠视觉、触觉寻觅食物，靠喙采食。由于家禽采食后很快咽下，所以口腔的消化作用不大。吞咽动作主要是靠头部向上抬举，借舌的运动和食物的重力，把食物由口咽推向食管。唾液呈弱酸性反应，含有少量的淀粉酶。

2. 嗉囊的消化作用　嗉囊的主要机能是储存、浸泡、软化食物。适宜的温度、呈酸性的黏液，适合细菌（主要是乳酸菌）的生长繁殖，糖类饲料在嗉囊内可进行初步消化。食物在嗉囊停留的时间，因食物的性质、数量和家禽的饥饿程度而不同，一般停留 3～4h。

鸽在育雏期，嗉囊的上皮细胞增生并发生脂肪变性，脱落后与分泌的黏液一起形成嗉囊乳，也称鸽乳，用来哺育幼鸽。

3. 腺胃的消化作用　腺胃的黏膜能分泌酸性胃液，内含有盐酸、胃蛋白酶和黏液。盐酸可活化胃蛋白酶原、溶解矿物质，胃蛋白酶可分解蛋白质。腺胃可推动食团进入肌胃，并可使食团在腺胃和肌胃之间来回移动。

4. 肌胃的消化作用　肌胃不分泌胃液，主要机能是靠胃壁强有力地收缩和沙砾间的相互摩擦，机械性磨碎粗硬饲料。肌胃的收缩强度与饲料的性质有关，饲料越坚硬，肌胃的收缩力越强。沙砾的作用很重要，如果将肌胃内的沙砾除去，消化率会降低25%～30%。肌胃的内容物非常干燥，pH 2.0～3.5，适宜来自腺胃的胃蛋白酶进行蛋白质的初步消化。

5. 小肠的消化作用　家禽的消化主要在小肠内进行，作用与家畜相似。小肠内的消化液有胰液、胆汁和小肠液。

小肠液由小肠腺分泌，pH 7.39～7.35。含有肠激酶、肠肽酶、脂肪酶、淀粉酶和多种双糖酶。成年鸡小肠液分泌量为1.1mL／h，食物的机械性刺激能引起分泌增加。

胆汁由肝分泌，呈酸性，鸡pH 5.88，鸭pH 6.4，含有胆酸盐、淀粉酶和胆色素。胆汁的分泌是连续的，进食时分泌增加。

胰液由胰腺分泌，呈弱碱性，含有胰蛋白分解酶、胰脂肪酶、胰淀粉酶和其他糖类分解酶。胰液的分泌是连续的。

家禽小肠的运动与家畜相似，主要为蠕动运动和节律性分节运动，也有明显的逆蠕动。

6. 大肠的消化作用　大肠的消化主要在盲肠。盲肠的容积大，能容纳大量的粗纤维饲料。盲肠内pH 6.5～7.5，有丰富的营养物质，严格的厌氧条件，适宜微生物的生长繁殖。据测定，1g盲肠内容物含有10亿个细菌。食物在盲肠内存留的时间较长，6～8h才能排出，适宜微生物进行消化作用。盲肠内的微生物，可将饲料中纤维素进行发酵分解，产生挥发性脂肪酸，在盲肠吸收。大肠的消化对食草、食菜的禽类有重要意义。

7. 吸收　家禽的吸收主要在小肠进行。由于小肠绒毛中无中央乳糜管，脂肪及其他各种可吸收物质由黏膜上皮直接进入血液。母禽在产蛋期间，小肠吸收钙的作用增强。嗉囊、盲肠只能吸收少量的水、无机盐和挥发性脂肪酸，直肠和泄殖腔只能吸收较少的水和无机盐，腺胃、肌胃吸收的能力很差。

任务三　家禽呼吸、泌尿、生殖系统的认知

一、呼吸系统

家禽的呼吸系统由鼻腔、咽、喉、气管、鸣管、支气管、肺、气囊等组成。鸣管和气囊是家禽特有的呼吸器官。

（一）家禽呼吸系统的构造特点

1. 鼻腔　家禽的鼻腔较窄，鼻孔位于上喙的基部。鸡的鼻孔有膜质性鼻瓣，其周围有小羽毛，可防止小虫、灰尘等异物进入。鸭、鹅的鼻孔有柔软的蜡膜。鸽的两鼻孔与上喙的基部形成发达的蜡膜，其形态是品种的重要特征之一。

在眼球的前下方有一个三角形眶下窦，鸡的较小，鸭、鹅的较大。眶下窦有两个开口，一个通鼻腔，一个通后鼻甲腔。家禽在患呼吸道疾病时，眶下窦往往发生病变。

在眼眶顶壁和鼻腔侧壁有一特殊的腺体，有分泌氯化钠调节渗透压的作用，称为鼻盐腺。鸡的不发达，鸭、鹅等水禽的较发达，呈半月形。

2. 喉　位于咽的底部，舌根的后方，由环状软骨和勺状软骨构成。喉腔内无声带，喉口呈裂缝状，由两个发达的黏膜褶形成。喉软骨上有扩张和闭合喉口的肌肉分布，吞咽时喉口肌收缩，可关闭喉口，防止食物误入喉中。

3. 气管、鸣管和支气管

(1) 气管。家禽的气管很长，与食管伴行，在颈的下半部偏至右侧，入胸腔前又转至颈腹侧。气管入胸腔后，在心基的上方分叉，形成鸣管和支气管。由许多软骨环构成，相邻的软骨环相互套叠，可以伸缩，以适应头部的灵活运动。

(2) 鸣管。也称后喉，是禽类特有的发音器官。鸣管以气管为支架，由几块支气管软骨和一块鸣骨构成。鸣骨呈楔形，位于气管分叉的顶部，鸣腔的分叉处。在鸣管的内侧壁、外侧壁，有两对弹性薄膜，分别称内侧鸣膜和外侧鸣膜。两鸣膜之间形成一对夹缝，当呼吸时，空气振动鸣膜而发声（图5-6）。

鸭的鸣管主要由支气管构成，公鸭的鸣管在左侧形成一个膨大的骨质性鸣管，称鸣泡。鸣泡无鸣膜，故公鸭发出的声音嘶哑。刚孵出的雏鸭可通过触摸鸣管来鉴别雌雄。

图5-6 禽鸣管模式
1. 气管 2. 鸣腔 3. 鸣骨
4. 外侧鸣膜 5. 内侧鸣膜 6. 支气管 7. 鸣泡
（山东省畜牧兽医学校. 2000. 家畜解剖生理. 第三版）

(3) 支气管。家禽的支气管经心基的背侧进入肺，以C形的软骨环为支架，缺口面向内侧。

4. 肺 禽的肺较小，呈鲜红色，质地柔软，一般不分叶。位于第1～6肋之间，背侧面嵌入肋骨间，形成肋沟。在腹侧面有肺门，是肺血管出入的门户。在肺的稍后方，有膜质的膈。

支气管在肺门处进入肺后，纵贯全肺，并逐渐变细，称为初级支气管，其后端出肺，连接腹气囊。从初级支气管上分出背内侧、腹内侧、背外侧、腹外侧四群次级支气管，末端出肺，形成气囊。次级支气管再分出众多的袢状三级支气管，连于两群支气管之间。从三级支气管分出辐射状的肺房。肺房是不规则的囊腔，上皮为单层扁平上皮，相当于家畜的肺泡囊。肺房的底部又分出若干个漏斗，漏斗的后部形成丰富的肺毛细管，相当于家畜的肺泡，是气体交换的场所。一条三级支气管及其所分出的肺房、漏斗、肺毛细管，构成一个肺小叶。

5. 气囊 气囊是禽类所特有的器官，容积比肺大5～7倍。是初级支气管或次级支气管出肺后形成的黏膜囊，多数与含气骨相通。大部分家禽有九个气囊，即一对颈气囊（鸡一个），位于胸腔前部背侧；一个锁骨间气囊，位于胸前部腹侧；一对前胸气囊，位于两肺的腹侧；一对后胸气囊，位于肺腹侧后部；一对腹气囊，最大，位于腹腔内脏两旁。气囊所形成的憩室可伸入到许多骨内和器官之间（图5-7）。

图5-7 禽气囊分布模式
1. 肺 2. 颈气囊 3. 气管 4. 锁骨间气囊
5. 前胸气囊 6. 后胸气囊 7. 腹气囊
（马仲华. 2002. 家畜解剖学及组织胚胎学. 第三版）

气囊具有贮存空气、参与肺的呼吸、加强气体交换、减轻体重、散发体热、调节体温、加强发音等作用。另外水禽在潜水时，可利用气囊内贮存的气体在肺部进行气体交换。公禽的腹气囊紧贴睾丸，使睾丸能维持较低的温度，保证精子的正常生成。

禽的某些呼吸系统疾病或某些传染病常在气囊发生病变。

（二）家禽的呼吸生理特点

1. 呼吸运动 家禽的膈为不发达的质膜，基本没有收缩机能。肺较小，嵌于肋骨之间，只能随着肋骨做相应的吸气和呼气运动。当吸气肌收缩时引起胸骨、肋骨向前下方移动，使体腔容积增大，气囊容积也随之增大，内压降低，空气经呼吸道进入肺，再进入气囊，产生吸气动作。呼气肌收缩时，胸骨和肋骨回位，体腔缩小，气囊、肺因受压容积缩小，压力增大，气体经呼吸道排出体外，产生呼气动作。故家禽的呼吸运动主要靠胸骨、肋骨的运动来完成。

2. 气体交换和运输 家禽吸入的新鲜空气，一部分到达肺毛细管，与其周围的毛细血管直接进行气体交换，另一部分进入气囊。在呼气时，气囊中的气体经回返支气管进入肺，达肺毛细管，再一次与毛细血管进行气体交换。因此，家禽每呼吸一次，在肺内进行两次气体交换，使肺换气效率增高。

3. 呼吸式 家禽正常的呼吸式为胸腹式呼吸。腹壁肌与胸壁肌协同作用，共同完成呼吸动作。

4. 呼吸频率 家禽的呼吸频率变化较大，可因种别、年龄、性别、环境温度、生理状态的不同而发生变化。几种成年家禽的呼吸频率见表5-1。

表5-1 几种成年家禽的呼吸频率（次/min）

性别＼种类	鸡	鸭	鹅	鸽	火鸡
公	10～20	41	20	25～30	28
母	20～36	110	40	25～30	49

二、泌尿系统

家禽的泌尿系统由肾和输尿管组成，没有膀胱和尿道。

（一）家禽泌尿系统的构造特点

1. 肾 家禽的肾较大，呈红褐色，长条豆荚状。肾质软而脆，剥离时易碎。位于腰荐骨两旁髂骨的内侧，前端可达最后肋骨，向后几乎达腰荐骨的后端。每侧肾分前、中、后三叶，前叶略圆，中叶狭长，后叶略膨大。无肾门，血管、神经、输尿管在不同部位进出肾。肾无脂肪囊，有气囊形成的肾周憩室将肾与其背侧的骨隔开。

肾的实质由许多肾小叶形成，从肾的表面即可看出。表层为皮质区，含有许多肾单位；深部为髓质区，主要由集合管和髓袢构成。禽肾单位的肾小球不发达，构造简单，仅有2～3条血管袢。

2. 输尿管 输尿管是输送尿液的肌质性管道，分别从肾的中部发出，沿肾的腹侧向后伸延，末端开口于泄殖道顶壁的两侧。输尿管管壁薄，常因尿液中含有尿酸盐而显白色。

（二）家禽泌尿系统的生理特点

家禽的新陈代谢较旺盛，皮肤中没有汗腺，代谢产生的废物主要通过肾来排出。尿生成的过程与家畜的基本相似，但具有以下特点：

(1) 原尿生成的量较少。因为家禽的肾小球不发达，滤过面积小，有效滤过压较低。

(2) 肾小管的分泌和排泄机能较强，能将自身的代谢产物（如氢离子、氨等）和血液中的某些药物（如青霉素）排泄到尿中。

(3) 肾小管重吸收能力较强，能重吸收绝大部分的水、葡萄糖和部分氯、钠、碳酸氢盐等对机体有用的物质。

(4) 蛋白质代谢的主要产物是尿酸，大部分经肾小管排泄到尿中。禽尿因含有较多的尿酸盐，而呈奶油色。

(5) 家禽的肾没有肾盂和膀胱，生成的尿液，直接通过输尿管排泄到泄殖腔中，随粪便一起排出体外。

三、生殖系统

家禽的生殖系统包括雄性生殖系统和雌性生殖系统。其主要作用是产生成熟的生殖细胞和分泌性激素。

(一) 雄禽生殖系统

雄禽生殖系统由睾丸、附睾、输精管和交配器官组成（图5-8）。

1. 睾丸和附睾

(1) 睾丸。是成对的实质性器官，位于腹腔内，以较短的系膜悬吊在肾前叶的腹侧，周围与胸腹气囊相接触。幼禽的睾丸很小，如小公鸡的只有米粒大，呈黄色。成年明显增大，在性成熟后的繁殖季节睾丸体积最大，如鸽蛋大小，呈黄白色或白色。睾丸外面包有薄的白膜，间质不发达，小梁也很少，不形成睾丸小叶和睾丸纵隔，但有丰富的精曲小管和精直小管。精曲小管产生精子，精直小管能分泌精清，精子与精清一起形成精液。家禽的精液呈弱碱性，pH为7.0～7.6，每次的射精量较少，但精子浓度较高。

公鸡在12周龄开始生成精子，但直到22～26周龄才产生受精率较高的精液。1～2岁的公禽，精液的质量最佳。精液的质量可受年龄、机体状态、营养、交配次数、环境、气候、光照、内分泌等因素的影响。

(2) 附睾。禽的附睾不发达，附着于睾丸的背内侧缘，又称睾丸旁导管系统。有贮存、浓缩、运输精子、分泌精清等功能。睾丸和附睾与较大的血管相邻，在进行阉割手

图5-8 公鸡泌尿及生殖器官
(腹侧观，右侧睾丸和部分输精管切除，泄殖腔从腹侧剖开)
1. 睾丸 2. 睾丸系膜 3. 附睾 4. 肾前部 4′. 肾中部
4″. 肾后部 5. 输精管 6. 输尿管 7. 粪道 8. 输尿管口
9. 输精管乳头 10. 泄殖道 11. 肛道 12. 肠系膜后静脉
13. 坐骨血管 14. 肾后静脉 15. 肾门后静脉 16. 股血管
17. 主动脉 18. 髂总静脉 19. 后腔静脉 20. 肾上腺
(马仲华.2002.家畜解剖学及组织胚胎学.第三版)

术时，要特别注意。

2. 输精管 是一对细而弯曲的管道，与输尿管并行，其末端形成射精管，呈乳头状突入到泄殖道中。输精管在繁殖季节加长增粗，因贮存精子而呈白色。输精管有分泌精清、贮存精子、运输精液的机能。

3. 交配器官 公鸡的交配器官不发达，是3个并列的小突起，称阴茎体，位于肛门腹唇的内侧。刚孵出的小鸡的阴茎体明显，可以以此来鉴别雌雄。鸭、鹅有发达的阴茎，长6～9cm，平时位于肛道壁的囊中，交配时勃起伸出。

> **知识链接**
>
> 通过翻肛鉴定雏鸡的雌雄。左手握雏，将雏鸡颈部夹在无名指与中指之间，两脚夹在无名指与小指之间，先用左手拇指轻按雏鸡腹部让其排粪，然后将左手拇指靠近雏鸡腹侧，以右手拇指与食指按动肛门，在灯光下观察生殖突起的大小、形状及生殖突起旁边的"八"字皱襞是否发达来鉴别雏鸡的性别。
>
> 根据伴性遗传的规律，通过羽毛鉴定雏鸡的雌雄。即用快羽公鸡（主翼羽长于副主翼羽）与慢羽母鸡（主翼羽短于或等于副主翼羽）杂交，初生雏鸡为快羽的为雌性，为慢羽的为雄性；用金黄色羽的公鸡与银白色羽的母鸡杂交，初生雏鸡绒毛呈金黄色的为雌性，呈银白色的为雄性；同样用非横斑的公鸡与横斑的母鸡杂交，初生雏鸡绒毛不显横斑的是雌性，显横斑的是雄性。

（二）母禽生殖系统

母禽生殖系统仅由左侧卵巢和左侧输卵管构成，右侧在个体发育的过程中停止发育并逐渐退化（图5-9）。

1. 卵巢 位于左肾的前下方，以短的系膜悬挂在左肾前叶的腹侧。卵巢的体积和外形随年龄的增长和机能状态而有较大变化。幼禽的较小，呈扁平的椭圆形，灰白色或白色，表面略呈颗粒状。随着雌禽年龄的增长和性活动期的出现，卵泡逐渐成熟，并贮积大量卵黄，突出卵巢表面，至排卵前仅以细的卵泡蒂与卵巢相连，如一串葡萄状。在产蛋期，卵巢经常保持4～5个较大的卵泡。排卵时，卵泡膜在薄而无血管的卵泡斑处破裂，将卵子排出。卵泡没有卵泡腔和卵泡液，排出后不形成黄体。在非繁殖季、孵化季节及换羽期，卵泡停止排卵和成熟，卵巢萎缩。

2. 输卵管 家禽左侧输卵管发达，是一条长而弯曲的管道，以输卵管背侧韧带悬挂在腹腔背侧偏左。在产蛋期，输卵管长达60～70cm，为躯体长的一倍。在孵卵期回缩至30cm，在换羽期只有18cm。根据输卵管的构造和机能的不同，可将

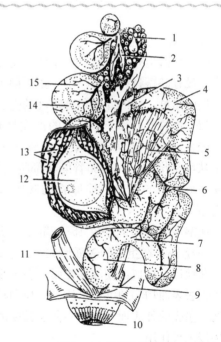

图5-9 母鸡生殖器官
1. 卵巢 2. 排卵后的卵泡膜 3. 漏斗 4. 膨大部
5. 输卵管腹侧韧带 6. 背侧韧带 7. 峡 8. 子宫
9. 阴道 10. 肛道 11. 直肠 12. 在膨大部中的卵
13. 黏膜褶 14. 卵泡斑 15. 成熟卵泡
（马仲华.2002.家畜解剖学及组织胚胎学.第三版）

输卵管分为漏斗部、蛋白分泌部（膨大部）、峡部、子宫部和阴道部 5 部分。

（1）漏斗部。位于卵巢的后方，由输卵管的前端扩展而成，其边缘有游离的黏膜褶，称输卵管伞，中央有输卵管的腹腔口。漏斗部有摄取卵子的作用，也是受精的场所。

（2）蛋白分泌部。长而弯曲，管腔大，管壁厚，黏膜形成螺旋形的纵襞，在繁殖期呈乳白色，有分泌蛋白的作用。

（3）峡部。短而窄，位于蛋白分泌部与子宫之间，管壁薄。黏膜内有腺体，能分泌角质蛋白，形成卵壳膜。

（4）子宫部。也称壳腺部，是输卵管的膨大部，管壁较厚，常呈扩张状态，灰色或灰红色。黏膜内有壳腺，能分泌钙质、角质和色素，形成蛋壳。

（5）阴道部。是输卵管的末端，形状呈 S 形，开口于泄殖道的左侧，是雌禽的交配器官。阴道部的黏膜呈白色，形成窄而低的褶，在与子宫相连的一段含有管状的子宫腺，称精小窝，能贮存精子。与子宫交界处黏膜内有腺体，分泌物在卵壳表面形成一薄层致密的角质膜。

知识链接

有时候会看到母鸡打鸣的现象。这是由于病理变化或长期采食含雄激素的鸡饲料后，母鸡右侧性腺发育成精巢或卵巢萎缩退化，则母鸡不再产蛋，羽毛、鸡冠就发生变化，出现母鸡打鸣。

3. 母禽生殖生理

（1）母禽生殖生理特点。主要表现在没有发情周期；胚胎不在母体内发育，而是在体外孵化；没有妊娠过程；在一个产蛋周期中，能连续产卵；卵泡排卵后，不形成黄体；卵内含有大量的卵黄，卵的外面包有坚硬的壳。

（2）蛋的形成和产蛋。蛋的形成是卵巢和输卵管各部共同作用的结果。蛋黄是由肝合成，经血液循环运输到卵巢，在卵泡中逐渐蓄积形成，其主要成分是卵黄蛋白和磷脂。卵子从卵巢排出后，输卵管漏斗部将其卷入，然后输卵管伞收缩，再加上漏斗壁的活动，迫使在旋转中的卵进入输卵管的腹腔口。顺次经过漏斗部、蛋白分泌部、峡部、子宫部和阴道部。

在漏斗部，卵子停留 15～25min，并在此受精；在蛋白分泌部，卵子在旋转中向后移动，约经 3h，在蛋黄的表面形成系带、内浓蛋白层、内稀蛋白层、外浓蛋白层和外稀蛋白层；在峡部，形成柔韧的卵壳膜；在子宫部，软蛋在子宫肌层的作用下旋转，经 20h 左右，使卵壳膜表面均匀地沉积钙质、角质和特有的色素，经硬化形成蛋壳；在子宫部与阴道部交汇处，蛋壳的外表面又覆着一薄层致密的角质膜，有防止蛋水分蒸发、润滑阴道部、阻止微生物侵入等作用。

蛋完全形成后，在输卵管的强烈收缩作用下很快产出。家禽产蛋大多数是连续性的，连续多天产蛋后，停产 1～2d，然后又连续多天产蛋，如此循环，称产蛋周期。

（3）就巢性。俗称抱窝，是母禽特有的性行为。表现为愿意坐窝、孵卵和育雏。就巢期间雌禽食欲不振，体温升高，羽毛蓬松，作咯咯声，很少离卵运动寻觅食物。就巢期间母禽会停止产蛋。就巢性受激素的调控，是由于催乳素引起的，注射雌激素可使其停止就巢。

附：蛋的结构

蛋由蛋壳、蛋白和蛋黄三部分组成。

1. **蛋壳** 是最外面的硬壳，主要成分是碳酸钙。在蛋壳的内侧是蛋壳膜，分为内、外两层，外层称蛋外壳膜，厚而粗糙；内层称蛋内壳膜，薄而致密。在蛋的钝端形成气室。蛋壳上密布小的气孔，在胚胎发育过程中可进行水分和气体的代谢。

鸡蛋的形态（动画）

2. **蛋白** 位于蛋壳内蛋黄外，在靠近蛋黄周围的是浓蛋白，接近蛋壳为稀蛋白。蛋黄两端形成白色螺旋形的系带，有固定蛋黄的作用。

3. **蛋黄** 呈黄色的球状，也就是家禽的卵细胞。位于蛋的中央，由薄而透明的蛋黄膜包裹。在蛋黄上面有一白色圆点，受精蛋称胚盘，结构致密；未受精蛋称胚珠，结构松散。

任务四　家禽的心血管、免疫、内分泌、神经系统和体温的认知

一、心血管系统

心血管系统由心脏、血管和血液构成。

（一）心脏

心脏为圆锥形的肌质性器官，位于胸腔前下部的心包内，夹在肝的左、右两叶之间，上部为心基，下部为心尖。

心脏的传导系统除窦房结、房室结、房室束干和左、右脚外，房室束还发出返支，环绕主动脉口，与房室结绕过右房室口的分支相连，形成右房室环。另外，禽的房室束及其分支无结缔组织包裹，兴奋易扩布到心肌，这与禽的心跳频率较高有关。

（二）血管

1. **动脉** 由右心室发出肺动脉干，分出左、右两支肺动脉，分别进入左、右两肺。由左心室发出主动脉，先形成右主动脉弓，主干延续为降主动脉。

主动脉弓分支为左、右臂头动脉。每一臂头动脉，又分出左、右颈总动脉和左、右锁骨下动脉。左、右颈总动脉分布到头颈部，左、右锁骨下动脉延续为翼部动脉。

降主动脉沿体腔背侧正中后行，分出壁支和脏支。壁支有肋间动脉、腰动脉和荐动脉；脏支有腹腔动脉、肠系膜前动脉、肠系膜后动脉和肾前动脉。降主动脉在分出壁支和脏支后继续后行，在肾前部与肾中部的交界处，分出一对髂外动脉到后肢；在肾中部与肾后部的交界处，又分出一对较粗的坐骨动脉到后肢。坐骨动脉又发出至肾前部及睾丸的肾前动脉、肾中部的肾中动脉、肾后部的肾后动脉。降主动脉在最后分出一对细的髂内动脉后，延续为尾动脉。髂内动脉分布到泄殖腔、腔上囊等处。

2. **静脉** 全身的静脉汇集形成两条前腔静脉和一条后腔静脉，开口于右心房的静脉窦（鸡的左前腔静脉直接开口于右心房）。前腔静脉是由同侧的颈静脉、锁骨下静脉汇集形成。两侧颈静脉在颅底有颈静脉间吻合，称为桥静脉。翼部的尺深静脉是前肢的最大静脉，在皮

下可清楚地看到其走向，是家禽采血和静脉注射的部位。后腔静脉是由左、右髂总静脉汇合形成。

(三) 血液

家禽的血液由血细胞和血浆组成。血细胞有红细胞、白细胞、凝血细胞三种。红细胞有核，呈卵圆形，体积比家畜大，数量比家畜少。白细胞有异嗜性粒细胞、嗜酸性粒细胞、嗜碱性粒细胞、淋巴细胞、单核细胞，数量比家畜多。无血小板，有凝血细胞。凝血细胞呈卵圆形，有核，较小，多三五个聚集在一起，参与血液凝固过程。

家禽的心跳频率快。公鸡 302 次/min，母鸡 357 次/min，成年鸭 200 次/min，鹅 120～160 次/min。

二、免疫系统

免疫系统由淋巴组织、淋巴器官组成。

(一) 淋巴组织

家禽的淋巴组织广泛地分散于消化管及其他实质性器官内。有的呈弥散状，有的呈小结节状。在盲肠基部和食管末端的淋巴集结，又称为盲肠扁桃体、食管扁桃体。

(二) 淋巴器官

1. 胸腺 家禽胸腺位于颈部皮下气管的两侧，沿颈静脉直到胸腔入口的甲状腺处。呈淡黄色或黄红色。每侧有 5 叶（鸭、鹅 5 叶）或 7 叶（鸡 7 叶），呈一长链状。幼禽发达，在接近性成熟时最大，以后随着年龄的增长，逐渐退化。成年鸡只留下痕迹。组织结构似家畜，但是胸腺小体不典型。

2. 法氏囊 又称腔上囊，是家禽所特有的免疫器官，位于泄殖腔背侧，开口于肛道。鸡的法氏囊呈圆形，鸭、鹅的为长椭圆形。鸡的法氏囊在 4～5 月龄最发达，性成熟开始退化，至 10 月龄基本消失。鸭、鹅 3～4 月龄最发达，1 年左右消失。法氏囊的主要机能是产生 B 淋巴细胞，参与机体的体液免疫。

法氏囊的组织结构分为黏膜层、黏膜下层、肌层和浆膜。黏膜层形成纵褶，鸡 12～14 条，鸭 2～3 条，表面被覆假复层柱状纤毛上皮，固有层内有大量排列密集的淋巴小结。

3. 脾 位于腺胃的右侧，红褐色。鸡的脾呈球形，鸭、鹅的脾呈钝三角形。外包有薄的结缔组织膜，红髓与白髓的界限不清。

4. 淋巴结 鸡无淋巴结。水禽有两对淋巴结，一对是颈胸淋巴结，呈纺锤形，位于颈基部和胸前口处，紧贴颈静脉；另一对是腰淋巴结，位于腰部主动脉的两侧。

5. 哈德氏腺 也称瞬膜腺，较发达，呈淡红色，位于第三眼睑（瞬膜）的深部，为复管泡状腺。腺体内含有许多淋巴组织和大量的淋巴细胞，参与机体的免疫。

三、内分泌系统

家禽的内分泌系统由甲状腺、甲状旁腺、脑垂体、肾上腺、腮后腺、松果腺等内分泌器官和分散于胰腺、卵巢、睾丸等器官内的内分泌细胞构成。

1. 甲状腺 甲状腺 1 对，椭圆形、暗红色的小体。位于胸腔前口处气管两侧，紧靠颈总动脉和颈静脉。大小可因家禽的品种、年龄、季节、饲料中的含碘量而发生变化，一般都呈黄豆粒大小。甲状腺的主要机能是分泌甲状腺素和降钙素，对机体的新陈代谢、生长发育和钙的代谢起调节作用。

2. **甲状旁腺** 呈黄色或淡褐色，很小，位于甲状腺后端，有 2 对（有的鸡有 3 对），常融合成一个腺团，其中有 1 对位于腮后腺内。

3. **脑垂体** 位于丘脑下部，呈扁平长卵圆形，以垂体柄与间脑相连，分为垂体前叶和垂体后叶。脑垂体能分泌多种激素，对机体的生长发育及新陈代谢起着重要的调节作用。

4. **肾上腺** 左右各一，位于肾前端，呈卵圆形、锥形或不规则形，黄色、橘黄或淡褐色。肾上腺分皮质和髓质，皮质主要分泌糖皮质激素、盐皮质激素；髓质主要分泌肾上腺激素和去甲肾上腺激素。其作用与家畜的激素相似。

5. **腮后腺** 腮后腺也称腮后体，成对，位于甲状腺和甲状旁腺的后方，呈球形，淡红色。能分泌降钙素，参与调节体内钙的代谢。母禽在产蛋期间降钙素分泌减少，血钙增加。

> **Z 知识链接**
>
> 一般的家禽的钙、磷比例为 (1～1.5)∶1，而产蛋鸡的钙、磷比达到了 (5～6)∶1，腮后腺对蛋鸡体内的钙、磷代谢有重要的调节作用，产蛋期髓质骨的形成和破坏过程交替进行。在蛋壳钙化过程中，大量的髓质骨被吸收，使骨针变短、窄。一天当中不形成蛋壳时钙就贮存在髓质骨中，在形成蛋壳时就要动用髓质骨中的钙，髓质骨相当于钙质的仓库。母鸡在缺钙时可以动用骨中 38% 的矿物质，如果再从皮质骨中吸取更多的钙，就要发生瘫痪。

6. **胰岛** 胰岛是分散在胰腺中的内分泌细胞群，有分泌胰岛素和胰高血糖素的作用。胰岛素能降低血糖浓度；胰高血糖素能升高血糖浓度。两者协调作用，调节家禽体内糖的代谢，维持血糖的平衡。

7. **性腺** 公禽睾丸的间质细胞分泌雄激素。雄激素能促进公禽生殖器官生长发育；促进精子发育和成熟；促进公禽第二性征出现和性活动的发生。

母禽卵巢间质细胞能分泌雌激素和孕激素。雌激素可促进输卵管发育，促进第二性征出现；孕激素能促进母禽的排卵。

四、神经系统

（一）神经系统

家禽的神经系统由中枢神经和外周神经组成，与家畜比较有不同的特点。

1. **中枢神经** 家禽的脊髓细而长，纵贯椎管全长，后端不形成马尾。颈胸部和腰荐部形成颈膨大和腰膨大，是翼和腿的低级运动中枢所在地。家禽的脑较小，呈桃形，脑桥不明显，延髓不发达。大脑半球前部较窄，后部较宽，皮质层较薄，表面光滑，不形成脑沟和脑回。小脑蚓部发达。中脑顶盖形成一对发达的中脑丘，相当于家畜中脑的前丘，还有一对半环状枕，相当于家畜中脑的后丘。间脑也分上丘脑、丘脑和下丘脑。嗅脑不发达，嗅球较小，故家禽的嗅觉不发达。

2. **外周神经**

（1）脊神经。由脊髓发出，鸡有 40 对。由颈膨大发出的神经根，形成臂神经丛。从臂神经丛发出桡神经，支配翼部伸肌和皮肤；发出正中神经，支配翼腹侧部的肌肉和皮肤。由腰荐部膨大发出的神经根，形成腰荐神经丛。从腰荐神经丛分出禽最大的坐骨神经，穿过坐骨孔，到后肢的内侧，支配后肢。

（2）脑神经。有12对，与家畜相似。

（二）感觉器官

1. 视觉器官 家禽的视觉发达，眼睛较大，位于头部两侧。由眼球和眼球的辅助器官构成。

眼球呈扁平形，相对比例较大，能通过头、颈的灵活运动，弥补眼球运动范围小的不足。瞬膜（第三眼睑）发达，是半透明的薄膜，能将眼球完全盖住，有利于水禽的潜水和飞翔。在瞬膜内有瞬膜腺，又称哈德氏腺，能分泌黏液性分泌物，有清洁、湿润角膜作用。哈德氏腺还是禽体的淋巴器官。

2. 位听觉器官 家禽无耳郭，有短的外耳道。外耳孔呈卵圆形，周围有褶，被小的羽毛覆盖，可减弱啼叫时剧烈震动对脑的影响，还能防止小昆虫、污物的侵入。中耳只有一块听小骨，称耳柱骨，中耳腔内有通颅骨内气腔的小孔。内耳由骨迷路和膜迷路构成，半规管较发达，耳蜗不形成螺旋状，是略弯曲的短管。

五、体　温

（一）家禽的体温

家禽的体温比家畜高，正常的成年家禽直肠温度：鸡39.6～43.6℃，鸭41.0～42.5℃，鹅40.0～41.3℃，鸽41.3～42.2℃，火鸡41.0～41.2℃。雏禽刚出壳时，体温较低，在30℃以下。体温随着雏禽的生长发育逐渐升高，至2～3周，可达成年禽水平。成年鸡的体温有昼夜规律，17时体温最高，可达41～44℃，午夜最底，为40.5℃。

成年鸡的等热范围是16～26℃。在通常的情况下，家禽对体温升高有较强的耐受性，致死体温可高达46～47℃。家禽的正常体温受气候、光照、禽体的活动和内分泌等因素的影响。如在白天，气候温度高，光照强，禽体活动频繁，体温维持在高限范围内。

（二）家禽体温调节的特点

在家禽的喙部、胸腹部有温度感受器，丘脑下部有体温调节中枢。家禽全身被覆羽毛，没有汗腺，当环境气温上升达到26.6℃时，辐射、传导、对流的散热方式受到限制，只能靠呼吸散热调节体温。一般说来，鸡在5～30℃，体温调节机能健全，体温基本上能保持不变。若环境温度低于7.8℃，或高于30℃时，鸡的调节机能就不够完善，尤其对高温的反应更比低温反应明显。当鸡的体温升高到42～42.5℃时，则出现张嘴喘气，翅膀下垂，咽喉颤动。这种情况若不能纠正，就会影响生长发育和生产。通常当鸡的体温升高到45℃时，就会昏厥死亡。当外界温度过低时，家禽出现单腿站立、坐伏、头藏于翅膀下、相互拥挤、争相下钻、肌肉寒战、羽毛蓬松等表现，以减少散热，加强产热。幼禽的体温调节能力较差，在育雏时，应特别注意温度的控制。

任务五　家禽解剖技能训练

技能训练一　家禽体表特征的识别

【目的要求】能在活体或标本上，识别出鸡、鸭、鹅的主要体表部位名称；重要的骨性和肌性标志；主要的皮肤衍生物。

【材料及设备】家禽的体表名称挂图、活鸡、活鸭（鹅）或鸡、鸭（鹅）的模型、标本等。

【方法步骤】先在挂图、标本或模型上进行识别，然后在活鸡、鸭（鹅）机体上识别主要器官的形态位置，并达到能熟练掌握。

（1）识别鸡、鸭的头部、颈部、嗉囊、胸背部、腰腹部、泄殖孔、裸区等主要体表部位。

（2）识别鸡、鸭（鹅）前肢（翼部）、后肢（腿部）各骨和关节，胸骨、尾踪骨、胸大肌、腿肌、翼下尺静脉等主要器官的所在部位。识别耻骨间距、趾骨间距。

（3）识别鸡、鸭（鹅）的各种羽毛、喙、尾脂腺、鸡冠、肉垂、耳叶、距、趾、爪、蹼、鳞片等。

【技能考核】在禽体上（鸡或鸭）识别出上述的结构。

技能训练二　鸡的采血

【目的要求】掌握鸡的采血部位、采血方法。

【材料与设备】活鸡、酒精棉球、止血棉球、针头、注射器等。

【方法与步骤】

1. 翼下静脉采血　将鸡保定好，用酒精棉球消毒翅膀内侧的采血部位，酒精干燥后用针头刺破翼下静脉，待血液流出后吸取。也可用细的针头刺入静脉内，让血液自由流入瓶内。采血后，用干棉球压迫采血部位，进行止血。

2. 鸡冠采血　将鸡只保定好，用酒精棉球消毒鸡冠，待酒精干燥后，在消毒部位用针头刺破鸡冠，待血液流出后采取。采血后用干燥棉球进行压迫止血。

3. 心脏采血　将鸡右侧卧保定，用手触摸胸部心搏动最明显处，用酒精棉球消毒，待酒精干燥后，用注射器在胸骨嵴前端至背部下凹处连接线的1/2点进针，针头与皮肤垂直，刺入2～3cm即可采到心脏血液。再用酒精棉球消毒进针部位。

【技能考核】选取上述采血方法中的一种，正确地在鸡体上进行采血。

复习思考题

1. 家禽的骨骼与家畜有何不同点？
2. 禽类的消化器官有哪些？说明鸡嗉囊、胃、肠的形态、位置、作用。
3. 禽的呼吸器官有哪些？为什么较小的肺能适应较强的新陈代谢？
4. 结合蛋的形成，说明输卵管各部形态和生理机能。
5. 家禽是如何调节体温的？
6. 家禽的免疫器官有哪些？

项目六
经济动物解剖生理特征

学习目标和思政目标

了解经济动物（兔、犬、猫、狐、鹿、水貂、鸵鸟）骨骼、肌肉与被皮的特点；掌握消化、呼吸、泌尿、生殖系统的组成，主要内脏器官的形态构造和机能；掌握经济动物的消化和生殖生理特征；了解经济动物的生理常数和生活习性；能识别各种动物内脏器官的形态、位置和结构。树立生态文明理念，具备节约意识、低碳意识、环保意识。

经济动物是指除传统的家畜、家禽（即马、牛、羊、猪、鸡、鸭、鹅等）和鱼类以外，那些正在驯化、半驯化或驯化历史不长的珍贵毛皮用、药用、肉用和观赏、伴侣动物。经济动物的基本构造和生理机能与家畜、家禽大致相同，但也存在很多独特之处。本项目仅介绍经济动物的解剖生理特征，着重讲述内脏解剖生理特征。

任务一 兔的解剖生理认知

兔属单胃草食动物，品种甚多。兔的生活习性是昼伏夜出，胆小怕惊，性情温顺。怕热、怕挤、怕潮、喜欢安静、清洁、干燥的环境。听觉和嗅觉发达敏锐。家兔虹膜因品种不同，可有各种颜色（如灰色、黑色、红色及天蓝色）；耳大而长，血管明显，可自由转动；颈短，颈下有皮肤皱褶——肉髯；背腰弯曲呈弓形，腹大、胸小，后肢长而有力。

一、兔的骨骼、肌肉与被皮

（一）骨骼

全身骨骼也分为躯干骨、头骨、前肢骨和后肢骨（图6-1）。

1. 头骨 分为颅骨和面骨。背侧观分为前、中、后三部分。前部以鼻骨为主，前端稍窄，后端稍宽；中部最宽，两侧有宽的颧弓，眶窝较大；后部以顶骨和枕骨为主。腹侧面的前部有较大的腭裂。

2. 躯干骨 颈椎7个，寰椎翼宽扁，枢椎棘突呈宽阔板状。胸椎12个（偶有13个），棘突甚发达。腰椎7个（偶有6个），椎体较长。荐椎4个，愈合成荐骨。尾椎16个（偶有15个）。

肋12对（偶有13对），前7对为真肋，后5对为假肋（偶有6对），第8、9肋的肋软骨与前位肋软骨相连。最后3对肋的肋软骨末端游离，称为浮肋。

胸骨由6节胸骨片组成，第1节为胸骨柄，最后1节为剑突，后面接一块宽而扁的剑状软骨。兔的胸廓不发达，胸腔容积较小。

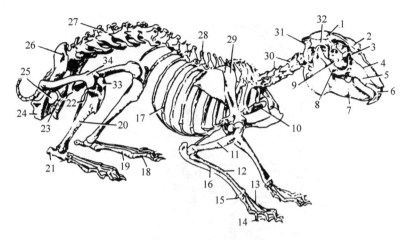

图 6-1 兔的全身骨骼

1. 顶骨 2. 额骨 3. 泪骨 4. 鼻骨 5. 上颌骨 6. 切齿骨 7. 下颌骨 8. 颧骨 9. 腭骨
10. 胸骨 11. 臂骨 12. 桡骨 13. 掌骨 14. 指骨 15. 腕骨 16. 尺骨 17. 肋骨 18. 趾骨
19. 跖骨 20. 胫骨 21. 跗骨 22. 腓骨 23. 耻骨 24. 坐骨 25. 闭孔 26. 髂骨 27. 腰椎
28. 胸椎 29. 肩胛骨 30. 颈椎 31. 枕骨 32. 颞骨 33. 膝盖骨 34. 股骨

(郭和以.2000.家畜解剖学)

3. 前肢骨 短而不发达。肩带除有发达的肩胛骨外，还有埋在肌肉中的锁骨。游离部包括臂骨、前臂骨（桡骨和尺骨）、前脚骨（腕骨、掌骨、指骨和籽骨）。桡骨与尺骨略有交叉，尺骨较长。腕骨有9块，分为3列。掌骨有5块，由内向外为第1、2、3、4及第5掌骨，其中第1掌骨最短。有5指，第1指由2块指节骨组成，其余各指均由3块指节骨组成，指节骨远端皆附有爪。

4. 后肢骨 长而发达，由髋骨、股骨、髌骨、小腿骨（胫骨和腓骨）及后脚骨（跗骨、跖骨、趾骨和籽骨）组成。跗骨有6块，分为3列。近列为距骨和跟骨，中列为中央跗骨，远列为第2、3、4跗骨。跖骨有4块，第1跖骨已退化。有4个趾，第1趾退化。

（二）肌肉

兔的肌肉有300多块，全部肌肉的质量约为体重的一半左右。前半身（颈部及前肢）的肌肉不发达，后半身（腰部及后肢）的肌肉很发达，这与兔主要用后肢跳跃、奔跑等生活习性有密切的关系。

（三）被皮

家兔的表皮很薄，真皮层较厚，坚韧而有弹性。兔全身被覆被毛，有粗毛、绒毛和触毛。仔兔出生后30d左右才形成被毛。成年兔春、秋各换毛一次。兔的汗腺不发达，体温调节受到限制，故兔不耐热。皮脂腺发达，遍布全身，能分泌皮脂润泽被毛。母兔的腹部有3~6对乳腺。

二、兔内脏解剖生理特征

兔的内脏系统结构示意见图6-2。

（一）消化系统

1. 口腔 兔的上唇中央有纵裂，俗称兔裂，将唇完全分成左、右两部，常显露门齿。裂唇与上端圆厚的鼻端构成三瓣鼻唇。硬腭有16~17个横向腭褶，软腭较长。舌较大，短

图 6-2 兔的内脏

1. 颌下腺 2. 左颈静脉 3. 气管 4. 左锁骨下静脉 5. 左锁骨下动脉 6. 左心房 7. 左心室
8. 左肺 9. 食管 10. 后腔静脉 11. 主动脉 12. 胃 13. 肾 14. 输尿管 15. 卵巢 16. 输卵管
17. 子宫 18. 阴道 19. 膀胱 20. 肛门 21. 脾 22. 结肠 23. 胰管 24. 胰 25. 小肠
26. 胆管 27. 胆囊 28. 肝 29. 右心室 30. 右心房 31. 盲肠 32. 蚓突

(郭和以. 2000. 家畜解剖学)

而厚,舌体背面有明显的舌隆起。兔的齿式如下:

恒齿齿式为:$2\left(\begin{array}{llll}2 & 0 & 3 & 3 \\ 1 & 0 & 2 & 3\end{array}\right)=28$　　　乳齿齿式为:$2\left(\begin{array}{llll}2 & 0 & 3 & 3 \\ 1 & 0 & 2 & 0\end{array}\right)=16$

兔有两对上门齿,一对大门齿在前方,一对小门齿在大门齿后方,组成两排。门齿生长较快,常有啃咬、磨牙习性。切齿和犬齿有较大的齿槽间缘。唾液腺较发达,主要有腮腺、颌下腺、舌下腺和眶下腺。唾液中含消化酶。

2. 咽 分为鼻咽部、口咽部和喉咽部。鼻咽部较大,口咽部较小,软腭后缘与会厌软骨汇合。

3. 食管 为细长的扩张性管道,位于气管的背侧。食管前段管壁肌层为横纹肌,中后段肌层为平滑肌。

4. 胃 兔胃属单室胃,横位于腹腔前部。贲门与幽门很接近,因而大弯很长,小弯很短。胃腺及平滑肌较发达。胃液酸度较高,消化力很强。

5. 肠 肠管较长,为体长的 10 倍以上,容积较大,具较强的消化吸收功能(图 6-3)。

(1) 小肠。包括十二指肠、空肠和回肠，总长达 3m 以上。十二指肠长约 50cm，呈 U 形弯曲，有总胆管和胰腺管的开口。空肠长约 2m，由较长的肠系膜悬吊于腹腔的左侧前半部，形成很多弯曲的肠袢。回肠较短，约 40cm，以回盲褶联于盲肠。回肠与盲肠相接处肠壁增厚膨大，称为圆小囊。圆小囊为兔特有的淋巴器官，长约 3cm，宽约 2cm，囊壁色较浅，呈灰白色，从表面可隐约透见囊内壁的蜂窝状隐窝，黏膜上皮下充满淋巴组织。

(2) 大肠。包括盲肠、结肠和直肠，总长度约 1.9m。盲肠特别发达，为卷曲的锥形体，可分为基部、体部和尖

图 6-3 兔肠管走向模式
1. 食管　2. 幽门　3. 回肠　4. 胃　5. 空肠　6. 盲肠
7. 结肠　8. 圆小囊　9. 十二指肠降支　10. 十二指肠横支
11. 肛门　12. 直肠　13. 十二指肠升支　14. 蚓突

（范作良．2001．家畜解剖）

部。基部粗大，壁薄，黏膜表面有螺旋瓣，黏膜中有盲肠扁桃体；盲肠尖部有狭窄的、灰白色的蚓突，长约 10cm，表面光滑，蚓突壁内有丰富的淋巴滤泡。结肠管径由粗变细，起始部管径粗大，外表有 3 条纵肌带和 3 列肠袋。盲肠和结肠均位于腹腔右后下部，二者无明显界限，唯二者间形成 S 形弯曲。在直肠末端的侧壁有直肠腺，分泌物带有特殊臭味。

6. 肝和胰　肝位于腹前部偏右侧，暗紫色。肝分六叶，即左外叶、左内叶、右外叶、右内叶、方叶和尾叶。右内叶处有胆囊，尾叶发达，形成尾状突，方叶最小。

胰呈灰黄色，位于十二指肠袢间的系膜内，其叶间结缔组织比较发达，使胰呈松散的枝叶状结构。

7. 兔的消化生理特点　兔口腔的特异构造，使门齿易显露，便于啃食短草和较硬的物体；发达的盲肠和结肠内有大量的微生物，具有较强的消化粗纤维的能力。兔对饲料中粗纤维的消化率为 60%～80%，仅次于牛、羊。

兔有摄食粪便的习性。兔排软、硬两种不同的粪便，软粪中含较多的优质粗蛋白和水溶性维生素。正常情况下，兔排出软粪时，会自然地弓腰用嘴从肛门摄取，稍加咀嚼便吞咽至胃。摄食的软粪与其他饲料混合后，重入小肠消化。

(二) 呼吸系统

1. 鼻腔　鼻孔与唇裂相连，鼻端随呼吸而活动。鼻腔内有上鼻甲、下鼻甲和筛鼻甲作为支架，鼻道构造较复杂。嗅区黏膜分布有大量嗅觉细胞，对气味有较强的分辨力。

2. 咽和喉　咽呈漏斗状，为消化管和呼吸道的交叉要道。喉呈短管状，较小，由甲状软骨、勺状软骨、会厌软骨和环状软骨构成。声带不发达，发音单调。

3. 气管和支气管　气管由 48～50 个不闭合的软骨环构成，气管末端分为左、右支气管。

4. 肺　兔的肺不发达，肺分 7 叶，即左尖叶、左心叶、左膈叶、右尖叶、右心叶、右膈叶和副叶。左肺窄小，心压迹较深。

呼吸是兔体蒸发水分和散发体温的主要途径。皮肤也有呼吸作用。

(三) 泌尿系统

1. 肾 兔肾为光滑单乳头肾，呈卵圆形，色暗红，质脆。位于胸腰椎交界处的腹侧，右肾靠前，左肾稍后。肾脂肪囊不明显。无肾盏，肾总乳头渗出的尿液经肾盂汇入输尿管中。

2. 输尿管 是肾盂的直接延续，左右各一，呈白色，经腰肌与腹膜之间向后伸延至盆腔，在膀胱颈背侧开口于膀胱。

3. 膀胱 呈盲囊状，无尿时位于骨盆腔内，充盈尿液时突入腹腔。

4. 尿道 公兔尿道细长，起始于膀胱颈，开口于阴茎头端。母兔尿道宽短，起始于膀胱颈，开口于尿生殖前庭。

(四) 生殖系统

1. 公兔生殖器官 构造见图 6-4。

图 6-4 公兔的生殖器（背侧面）
1. 静脉丛 2. 附睾头 3. 睾丸 4. 附睾尾 5. 睾提肌 6. 输精管
7. 子宫 8. 精囊腺 9. 前列腺 10. 尿道球腺 11. 球海绵体肌 12. 包皮 13. 阴茎
14. 前尿道球腺 15. 输精管壶腹 16. 生殖褶 17. 膀胱 18. 尿道外口 19. 尿道
（郭和以. 2000. 家畜解剖学）

(1) 睾丸和附睾。睾丸呈卵圆形，其位置因年龄而不同。胚胎时期，睾丸位于腹腔内，出生后1~2个月，移行到腹股沟管。性成熟后，在生殖期间睾丸临时下降至阴囊。因兔腹股沟管宽短，加之鞘膜仍与腹腔保持联系及管口终生不封闭，故睾丸可自由地下降到阴囊或缩回腹腔。

附睾发达，呈长条状，附睾头和尾均超出睾丸的头尾，附睾尾部折转向上移行为输精管。

(2) 输精管和精索。输精管起于附睾尾，未端开口于尿生殖道。兔精索较短，呈圆索状，内有输精管和血管、神经。

(3) 副性腺。包括精囊腺、前列腺和尿道球腺。精囊腺分泌物可稀释精液,在交配后于阴道中凝固形成阴道栓,防止精液外流。前列腺分泌物呈碱性,可中和阴道酸性物质。尿道球腺分泌物在性冲动时先流入尿道,起冲洗和润滑作用。

(4) 阴茎。阴茎静息时长约25mm,向后伸向肛门腹侧。勃起时全长可达40~50mm,呈圆锥状,伸向前下方。阴茎前端细而稍弯曲,没有龟头。

(5) 尿生殖道。起于膀胱颈,止于阴茎头的尿道外口,分为骨盆部和阴茎部,兼有排尿和输送精液的功能。

(6) 阴囊。位于股部后方,肛门两侧,2.5月龄后方能显现。

2. 母兔生殖器官 构造见图6-5。

图6-5 母兔的生殖器(背侧面)
1.卵巢 2.卵巢囊 3.子宫 4.子宫颈 5.子宫颈间膜 6.阴道
7.阴瓣 8.尿道口 9.前庭 10.阴蒂 11.外阴 12.尿道 13.膀胱
14.子宫阔韧带 15.输卵管

(郭和以.2000.家畜解剖学)

(1) 卵巢。呈卵圆形,色淡红,位于肾的后方,以短的卵巢系膜悬于第5腰椎横突附近的体壁上。幼兔卵巢表面光滑,成年兔卵巢表面有突出的透明小圆形卵泡。

(2) 输卵管。前端有输卵管伞和漏斗,稍后处增粗为壶腹,后端以峡与子宫角相通。输卵管兼有输送卵子和受精的功能。

(3) 子宫。属双子宫,左、右子宫完全分离。两侧的子宫各以单独的外口开口于阴道。

(4) 阴道。紧接于子宫后面,其前端两个子宫颈管外口,口间有嵴,后端有阴瓣。

(5) 尿生殖前庭和阴门。阴瓣与阴门之间为尿生殖前庭,尿道外口位于前庭的腹侧壁。阴门裂的腹侧连合呈圆形,背侧连合呈尖形。腹侧连合处有阴蒂,为一个小突起。

一般母兔性成熟年龄为 3.5~4 月龄，公兔为 4~4.5 月龄。刚达性成熟年龄的公、母兔不宜立即配种，初配年龄应再推后 1~3 个月。兔为刺激性排卵动物，排卵发生于交配刺激后 10~12h，排卵数为 5~20 个。妊娠期 30~31d。孕兔一般在产前 5d 左右开始衔草作窝，临近分娩时用嘴将胸腹部毛拔下垫窝。分娩多在凌晨，有边分娩边吃胎衣的习性。

兔的正常生理值：体温 38.5~39.5℃，心率 120~140 次/min，呼吸数 32~60 次/min。

任务二 犬的解剖生理认知

犬属肉食动物，但经人类长期驯养后，变成了以肉食为主的杂食动物。目前世界上有 50 多个品种，850 多个品系。犬的汗腺很不发达，主要靠呼吸调节散热。犬对环境的适应能力很强，能耐受寒冷的气候。犬具有猛烈攻击与胆怯多疑的双重性，易于驯服。

犬的神经系统比较发达，能较快地建立条件反射。犬嗅觉和听觉特别敏锐，比人灵敏 16 倍；视觉不发达，远视能力有限，但对移动物体极灵敏；味觉比较差。犬喜欢与人为伴，对主人非常忠贞，是常见的伴侣和观赏动物。

一、犬的骨骼、肌肉与被皮

(一) 骨骼

犬的全身骨骼分为躯干骨、头骨、前肢骨和后肢骨（图 6-6）。

图 6-6 犬的全身骨骼

1.上颌骨 2.颧骨 3.顶骨 4.下颌骨 5.寰椎 6.枢椎 7.胸椎 8.腰椎 9.尾椎
10.肩胛骨 11.臂骨 12.桡骨 13.尺骨 14.腕骨 15.掌骨 16.指骨 17.胸骨
18.髂骨 19.坐骨 20.股骨 21.髌骨 22.胫骨 23.腓骨 24.跟骨 25.距骨 26.跖骨 27.趾骨

(董常生.2003.家畜解剖学)

1. 躯干骨 颈椎 7 块，相对长度比牛长，其中寰椎翼宽大，枢椎椎体长。第 3～6 颈椎的椎体长度依次变短，棘突逐渐增高。胸椎椎体宽，上下扁。腰椎发达，是脊柱中最强大的椎骨。荐骨由 3 枚荐椎愈合而成，近似短宽的方形，棘突顶端常分离。尾椎椎骨短小。

肋有 13 对，其中 9 对真肋，4 对假肋，最后 1 对为浮肋。肋骨较牛的窄而弯曲，肋间隙较宽。胸廓呈圆筒状，背腹径稍大于左右径。

胸骨有 8 片，胸骨柄较钝，最后胸骨节的剑状突前宽后窄，后接剑状软骨。

2. 头骨 犬的头骨外形与品种密切相关。长头型品种面骨较长，颅部较窄；短头型品种面骨很短，颅部较宽。

3. 前肢骨 肩带部除有肩胛骨外，还有埋在肌肉中的锁骨，呈规则的三角形薄骨片或软骨片。游离部包括臂骨、前臂骨（桡骨和尺骨）、前脚骨（腕骨、掌骨、指骨和籽骨）。桡骨与尺骨斜行交叉，尺骨较长。腕骨有 7 块，近列 3 块，其中桡腕骨已与中央腕骨愈合；远列为第 1、2、3、4 腕骨。掌骨有 5 块。犬有 5 指，第 1 指由 2 块指节骨组成，行走时不着地。其余各指均着地，有 3 块指节骨。远指节骨短，末端有爪突，又称爪骨。

4. 后肢骨 后肢骨的组成与兔相似。腓骨与胫骨等长。跗骨有 7 块，分为 3 列。近列为距骨和跟骨，中列为中央跗骨，远列为第 1、2、3、4 跗骨。跖骨有 5 块，第 1 跖骨小。犬有 4 个趾，第 1 趾退化。

（二）肌肉

犬的皮肌十分发达，几乎覆盖全身。颈皮肌发达又称颈阔肌，可分为浅、深两层；肩臂皮肌为膜状，缺肌纤维；躯干皮肌十分发达，几乎覆盖整个胸、腹部，并与后肢筋膜相延续。全身肌肉发达，耐久性好。

（三）犬皮肤的特点

汗腺不发达，只在趾球及趾间的皮肤上有汗腺，故犬通过皮肤散热的能力较差。毛分为被毛和触毛，颜色多种多样。被毛按长短可分为长毛、中毛、短毛、最短毛四种；按毛质度可分为直毛、直立毛、波状毛、刚毛、针毛等。尾毛形状分为卷尾、鼠尾、钩状尾、直立尾、螺旋尾、剑状尾等。

二、犬内脏解剖生理特征

（一）消化系统

犬的消化系统构造见图 6-7。

1. 口腔 犬口裂大，唇薄而灵活，有触毛，下唇常松弛。上唇与鼻端间形成光滑湿润的暗褐色无毛区，称为鼻镜。颊部松弛，颊黏膜光滑并常有色素。硬腭前部有切齿乳头，软腭较厚。舌呈长条状，前部薄而灵活，后部厚，有明显的舌背正中沟。

恒齿齿式为：长头犬 $2\left(\dfrac{3\ \ 1\ \ 4\ \ 2}{3\ \ 1\ \ 4\ \ 3}\right)=42$　短头犬 $2\left(\dfrac{3\ \ 1\ \ 4\ \ 1}{3\ \ 1\ \ 4\ \ 2}\right)=38$

犬的齿尖而锋利，第 4 上白齿与第 1 下后白齿特别发达，称为裂齿，具有强有力的撕裂食物的能力。犬齿大而尖锐并弯曲成圆锥形，上犬齿与隅齿间有明显的间隙，正好容受闭嘴时的下犬齿。犬的臼齿数目常有变动。

唾液腺发达，包括腮腺、颌下腺、舌下腺和眶腺。眶腺又称颧腺，位于翼腭窝前部。

2. 咽和食管 咽腔狭窄，咽壁黏膜向咽腔凸出。食管起始端狭窄，称食管峡，该部黏膜隆起，内有黏液腺。颈后段食管偏于气管左侧。食管肌层全部为横纹肌。

3. 胃 犬胃属于单室有腺胃，容积较大，呈长而弯曲的梨形。左侧胃底部和贲门部大，为圆囊形，位于左季肋部；右侧幽门部比较细，为圆管形，位于右季肋部。两者之间为胃体。犬胃的贲门腺区小，呈环带状，围于贲门稍后的内壁；胃底腺区大，占胃黏膜面积的2/3，黏膜很厚；幽门腺区黏膜较薄。大网膜特别发达，从腹面完全覆盖肠管。

4. 肠 肠管比较短，小肠长约4m，大肠60～75cm，由总肠系膜悬吊于腰、荐椎腹面。十二指肠腺位于幽门附近，后段有胆管和胰腺大管的开口。空肠形成6～8个肠袢。回肠短，末端有较小的回盲瓣。盲肠退化，呈S形，位于右髂部，盲尖向后。结肠呈U形袢，可分为升结肠、横结肠和降结肠。升结肠位于右髂部，横结肠接近胃幽门部，降结肠位于左髂部和左腹股沟部。直肠壶腹宽大，肛管两侧有肛门囊，内有肛门腺，分泌物有难闻的异味（图6-8）。

5. 肝和胰 肝体积较大，明显分为六叶，即左外叶、左内叶、右内叶、右外叶、方叶和尾叶，尾叶除尾状突外，有明显的乳头突。胆囊隐藏在脏面的左外叶和右内叶之间。

胰位于十二指肠、胃和横结肠之间，呈V形。胰通常有大、小两个腺管，分别开口于十二指肠。

（二）呼吸系统

1. 鼻 鼻孔呈逗点状，鼻镜部无腺体，其分泌物来源于鼻腔内的鼻外侧腺。鼻腔宽广部接近鼻中隔，狭窄部向后外侧弯曲。鼻腔后部由一横行板隔成上、下两部，上部为嗅觉部，下部为呼吸部。嗅区黏膜富含大量嗅细胞，嗅觉极灵敏。

2. 咽和喉 喉较短，喉口较大，声带大而隆凸。喉侧室较大，喉小囊较广阔，喉肌较发达。喉软骨中甲状软骨短而高，喉结发达，环状软骨极宽广，勺状软骨小。左、右勺状软骨间有小的勺间软骨。会厌软骨呈四边形，下部狭窄。

3. 气管和支气管 气管由40～45个不闭合的气管软骨环连成圆筒状，末端在心基上方

图6-7 犬内脏模式

1. 口腔 2. 咽 3. 食管 4. 肝 5. 胃 6. 胆总管和胆囊 7. 十二指肠 8. 肾 9. 胰和胰管 10. 卵巢 11. 盲肠 12. 子宫 13. 直肠 14. 肛门 15. 阴门 16. 阴道前庭 17. 阴道 18. 膀胱 19. 回肠 20. 结肠 21. 空肠 22. 心脏 23. 肺 24. 气管 25. 喉 26. 鼻腔
a. 腹腔 b. 膈 c. 胸腔

（董常生．2003．家畜解剖学）

图6-8 犬的肠模式

1. 胃 2. 十二指肠 3. 空肠 4. 回肠 5. 盲肠 6. 升结肠 7. 横结肠 8. 降结肠 9. 直肠 10. 肠系膜前动脉 11. 肠系膜后动脉

（董常生．2003．家畜解剖学）

4. **肺** 犬肺很发达，分为7叶。右肺显著大于左肺，分前叶、中叶、后叶和副叶；左肺分前叶和后叶，其前叶又分前、后两部。

犬在夏季炎热的天气或运动后，伸舌流涎，张口呼吸，以加快散热。

（三）泌尿系统

1. **肾** 犬肾属于光滑单乳头肾，呈豆形，较大。右肾位于前3个腰椎横突的下方，左肾系膜松弛，受胃充满程度的影响其位置常有变动。

2. **输尿管、膀胱和尿道** 右输尿管略长于左输尿管。犬膀胱较大，尿充盈时顶端可达脐部，空虚时全部退入骨盆腔内。雄性犬尿道细长，雌性犬尿道较短。

（四）生殖系统

1. **公犬生殖器官** 构造见图6-9。

（1）睾丸和附睾。睾丸体积较小，呈卵圆形，睾丸纵隔很发达。附睾较大，紧附于睾丸背外侧。

（2）输精管和精索。输精管起始端在附睾外侧下方，先沿附睾体伸至附睾头部，又穿行于精索中，进入腹腔后形成较细的壶腹，末端开口于尿道起始部背侧。精索较长，斜行于阴茎两侧，呈扁圆锥形，精索上端无鞘膜环。

（3）副性腺。犬无精囊腺和尿道球腺，有发达的前列腺。前列腺位于耻骨前缘，呈黄色的坚实球状，环绕在膀胱颈及尿道起始部。老龄犬的前列腺常增大。

（4）尿生殖道。尿生殖道骨盆部比较长，其前部包藏于前列腺中（当前列腺膨大时会影响排尿）。坐骨弓处的尿生殖道特别发达，称尿道球。该部有发达的尿道海绵体和尿道肌。

（5）阴茎。阴茎后部有一对海绵体，正中由阴茎中隔隔开，中隔前方有棒状的阴茎骨。

图6-9 公犬的生殖器
1. 膀胱 2. 右输尿管 3. 左输尿管 4. 输精管
5. 前列腺 6. 尿道 7. 腹壁 8. 阴茎头 9. 包皮
10. 耻骨 11. 睾丸 12. 精索内动脉

（董常生.2003.家畜解剖学）

图6-10 母犬的生殖器
1. 卵巢 2. 卵巢囊 3. 子宫角 4. 子宫体 5. 子宫颈
6. 子宫颈阴道部 7. 尿道 8. 阴瓣 9. 阴蒂 10. 阴道前庭
11. 尿道外口 12、13. 前庭小腺开口 14. 阴道 15. 膀胱

（董常生.2003.家畜解剖学）

阴茎头很长，包在整个阴茎骨的表面，其前端有龟头球和龟头突。龟头球在交配时迅速勃起，但交配后需很长时间才能萎缩。包皮呈圆筒状，内有淋巴小结。

(6) 阴囊。位于两股间的后部，常有色素并生有细毛，阴囊缝不甚明显。

2. 母犬生殖器官 构造见图6-10。

(1) 卵巢。较小，呈扁平的长卵圆形，位于肾后，在第3~4腰椎横突的下方。在非发情期，卵巢隐藏于发达的卵巢囊中。卵巢表面常有突出的卵泡。

(2) 输卵管。细小，伞端大部分在卵巢囊内。其腹腔口较大，子宫口很小。

(3) 子宫。属双角子宫，子宫体很短，子宫角细而长，无弯曲。子宫颈很短且与子宫体界限不清。子宫黏膜内有子宫腺，表面有短管状陷窝。

(4) 阴道。较长，前端稍细，无明显的穹隆。黏膜表面有纵行皱襞。

(5) 尿生殖前庭。前庭较宽，前腹壁有尿道外口。侧壁黏膜有前庭小腺。

雌犬8月龄成熟，一般每年发情两次，属季节性一次发情动物。多在春、秋两季发情，持续时间一般为4~12d。妊娠期59~65d。

犬的正常生理值：体温37.5~39.5℃，心率80~120次/min，呼吸数15~30次/min。

任务三 猫的解剖生理认知

猫是肉食动物，喜孤独而自由的生活，除在发情交配和哺乳期外很少群栖，且以食物来源而居，基本上无特定的主人和永久栖息地。喜爱明亮干燥的环境，有较强的适应性。

一、猫的骨骼、肌肉和被皮

(一) 骨骼

猫的全身骨骼分为躯干骨、头骨、前肢骨和后肢骨（图6-11）。

图6-11 猫的全身骨骼

1. 头骨 2. 舌骨 3. 颈椎 4. 肩胛骨 5. 胸椎 6. 腰椎 7. 荐椎 8. 尾椎 9. 锁骨 10. 胸骨 11. 肋 12. 臂骨 13. 桡骨 14. 尺骨 15. 腕骨 16. 掌骨 17. 指骨 18. 髋骨 19. 股骨 20. 髌骨 21. 胫骨 22. 腓骨 23. 跗骨 24. 跖骨 25. 趾骨

(鲁子惠.1979.猫的解剖)

1. 躯干骨 颈椎7块。寰椎的寰椎翼宽大，前有翼切迹；枢椎较长，椎体的前端形成一尖锥，形如三角，称为齿突或牙状突。胸椎13块。腰椎7块，椎体较大。荐椎有3块，愈合为荐骨。尾椎有21~23块，由前向后逐渐变小，失去了椎体的特征结构。

肋骨共有13对，前9对为真肋，后4对为假肋，其中最后一对为浮肋。肋骨从前向后长度逐渐增长，第9、10对肋最长，以后又逐渐缩短。

胸骨有8块骨片，由前向后分为胸骨柄、胸骨体和剑突3部分。

2. 头骨 由颅骨和面骨组成。头骨背面光滑而凸，后边最宽，眶缘不完整。

3. 前肢骨 猫的前肢骨包括肩胛骨、锁骨、臂骨、前臂骨、腕骨、掌骨和指骨。其中锁骨仅是一条弧形的骨棒，埋在肩部肌肉内。前臂骨包括桡骨和尺骨，尺骨是一细长的骨，两骨斜行交叉。腕骨有7块，排成两列。猫有5指，第1指有2节，其余各指有3节。

4. 后肢 猫的后肢较长，由髋骨、股骨、膝盖骨、小腿骨、跗骨、跖骨和趾骨组成。跗骨7块。跖骨5块，与掌骨相似。有4趾，每趾有3节。

猫的每只脚掌下生有很厚的肉垫，每个脚趾又有小的趾垫，它起着极好缓冲作用。每个脚趾上长有锋利的三角形尖爪，尖爪平时蜷缩隐藏在球套及趾毛中，只有在摄取食物、捕捉猎物、搏斗、刨土、攀登时才伸出来。猫爪生长较快，为保持爪的锋利，防止爪过长影响行走和刺伤肉垫，常进行磨爪。

（二）肌肉

猫的皮肌发达，几乎覆盖全身。全身肌肉共有500多块，收缩力很强，尤其是后肢和颈部肌肉。所以猫行动快速，灵活敏捷。

（三）被皮

皮肤和被毛不仅构成了猫漂亮的外貌，还有十分重要的生理功能。皮肤和被毛是猫的一道坚固的屏障，保护机体免受有害因素的损伤。在寒冷的冬天，具有良好的保温性能；在夏天，又是一个大散热器，起到降低体温的作用。猫的被毛很稠密，可分为针毛和绒毛两种。

猫皮脂腺发达，其分泌物能润泽皮肤，使被毛变得光亮。猫汗腺不发达，只分布于鼻尖和脚垫。猫散热主要通过皮肤辐射散热或呼吸散热。所以，猫虽喜暖，但又怕热。

二、猫内脏解剖生理特征

猫的内脏构造见图6-12。

（一）消化系统

1. 口腔 猫的口腔较窄，上唇中央有一条深沟直至鼻中隔，沟内有一系带连着上颌。下唇中央也有一系带连着下颌。上唇两侧有长的触毛，是猫特殊的感觉器官，其长度与身体的宽度一致。

猫舌薄而灵活，中间有一条纵向浅沟，表面有许

图6-12 猫内脏模式

1. 前肢 2. 肋骨 3. 升结肠 4. 后肢 5. 盆骨 6. 肺 7. 心脏 8. 膈 9. 肝 10. 胃 11. 胆囊 12. 空肠 13. 膀胱 14. 输尿管 15. 阴茎

（鲁子惠.1979.猫的解剖）

多粗糙的乳头，尖端向后，主要分布在舌中部。乳头非常坚固，似锉刀样，可舔食附着在骨上的肌肉。

恒齿齿式为：$2\left(\dfrac{3}{3}\dfrac{1}{1}\dfrac{3}{2}\dfrac{1}{1}\right)=30$

乳齿齿式为：$2\left(\dfrac{3}{3}\dfrac{1}{1}\dfrac{3}{2}\dfrac{0}{0}\right)=26$

猫齿齿冠很尖锐，特别是前白齿，其齿磨面上有4个齿尖，有撕裂食物的作用。其中上颌第2和下颌第1前臼齿齿尖较大且尖锐，可撕裂猎物皮肉，又称裂齿。猫的牙齿没有磨碎功能，因此对付骨类食物较困难，它只能将食物切割成小碎块。唾液腺特别发达，有腮腺、颌下腺、舌下腺、白齿腺和眶下腺。

2. 食管 为一肌性直管，位于气管的背侧。猫食管可反向蠕动，能将囫囵吞下的大块骨头和有害物呕吐出来。

3. 胃 胃呈弯曲的囊状，左端大，右端窄。位于腹前部，大部分偏于左侧，在肝和膈之后。胃以贲门与食管相接，以幽门与十二指肠相通。幽门处黏膜突入肠腔形成幽门瓣，它是环形肌增厚形成的括约肌。猫胃为单室有腺胃，胃腺十分发达，分泌盐酸和胃蛋白酶原，能消化吞食的肉和骨头。

4. 肠 小肠较短，约100cm，总长度是体长的3倍。小肠分为十二指肠、空肠和回肠。十二指肠形成U形肠袢，中间夹有胰腺。

大肠分为盲肠、结肠和直肠，长度是体长的一半。猫盲肠不发达，长1.5～1.8cm，突出于结肠前端，上有一锥形的突出，是阑尾的遗迹。结肠可分为升结肠、横结肠和降结肠，后端接直肠，之间无明显的分界。

在肛门两边有两个大的肛门腺，开口于肛门。

5. 肝和胰 肝较大，呈红棕色，有胆囊，位于腹腔的前部，紧贴于膈的后方。

胰腺是扁平、不规则分叶的腺体，浅粉色。位于十二指肠U形弯曲之间，有大胰管和副胰管开口于十二指肠。

6. 网膜 猫的网膜非常发达，从胃大弯连到十二指肠，脾、胰均连在大网膜上。大网膜如被套一样覆盖在大、小肠上，并将小肠包裹，起固定和保护内脏的作用。

猫的消化完全同犬，具有肉食动物的消化特征。猫具有定时定点排粪的习性，其排粪次数、粪便形状、数量、气味、色泽都是很稳定的。

（二）呼吸系统

1. 鼻腔 由中隔分成两部分，鼻甲和筛骨迷路充满了鼻腔。鼻中隔的前端有一条沟，将上唇分为两半。鼻黏膜内有大量的嗅细胞，嗅觉灵敏。

2. 喉 喉腔内有前、后两对皱褶，前面一对即前庭褶，较犬等动物宽松，又称假声带。空气进出时振动假声带，使猫不断地发出低沉的"呼噜呼噜"的声音；后一对为声褶，与声韧带、声带肌共同构成真正的声带，是猫的发音器官。

3. 气管和支气管 是呼吸的通道，气管由不完全的软骨环组成，末端分为左、右支气管。

4. 肺 右肺较大，分4叶；左肺较小，分3叶，其中前两叶基部部分地连在一起，所以左肺只有完全分开的两叶。猫肺体积较小，不适宜长时间剧烈运动。

（三）泌尿系统

猫肾呈豆形，为平滑单乳头肾。位于腰椎横突下方，在第3～5腰椎腹侧，右肾靠前，左肾靠后。肾被膜上有丰富的被膜静脉，这是猫肾所独有的特点。猫一昼夜排尿量为100～200mL。

（四）生殖系统

1. 公猫生殖器官 包括睾丸、附睾、副性腺、输精管、尿道、阴囊和阴茎。猫的副性腺只有前列腺和尿道球腺，无精囊腺。猫的阴囊位于肛门的腹面，中间有一条沟，为阴囊中隔的位置。猫的阴茎呈圆柱形，远端有一块阴茎骨。

2. 母猫生殖器官 包括卵巢、输卵管、子宫和阴道。子宫属双角子宫，呈Y形。

猫是著名的多产动物，在最适条件下，母猫在6～8个月就能达到性成熟。母猫的发情表现为发出连续不断的叫声，声大而粗。猫一般一年四季均可发情，但在我国的大部分地区，气候较热季节发情少或不发情。猫的性周期一般是14d，发情期可持续3～7d。猫为刺激性排卵动物，受到交配刺激后约24h排卵。母猫妊娠期60～63d。

猫的正常生理值：体温38.0～39.5℃，心率120～140次/min，呼吸数24～42次/min。

任务四　狐的解剖生理认知

狐属肉食动物，目前我国人工饲养的有赤狐、银黑狐、北极狐等。狐的外形似犬，但四肢短，吻尖，尾长而毛蓬松。毛色有火红、黑色、白色、浅蓝等。狐机警狡猾，嗅觉和听觉灵敏，昼伏夜出，行动敏捷。

狐与犬虽不同属，但同为食肉目犬科动物，二者的骨骼、肌肉、内脏的解剖生理特征基本相同，其形态、大小、长短稍有差别，有关内容可参考犬的解剖生理特征。下面重点介绍狐的生殖系统特征。

（一）公狐的生殖器官及生理特点

公狐的生殖器官由睾丸、输精管、副性腺和阴茎组成。

睾丸位于腹股沟与肛门之间的阴囊内，呈卵圆形。它的发育具有明显的季节性变化。夏季（6～8月）成年公狐睾丸非常小，质量仅1.2～2g，无精子生成。8月末至9月初，睾丸开始发育，11月份发育明显加快，质量和大小都有所增加，至1月份质量达到3.7～4.3g，最大达5g，触摸时具有一定的弹性。输精管和前列腺，也随睾丸呈季节性变化。

狐的阴茎形态结构与犬的阴茎相似，细长，呈不规则的圆柱状，有球状体和阴茎骨。

（二）母狐的生殖器官及生理特点

卵巢呈扁平状，灰红色，发情期变大。卵巢和输卵管被脂肪组织所覆盖。子宫为双角子宫，子宫角和子宫体以子宫阔韧带吊在腰下部骨盆两侧壁上，有子宫颈阴道部。尿生殖前庭有两个比较发达的突起。交配时，前庭受刺激而剧烈收缩，两突起膨大，与公狐阴茎球状体共同作用，出现连档（连锁）现象。母狐的阴门，上圆下尖，非繁殖期被阴毛覆盖而不显露，繁殖期（发情期）有明显的形态变化。

狐是季节性发情动物，发情季节在春季。母狐的生殖器官在夏季（6～8月）处于静止状态，卵巢、子宫、阴道的体积最小。9～10月卵巢体积逐渐增大，卵泡开始发育，黄体开始退化。到11月份黄体消失，卵泡迅速增长，翌年春季发情排卵。输卵管、子宫及阴道也相应地随着卵巢的发育而发生变化。狐是自发性排卵动物，两个卵巢可交替排卵。狐的妊娠期为49～58d。

狐的正常生理值：体温38.7～41℃，心率80～140次/min，呼吸数15～45次/min。

任务五 鹿的解剖生理认知

鹿属反刍兽，现已驯养的茸用鹿有梅花鹿、马鹿、水鹿、海南坡鹿和白唇鹿等。鹿的体型特征为耳大直立、颈细长、尾短、四肢长，后肢肌肉发达，蹬力大，善弹跳，公鹿有角，母鹿无角等。鹿胆怯易惊，警惕性高，常一呼共鸣立即奔逃，行动敏捷。喜群居，怕热耐寒。

一、鹿的骨骼、肌肉和被皮

（一）骨骼 全身骨骼分为躯干骨、头骨、前肢骨和后肢骨（图6-13）。

图6-13 鹿的全身骨骼
1. 头骨 2. 角突 3. 颈椎 4. 胸椎 5. 腰椎 6. 荐椎 7. 尾椎 8. 肋 9. 胸骨
10. 肩胛骨 11. 肱骨 12. 尺骨 13. 桡骨 14. 腕骨 15. 掌骨 16、17. 指骨 18. 坐骨
19. 髂骨 20. 股骨 21. 髌骨 22. 小腿骨 23. 跗骨 24. 跖骨 25、26. 趾骨
（何春林，张文才.1988.畜禽解剖学）

1. 躯干骨 颈椎7块，胸椎13块，腰椎6块，荐椎4块，尾椎9块。肋有13对，前8对为真肋，后5对为假肋。胸骨由7块骨片构成。

2. 头骨 由颅骨和面骨组成。鹿额骨发达，额骨上有角突，由此生产鹿茸。额骨内无额窦。上颌骨是面骨中最大的一块，内有发达的上颌窦。

3. 四肢骨 鹿的四肢骨发达，比牛细长，肌腱也发达，因此奔跑迅速，弹跳力强。第3、4掌骨愈合在一起构成一块长骨，称为"炮骨"。驯鹿蹄大而圆，蹄周生有许多特殊的刚毛，这些刚毛虽细，但硬度、弹力极强，在蹄周围形成毛刷，在雪地、沼泽地行走时能触及地面，增加了蹄的着地面积，减轻单位面积的负重量。

（二）肌肉

与牛相似。

（三）鹿角

公鹿有角，母鹿没有角。角位于头部的额骨和顶骨边缘上的骨突出部。从未骨化的鹿角纵断面观察，角质致密，角内无腔洞。鹿角周期性脱落，一般每年脱一次。角的叉数随着年龄的增长而增多。未骨化的鹿角称为鹿茸，柔软，被覆皮肤和被毛，富含血管。角逐渐骨化后，皮肤剥落。

二、鹿内脏解剖生理特征

（一）消化系统　鹿是反刍动物，其消化系统的解剖构造和生理特征与牛相似。

1. 口腔　鹿唇灵活，是采食的主要器官。唇部皮肤除有被毛外，还生有长的触毛，下唇比较短，触毛较多。上唇与鼻孔间有暗褐色光滑湿润的鼻唇镜。颊黏膜呈淡红色或暗褐色，在靠近口角处有许多呈倒刺状的锥状乳头。舌狭长，舌体背面有明显的舌圆枕，常带有色素。上颌无切齿，下颌每侧各有4个切齿。犬齿多位于上颌齿槽间缘的前部，公鹿较发达，母鹿仅露出齿龈。下颌无犬齿。

恒齿齿式为：$2\left(\begin{array}{llll}0 & 1 & 3 & 3 \\ 4 & 0 & 3 & 3\end{array}\right)=34$

2. 咽　较宽短，与其相通的鼻后孔较小，食管口较大。

3. 食管　在颈前部位于气管背侧，到颈后部，稍偏于气管左侧。胸部食管位于纵隔内，沿气管背侧延伸，向后通过膈的食管裂孔入腹腔，连于胃的贲门。

4. 胃　也分为瘤胃、网胃、瓣胃和皱胃。前3个胃为无腺胃，而皱胃黏膜含有消化腺，为有腺胃。

（1）瘤胃。体积庞大，呈前后隆突、左右稍扁的椭圆形囊，结构与牛瘤胃相似，唯多一个后腹副囊。

（2）网胃。呈长椭圆形，在肝、膈后面，瘤胃前下方，由左背侧斜向右腹侧，占左、右季肋部各一部分，约与第6~7肋骨中下部相对。食管沟幼鹿很发达，可闭合成管，成年鹿则闭合不严。

（3）瓣胃。呈椭圆形，体积最小，位于右季肋部，约与第8~9肋骨中下部相对。

（4）皱胃。呈前粗后细的弯曲囊状，位于瘤胃前部右侧，其腹侧紧贴剑状软骨部的腹底壁。平滑的黏膜形成13~14道前后纵走的螺旋状黏膜褶，内含丰富的胃腺。

5. 肠　肠管较长，分小肠和大肠（图6-14）。

（1）小肠。分为十二指肠、空肠和回肠。十二指肠长约40cm，其末端有肝管和胰管的开口。空肠约13m左右，位于右季肋部、右髂部和右腹股沟部，有较短的系膜连于结肠圆锥的周边。回肠很短，以回盲韧带与盲肠相连，末端有回盲瓣突入盲肠。

（2）大肠。分为盲肠、结肠和直肠。盲肠长

图6-14　鹿肠模式
1. 十二指肠　2. 空肠　3. 空肠系膜　4. 盲肠
5. 回肠　6. 结肠终袢　7. 结肠旋袢　8. 结肠圆锥

（何春林，张文才．1988．畜禽解剖学）

约 15cm，管径较粗大。盲肠体位于右髂部，盲肠尖向后可伸达右腹股沟部。结肠位于右季肋部和右髂部，长约 5m，分为初袢、旋袢和终袢。旋袢盘曲成结肠圆锥，锥顶向内后方突出，达瘤胃后背盲囊的下部，锥底向外侧，位于右肾下方。直肠位于子宫、阴道（母鹿）或膀胱（公鹿）的背侧，直肠末段形成直肠壶腹（图 6-14）。

6. 肝和胰 肝位于右季肋部，其膈面隆凸，脏面凹陷，分叶不明显，没有胆囊。胰位于右季肋部，呈灰黄色。

（二）呼吸系统

1. 鼻腔 鹿的鼻腔较长，鼻孔呈裂缝状长孔。鼻前庭腹侧与黏膜之间有鼻泪管口。左、右鼻腔在后部互通，鼻后孔较细小。

2. 咽和喉 咽是呼吸道与消化管的交叉道。喉呈长筒状，纵径较大，横径较小，会厌软骨游离缘呈半圆形。声门裂较狭窄，鸣叫时音频较高。

3. 气管和支气管 气管由 50~70 个不完整的软骨环串联而成，管径较细，其末端在心基后上方分为左、右支气管。右支气管在进入肺前又分出一支较大的尖叶支气管，进入右肺的尖叶。

4. 肺 右肺较大，分为尖叶、心叶、膈叶和副叶；左肺较小，分为尖叶、心叶和膈叶。其中右尖叶特别发达，除与右侧胸壁接触外，还自心的前方转向左侧，与左侧胸壁接触。

（三）泌尿系统

1. 肾 为光滑单乳头肾。右肾呈蚕豆形，位于右侧最后两肋间上端至第 2 腰椎横突腹面，前端与肝相接。左肾呈长椭圆形，后部稍宽，位于第 2~4 腰椎横突腹面，但较游离。受瘤胃的影响，左、右两肾均偏于体中线的右侧。肾总乳头渗出的尿液由扩展的肾盂收集后流入输尿管。鹿无肾盏。

2. 输尿管、膀胱和尿道 输尿管起于肾盂，末端进入膀胱体后背侧，开口在膀胱颈黏膜面上。膀胱顶可前后移动。公鹿尿道细长，尿道内口的后上方有一对精阜突入，尿道外口在阴茎尿道突上。母鹿尿道宽短，尿道外口隐藏在尿生殖前庭内的前下方底壁，其后下部有一尿道憩室。

（四）生殖系统

1. 公鹿生殖器官 构造见图 6-15。

（1）睾丸和附睾。睾丸呈长椭圆形，头向上，尾向下，游离缘前凸。膨大的附睾头附着在睾丸头上部。附睾体狭窄，附睾尾向下由附睾韧带与睾丸尾相连。附睾韧带由附睾尾延伸到总鞘膜，形成阴囊韧带。公鹿在发情季节，睾丸显著增大。

（2）输精管和精索。输精管是附睾尾到尿生殖道的肌质管道，起始部与附睾体并行。然后沿精索上升进入腹腔，在骨盆腔内的膀胱颈背侧形成输精管壶腹。末端与精囊腺的排出管共同合并成射精管，开口于尿生殖道起始端背侧的精阜。精索位于阴囊和腹股沟管内，呈上窄下宽的扁圆锥形，内有输精管和血管、神经。

（3）副性腺。精囊腺位于膀胱颈背侧和输精管壶腹外侧，精囊腺管与输精管壶腹末端汇合成射精管，左、右射精管口相邻，中间隔有黏膜褶，形成精阜。前列腺体横位于膀胱颈背侧，扩散部存在于尿生殖道骨盆部壁内。尿道球腺位于尿生殖道骨盆部后部背侧，大小可随生殖季节发生变化。

（4）阴茎。呈扁的圆柱状，阴茎体无 S 形弯曲，阴茎头呈钝圆锥状，头窝内有尿道突和尿道外口。阴茎属纤维型，海绵体较少。

（5）尿生殖道。比较细长，以坐骨弓折转处的尿道峡为界，分为骨盆部和阴茎部。

（6）阴囊。位于两股之间，为紧凑结构的长形肉袋，阴囊颈不明显。

2. 母鹿生殖器官　构造见图 6-16。

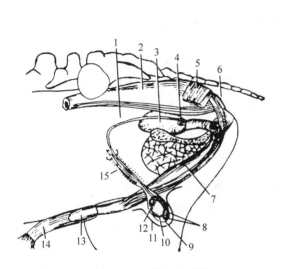

图 6-15　公鹿生殖器

1. 输精管　2. 直肠　3. 膀胱　4. 精囊腺
5. 肛门提肌　6. 肛门括约肌　7. 阴茎　8. 附睾体和附睾尾
9. 鞘膜　10. 睾丸　11. 阴囊皮肤　12. 附睾头
13. 阴茎头　14. 包皮　15. 腹股沟管

（何春林，张文才．1988．畜禽解剖学）

图 6-16　母鹿生殖器

1. 卵巢　2. 输卵管伞　3. 输卵管
4. 卵巢固有韧带　5. 子宫角　6. 子宫阜
7. 子宫阔韧带　8. 子宫体　9. 子宫颈
10. 阴道　11. 尿道前口　12. 阴蒂　13. 膀胱

（何春林，张文才．1988．畜禽解剖学）

（1）卵巢。呈菜豆形，光滑色淡，表面常见有卵泡。卵巢囊较深，老龄母鹿卵巢缩小。卵巢位于骨盆腔前口处。

（2）输卵管。位于卵巢系膜中，细而弯曲。靠近输卵管漏斗部的管径稍粗，称为输卵管壶腹。输卵管后端与子宫角之间无明显的界限。

（3）子宫。属双角子宫，子宫角弯曲成螺旋形，右子宫角比左子宫角长而粗。子宫体较短，子宫伪体较长。子宫颈管径很小，有明显的阴道部突入阴道内腔。在子宫角和子宫体的黏膜面上，每侧各有 4~6 个子宫阜。

（4）阴道。整个阴道黏膜被中央的环行沟分为前、后两部，前部有子宫颈的阴道部、环形穹隆和较高的纵行黏膜皱褶；后部有明显的阴瓣，阴道壁较薄。

（5）尿生殖前庭。较短，介于阴瓣和阴门之间，其前端底壁有尿道外口和尿道憩室。

梅花鹿、马鹿 15~18 月龄开始性成熟，为季节性多次发情，在北方秋、冬季节的 9~11 月是鹿发情配种时期。发情周期平均 12d 左右，每次发情持续 12~36h。发情期的雄鹿有排尿和稀泥的泥浴行为，先靠近湿地，然后排尿，再趴卧，并在湿土地上来回摩擦其阴部，同时在地面上来回滚动，使混有尿液的土沾满全身，有利于保持气味。雌鹿也有泥浴行为，但一般不排尿，只泥浴。妊娠期梅花鹿为 235~245d，马鹿为 250d。分娩期在次年 4~6 月，多数产1仔，少数产双仔，初生梅花鹿重5.8～6.5kg。

鹿的正常生理常数：体温成年鹿为38.2～39.0℃，仔鹿为38.5～39.0℃。心率成年鹿为40～78次/min，仔鹿为70～120次/min。呼吸频率成年鹿为15～25次/min，仔鹿为12～17次/min。

任务六 水貂的解剖生理认知

水貂为肉食动物。体型较小，头小颈短，嘴尖，耳小，四肢短，尾细长，毛蓬松。貂性情凶猛，攻击性强，多在夜间活动。善于游泳和潜水，属半水栖动物。水貂的标准色为黑褐色，经过长期的人工驯养培育出一些其他毛色的水貂，如白色、米黄色、灰蓝色、烟色等几十种颜色的彩貂。

一、水貂的骨骼、肌肉与被皮

水貂全身骨骼约有201块（图6-17）。颈椎7块，胸椎14块，腰椎6块，荐椎3块，尾椎17～21块。肋有14对，前9对为真肋，后5对为假肋。胸骨由8块骨片构成。前、后肢均具5指（趾），指（趾）端有利爪。指（趾）基间具有微蹼，后肢的蹼比前肢蹼明显。尾细长，尾毛长而蓬松。肛门两侧有一对肛腺。肌肉基本同犬。

图6-17 貂的全身骨骼

1.上颌骨 2.下颌骨 3.颈椎 4.胸椎 5.腰椎 6.荐椎 7.尾椎 8.肋
9.胸骨 10.肩胛骨 11.臂骨 12.前臂骨 13.腕骨 14.掌骨 15.指骨
16.髋骨 17.股骨 18.髌骨 19.小腿骨 20.跗骨 21.跖骨 22.趾骨

（何春林，张文才.1988.畜禽解剖学）

二、水貂内脏解剖生理特征

（一）消化系统

1. 口腔 上唇前端与鼻孔间形成暗褐色光滑湿润的鼻唇镜。上唇正中有浅沟。唇薄但不灵活。颊黏膜光滑，常有色素。

硬腭坚硬，前部有切齿乳头。舌呈长条状，黏膜表面具有4种乳头，即丝状乳头、菌状乳头、轮廓乳头和叶状乳头，味蕾丰富。水貂的牙齿特别发达，是捕食、咀嚼食物及抵抗攻击的武器。门齿排列紧密，体积极小，自内向外逐渐增大，犬齿极为发达。唾液腺也较为发达。

恒齿齿式为：$2\left(\dfrac{3}{3}\ \dfrac{1}{1}\ \dfrac{3}{3}\ \dfrac{1}{2}\right)=34$

2. 咽和食管 无特殊结构。颈部食管前 2/3 位于气管的背侧，后 1/3 则移行在气管左侧。

3. 胃 大部分位于左季肋部，呈长而弯曲的囊状（图 6-18）。胃黏膜有许多纵向皱褶，含丰富的胃腺，胃液含较多胃蛋白酶。胃黏膜肌和肌层较发达。胃幽门口内有较小的幽门瓣。胃排空迅速。

4. 肠 小肠分为十二指肠、空肠和回肠，总长度是体长的 4 倍。空肠形成许多肠袢，位于左髂部、左腹股沟部和腹腔底部。大肠前段为结肠，后段为直肠，无盲肠。回肠末端以回结口通结肠，回结瓣极小。结肠有许多肠袢，盘绕在腹腔右髂部上方。直肠较短，不形成壶腹。肛门两侧有发达的肛门腺，又称骚腺，遇到敌害或人工捕捉时就分泌骚液，以逃避捕猎。

图 6-18 水貂胃
1. 贲门 2. 胃小弯 3. 胃大弯
4. 幽门 5. 十二指肠
（邹兴淮．1986．毛皮兽饲养）

5. 肝和胰 肝很大，呈棕红色，位于腹前部略偏右侧，其脏面有较大的胆囊。胰形状不规则，位于十二指肠与胃小弯之间，胰液经较细的胰腺管排入十二指肠中。

（二）呼吸系统

1. 鼻腔 鼻孔呈逗点状，鼻腔狭窄，具有筛鼻甲骨、背鼻甲骨和腹鼻甲骨，并构成迂回的鼻道。嗅黏膜肥厚并有很多皱褶，可灵敏地感受气味刺激。

2. 喉、气管和支气管 喉较短小，声门裂较狭窄。气管呈细长管状，由一系列软骨环串联而成，末端在心基后上方分为左、右支气管。

3. 肺 呈淡粉红色，右肺大于左肺。肺分六叶，其左侧心叶与膈叶合并为心膈叶。各肺叶中，左、右尖叶均薄锐狭长，副叶较小，其余肺叶钝而肥厚。左肺两叶间的心切迹较大，心包左壁露于肺外，是临床心区听诊部位。

（三）泌尿系统

1. 肾 为平滑单乳头肾，左、右两肾均呈蚕豆形。右肾稍前，位于第 13、14 肋上端至第 1 腰椎横突下方。左肾稍后，位于第 14 肋上端至第 3 腰椎横突下方。右肾位置较固定，左肾移位的现象时常发生，其后位可达第 5、6 腰椎腹侧。

2. 输尿管 细而长，前 1/3 段平行向后延伸，后 2/3 段弯成弧形穿行于含脂肪的腹膜褶中，末端在盆腔内通膀胱。

3. 膀胱 空虚时为一分硬币大的扁梨状盲囊。充盈时略膨大，呈卵圆形，膀胱顶伸至腹后部耻骨区。水貂的尿呈弱酸性，透明，浅黄色。

4. 尿道 公水貂尿道细长而弯曲，母水貂尿道短而直。

（四）生殖系统

1. 公水貂生殖器官 构造见图 6-19。

（1）睾丸和附睾。睾丸呈长卵圆形，体积有明显的季节性变化，配种期比平时增大 4～5 倍。睾丸纵隔较发达。附睾附着于睾丸的上端（外侧），睾丸与附睾间借附睾韧带相联系。

（2）输精管。起始于附睾尾部，延伸中形成许多弯曲，向上变直后穿行在精索中。进入腹腔后变粗形成壶腹，末端开口于尿生殖道起始部背侧。

（3）尿生殖道。有排尿和输送精液的双重功能。

（4）副性腺。仅有前列腺而无精囊腺和尿道球腺。前列腺位于尿生殖道骨盆部起始端背外侧，分为左、右两叶，每叶又分前、后两部。前列腺产生精清，并由许多小孔直接排入尿生殖道中。

（5）阴茎。包括阴茎海绵体部和阴茎骨部。阴茎骨部有一块阴茎骨，长约5cm，表面包有白膜，前端有弯向背侧的阴茎小钩。

（6）阴囊。位于两股部之间的后上方，外观不甚明显。水貂阴囊壁的肉膜不发达，但填充有脂肪层。

2. 母水貂生殖器官 构造见图6-20。

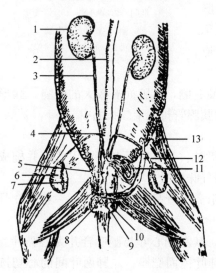

图6-19 公水貂生殖器
1. 肾 2. 直肠 3. 输尿管 4. 输精管 5. 前列腺
6. 睾丸 7. 附睾 8. 坐骨海绵体肌 9. 肛门
10. 肛腺 11. 膀胱 12. 包皮 13. 阴茎头
（邹兴淮.1986.毛皮兽饲养）

图6-20 母水貂生殖器
1. 肾 2. 直肠 3. 输尿管 4. 卵巢 5. 输卵管
6. 子宫角 7. 子宫体 8. 尿生殖前庭 9. 尿道口
10. 阴门 11. 肛门 12. 膀胱
（邹兴淮.1986.毛皮兽饲养）

（1）卵巢。呈扁平的长椭圆形，埋于腹脂中，其体积和质量因繁殖季节而变化，非发情期较小、较轻。

（2）输卵管。长约3cm，呈花环状包绕于卵巢囊中，末端以输卵管子宫口连通子宫角。

（3）子宫。呈Y形，为双角子宫。子宫角内壁有纵行皱褶，子宫体前部为子宫伪体。子宫颈较狭窄，后端突入阴道中。

（4）阴道。为背腹压扁的肌质管道，长约2.4cm，中段有阴道狭窄部。阴道黏膜面有纵向皱褶，具有一定的扩张性。

（5）尿生殖前庭。较宽短，是排尿和生殖的共用通道。侧壁黏膜中有前庭小腺，交配时可分泌黏液以润滑交配器官。

项目六 经济动物解剖生理特征

由于自然选择结果，水貂形成了适应高纬度地区光周期的季节性繁殖和季节性换毛。

水貂9～10月龄性成熟，一般繁殖利用3～4年。每年2～3月发情配种，在发情季节有2～4个发情期，每个发情期为6～9d，持续发情时间1～3d。貂为刺激排卵，排卵多发生在交配后36～42h。

水貂的正常生理常数：体温39.5～40.5℃，呼吸数26～36次/min，心率140～150次/min。

任务七 鸵鸟的解剖生理认知

鸵鸟是世界上现存的最大、最重的鸟类。它生活在干旱、气候恶劣、食物缺乏的沙漠地带，以草食为主。家养鸵鸟起源于南非，已有130多年的历史。近年来风靡全球的养鸵业主要饲养的是非洲鸵鸟，也有美洲、澳洲鸵鸟。

一、鸵鸟的骨骼、肌肉与被皮

鸵鸟的运动系统、被皮系统基本同鸡，但有如下特点：

（1）鸵鸟的主要外貌特征是头小，眼大，颈长，脚长而粗，不会飞翔，适于奔跑。鸵鸟行走非常快捷，奔跑时的时速可达40～70km，步距可达8m。非洲鸵鸟为二趾鸟，内趾最大，有非常锋利的爪，外趾小，无爪，趾间有蹼。美洲与澳洲鸵鸟是三趾鸟。鸵鸟具有非常好的视觉，其瞬膜（第三眼睑）能阻挡风沙和保护眼睛。

（2）头骨很薄，呈海绵状，经不起撞击。头颈衔接处脆弱，遇外力作用易导致头与颈分离。鸵鸟胸骨宽而平坦，其下方无龙骨嵴，也无肌肉。胸骨、锁骨、肩胛骨连于一体，缺乏灵活性（图6-21）。

（3）全身除颈部上3/4及大腿无羽毛外，其他部位均被覆羽毛。雌、雄鸟羽毛颜色分明，雄鸵鸟的羽毛呈黑色，雌鸵鸟呈浅棕灰色。羽毛疏松柔软不形成羽片。翅羽主要用于平衡身体，在寒冷季节用以覆盖无羽毛的大腿，交配时用于求偶调情。种鸵鸟也常用翅羽保护小鸵鸟及巢中的蛋。

（4）鸵鸟尾综骨退化，无尾脂腺。

二、鸵鸟内脏解剖特征

鸵鸟是草食禽类，内脏解剖构造与鸡基本相同，但在某些局部也有其特征。

（一）消化系统

1. 口咽　口咽部构造简单，缺唇和齿。硬腭正中有一纵向裂缝，是鼻后孔的开口，稍后方为咽鼓管咽口。无软腭，口腔与咽的分界不清，二者合为一腔，前部为口部，后部为咽部。舌光滑呈钝三角形，舌尖极短，舌体很发达，舌黏膜分布有少量的味蕾，味觉较灵敏。唾液中无消化酶。喙为上下略扁的短圆锥状，前端钝圆，后部很宽，便于啄食和扯断植物。

2. 食管　很长，前接咽部，后通腺胃，有很强的扩张能力。颈下段食管偏于右侧，不形成嗉囊。胸段食管穿行于两肺之间，末端在腹腔左侧与腺胃贲门连通。

图6-21 驼鸟全身骨骼
1.下颌骨 2.上颌骨 3.颅骨 4.颈椎 5.胸椎 6.荐骨联合（腰骨盆与荐椎组成） 7.尾椎 8.肩胛骨 9.锁骨 10.胸骨 11.臂骨 12.肋骨 13、14、15.桡骨、尺骨、掌骨（前肢下部和腕部） 16.股骨 17.坐骨 18.膝部 19.胫趾骨 20.跗关节 21.跗跖骨 22.第4趾骨 23.第3趾骨

（崔保维.1999.驼鸟养殖技术）

3. **胃** 包括腺胃和肌胃，两胃室间有较粗的通道（图6-22）。

腺胃呈向上弯曲的壶腹状，内腔很大，位置在肌胃上方并偏于左侧腹腔。其黏膜的大部分是无腺区。有腺区仅位于腹侧内壁，含有约300个细小的消化腺团，可分泌胃蛋白酶原和盐酸。腺胃的主要机能是贮存食物，对食物进行初步消化和发酵。

图6-22 驼鸟的腺胃和肌胃
1.食管 2.肌胃 3.十二指肠
4.腺胃 5.腺胃有腺区
（崔保维.1999.驼鸟养殖技术）

肌胃为侧扁的圆形肌质器官，位于腺胃腹面、肝的后方。肌胃的肌层很厚，呈暗紫红色，两侧外壁有坚韧的外膜。黏膜表面衬有坚韧的类角质膜。肌胃腔内常有砂砾，又称为砂囊。成年驼鸟的胃一般在1.5kg左右。肌胃主要有磨碎食物的机械消化作用。

4. **肠** 分为小肠和大肠。

(1) 小肠。十二指肠起于肌胃右侧面的幽门，形成U形肠袢，肠袢内夹有胰。空肠形成许多半环形肠袢，由肠系膜悬挂于腹腔左外侧后部，中部有卵黄囊柄退化的遗迹。回肠短而直，与空肠无明显界限。

(2) 大肠。包括两条盲肠和结肠（结-直肠）。盲肠特别发达，有左、右两条。盲肠分为

盲肠基、盲肠体和盲肠尖。盲肠基部较细，起始端壁内有盲肠扁桃体；盲肠体膨大，呈较粗的管囊状，壁外有斜向的肠袋；盲肠尖渐细，呈圆锥状。结肠较长，分为近端、中端和远端。近端较粗，壁薄，有明显结肠袋；中端和远端较细，肠壁厚，无结肠袋；远端后部略膨大，在接泄殖腔之前形成一个直肠囊。

泄殖腔汇合肠管、输尿管和生殖道三者的末端为一腔，向后以泄殖孔共同开口于体外，兼有排粪、排尿和生殖的综合功能。泄殖腔由前向后分为排粪道、泄殖道和肛道三部分。排粪道腔体最大，呈圆囊状，偏于右上方，前端以增厚的环形肌与直肠囊分界，是结肠后端的直接延续；泄殖道腔体较小，偏于左上方，其背侧壁有一对输尿管的开口和一对输精管的开口（母鸵鸟为一个左输卵管的开口）；肛道腔体最小，其背侧有腔上囊的开口。泄殖腔最后端为横行的泄殖孔（图6-23）。

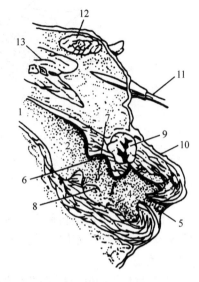

图6-23　小鸵鸟泄殖模式（泄殖腔中切半模式）
1.结肠　2.泄殖道　3.泄殖道皱襞　4.排粪道
5.开口　6.输尿管口　7.输精管乳突　8.输卵管
开口处（仅左侧）　9.法氏囊　10.皮肤　11.尾部
羽毛　12.尾臀腺　13.尾椎骨周围肌肉
（崔保维.1999.鸵鸟养殖技术）

5. **肝和胰**　肝位于胸骨的上方，呈蓝棕色，质地较硬，由左、右两叶构成。鸵鸟无胆囊，但右肝叶的肝管略粗，有贮存胆汁的作用。胰呈长条状，位于十二指肠的上行段与下行段之间，胰管开口于十二指肠的末端。

鸵鸟消化的特点是：在盲肠和结直肠近端具有很强的生物学消化作用，粗纤维在此进行发酵和分解，产生挥发性脂肪酸，可直接被肠黏膜上皮吸收。此外，盲肠还可吸收水分和含氮物质，并合成B族维生素。结-直肠的主要作用是吸收部分水和盐，形成粪便。

（二）呼吸系统

1. **鼻腔和眶下窦**　鼻腔比较狭短，鼻孔较大，位于上喙后部两侧。孔缘有膜质鼻瓣，无羽毛覆盖。鼻腔内有鼻腺，参与调节渗透压。眶下窦位于上颌外侧、眼球前下方，与鼻腔相通。窦壁为膜质。发生某些呼吸道传染病时，眶下窦常有异常变化。

2. **喉、气管和支气管**　喉位于咽底和舌根后下方。喉门无会厌，声门呈洞状，两侧壁有移动性较大的黏膜褶，吞咽时喉肌收缩而关闭喉门。喉软骨仅有环状软骨和勺状软骨。喉部无声带，不能发音。

气管很长，管径不易闭合，气管末端在心基上方分叉形成鸣管和左、右两条支气管。鸣管为发音器官。鸵鸟大声吼叫时，颈部显著增粗4～5倍。

3. **肺**　呈粉红色，位于胸腔背侧部，背面嵌入肋间，形成数条较深的肋沟。肺腹面稍前方有肺门，是支气管和血管出入肺的门户。

4. **气囊**　鸵鸟具有成对的腹气囊、后胸气囊、前胸气囊、锁骨胸内外气囊和颈气囊。臂骨是鸵鸟唯一具气腔的骨。气囊有贮气、散热等多种功能（图6-24）。

图6-24 鸵鸟右肺和气囊
1. 颈气囊 2. 锁骨胸内外气囊 3. 前胸气囊 4. 右支气管 5. 后胸气囊 6. 腹气囊
7. 初级支气管 8. 次级支气管 9. 三级支气管 10. 毛细小管和肺房
(范作良.2001.家畜解剖)

鸵鸟有一横向的肌质膈膜将胸腔和腹腔分开,但能否象哺乳动物的膈一样收缩还不清楚。鸵鸟的呼吸生理与家禽相似,非洲鸵鸟呼吸频率6～12次/min,炎热季节可增加5倍。

(三) 泌尿系统

1. 肾 呈巧克力色,位于腰荐椎腹侧凹陷内,体积较大,分为前叶、中叶和后叶。无肾门和肾盂,输尿管和血管直接出入肾,表面可见清晰的肾小叶轮廓。

2. 输尿管 由肾中叶前端伸出,沿肾腹面后行,末端开口于泄殖道顶壁两侧。鸵鸟无膀胱。

鸵鸟泌尿生理的主要特点是肾小管分泌和重吸收作用很强,进入输尿管的尿液含较浓的尿酸盐。干旱条件下,尿少浓稠,呈淡白色。鸵鸟排粪和排尿是两种独立活动,先排尿后排粪。

(四) 生殖系统

1. 雄鸵鸟生殖器官 构造见图6-25。

(1) 睾丸和附睾。睾丸一对,位于腹腔内,以较短的系膜悬挂在肾前叶的腹面。性成熟前,睾丸体积较小,如小指头大,呈黄色;性成熟后,体积增大到鸡蛋大,灰白色,睾丸内曲精小管吻合成网。附睾细小,呈纺锤形,紧附于睾丸内侧。内部为弯曲迂回的附睾管,外包被膜。

(2) 输精管。是两条有细小弯曲的细长管道,末端形成扩大部和射精管,以乳头状的射精突通入泄殖道内。输精管扩大部是贮藏精子和精子成熟的地方。鸵鸟无副性腺,精清产生于输精管上皮细胞、附睾管和睾丸曲精小管的支持细胞。精清与精子在输精管混合便成为精液。

(3) 阴茎。性未成熟时阴茎细小,性成熟后阴茎体积很大,呈长舌状。阴茎头向左稍弯,阴茎体腹面有螺旋状输精沟。当阴茎勃起时,输精沟闭合

图6-25 雄鸵鸟生殖器
1. 睾丸 2. 睾丸系膜 3. 附睾 4. 肾
5. 输精管 6. 输尿管 7. 输精管口 8. 输精管
9. 膨大部 10. 射精乳突 11. 阴茎 12. 射精沟
(崔保维.1999.鸵鸟养殖技术)

成管，可将射精突射出的精液输导到雌鸵鸟泄殖腔中。交配结束后，阴茎回缩到泄殖腔底壁上。

雄鸵鸟性成熟期约在4岁。性成熟后的雄鸵鸟进入繁殖期时，睾丸间质细胞分泌较多的睾丸素。睾丸素除了促进雄鸵鸟产生性欲外，还促使喙、脚等处的皮肤转为猩红色，这是雄鸵鸟生殖能力强盛的外在标志。雄鸵鸟向雌鸵鸟求爱时，会做出非常优美的动作，炫耀双翅羽毛。常憋足气，膨胀脖子，发出狮子样吼叫，以展示雄威。

2. 母鸵鸟生殖器官 由卵巢和输卵管构成，左侧发育完全，右侧退化（图6-26）。

（1）卵巢。以较短的系膜悬挂于肾前叶下方偏左侧。雏鸟的卵巢呈扁平的椭圆形，表面呈颗粒状，有很小的卵泡。成年鸵鸟卵巢由大小不等的卵泡构成葡萄串状。成熟卵泡体积较大，突出于卵巢表面，有细长的卵泡柄与卵巢相连。

（2）输卵管。是一条粗细不匀、长而弯曲的管道，以韧带悬挂于腹腔左上方。输卵管由前向后依次分为漏斗部、蛋白分泌部、峡部、子宫部和阴道部。

雌鸵鸟从18~24月龄起便可出现零星产蛋现象，但直到3岁时产蛋量才会正常。因此，一般把3岁定为雌鸵鸟性成熟期。鸵鸟蛋重一般在1100~1800g。

鸵鸟有筑巢和抱窝行为，由雄、雌鸟共同承担。筑巢以雄鸟为主，雌鸟协助。抱窝以雌鸟为主，雄鸟承担翻蛋和警戒任务。

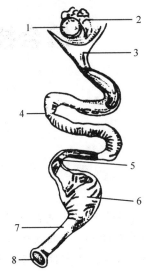

图6-26 雌鸵鸟生殖器
1. 成熟卵泡 2. 未成熟卵泡
3. 输卵管漏斗部 4. 蛋白分泌部
5. 峡部 6. 子宫部 7. 阴道部
8. 输卵管末端在泄殖腔内的通入口
（范作良.2001.家畜解剖）

复习思考题

1. 简述兔的消化器官结构和生理特点。
2. 简述母兔生殖器官的结构特点。
3. 简述犬和猫雄性生殖器官的构造特点。
4. 简述猫大网膜的生理意义。
5. 鸵鸟的外形特征有哪些？
6. 鸵鸟和鸡的内脏器官构造有何不同？
7. 鹿和牛的内脏器官构造有何不同？

项目七 综合技能训练与生理实验

任务一 综合技能训练

综合技能训练一 牛活体实习：体表投影、体表主要标志的识别和体温的测定

【目的要求】能在牛身上准确找到体表主要标志，指出瘤胃、网胃、瓣胃、皱胃、小肠的体表投影，并准确听取其蠕动音；能准确地在活体上找到牛心脏的体表投影位置和静脉注射、脉搏检查部位，正确地进行心音听诊、脉搏检查以及体温测定。

【材料及设备】牛、听诊器、体温计、六柱栏、保定器械。

【方法步骤】

(1) 将牛驻立保定。

(2) 体表主要标志的识别：下颌间隙、下颌血管切迹、齿槽间隙、颈静脉沟、鬐甲部、最后肋、第6肋、第3肋、肋弓、第1腰椎横突、荐结节、髋结节、坐骨结节、腹股沟、前肢的关节、后肢的关节。

(3) 在教师的指导下，识别瘤胃、网胃、瓣胃、皱胃、小肠的体表投影，并准确听取瘤胃、瓣胃和小肠的蠕动音。

(4) 心脏体表投影的确定：左侧，肩关节水平线下，第2～6肋间的肘窝处。用听诊器听诊心音，并分辨第一、第二心音。

(5) 牛采血与静脉注射部位的确定：确定牛颈静脉沟的位置，在教师指导下，用采血针采血，确认常用的采血、静脉注射部位。

(6) 脉搏检查：距尾根10cm处找到尾中动脉，在教师指导下，检查脉搏。

(7) 体温测定：将体温计中的水银柱甩至35℃以下，并在外面涂以少量的润滑油，用左手提起尾根，右手持体温计旋转插入直肠中，并用铁夹固定体温计，3～5min后取出、读数，记录该动物的体温。

【技能考核】在牛体上，准确找到体表主要标志，指出瘤胃、网胃、瓣胃、皱胃、小肠的体表投影，正确听取瘤胃、瓣胃、小肠的蠕动音；指出心脏的体表投影、静脉注射和检查脉搏的部位，能正确地听诊心音、检查脉搏以及体温测定。

综合技能训练二 牛（羊）解剖实习：牛（羊）各系统器官形态、位置的识别

【目的要求】掌握牛（羊）的解剖方法，识别牛（羊）主要器官的形态、位置和构造。

【材料及设备】解剖器械、牛或羊（牛与羊的形态结构几乎完全一样，为节约成本，

可选择羊为本技能训练的动物)。

【方法步骤】

1. 活体触摸 在活体上触摸以下标志：下颌血管切迹、颈静脉沟（上下界）、肩关节、肘关节、最后肋、第6肋、第3肋、肋弓、荐结节、髋结节、髋关节、膝关节、坐骨结节、腹股沟。

将羊的口腔打开，观察牙齿，齿式，口腔黏膜，鼻镜。

2. 致死

（1）颈静脉（动脉）放血法。捏住气管，让出食管，插透并向背侧翻转后迅速拔刀，此处注意不要割破食管。

（2）颈动脉放血法。即分层手术法，先割开皮肤，将皮下组织作钝性分离，暴露颈静脉，再往深处分离，找到颈动脉。将颈动脉两端结扎，插管放血。

3. 剥皮 从胸骨部开始，沿腹白线切开皮肤，分离皮下组织，到四肢在腕关节和跗关节处作环形切口。

4. 观察浅层淋巴结 下颌淋巴结、肩胛前淋巴结、股前（膝上）淋巴结、腹股沟浅淋巴结、腮腺。

5. 肌肉的观察 臂头肌、胸头肌、背阔肌、胸下锯肌、肋间内肌、肋间外肌、腹外斜肌、腹内斜肌、腹直肌、腹横肌、臀肌、股二头肌、半腱肌、半膜肌、股阔筋膜张肌、跟腱、腹白线。

6. 沿腹白线打开腹腔，观察以下内脏器官的形态位置 间隙相对，后端达骨盆腔前口。胃（瘤胃、网胃、瓣胃、皱胃）、小肠（小肠、空肠、十二指肠）、大肠（盲肠、结肠、直肠）、肝、胰、脾、肾、膈、膀胱、输尿管、子宫、输卵管、卵巢、睾丸、阴茎等。

7. 打开胸腔，观察心脏、肺。

【技能考核】按照解剖步骤，进行羊的解剖；在羊体上，识别消化器官、呼吸器官、泌尿器官、生殖器官。

综合技能训练三 猪解剖实习：猪主要内脏器官及主要淋巴结的形态、位置识别

【目的要求】掌握猪主要器官及主要淋巴结的形态、结构和位置。

【材料及设备】猪的离体器官标本或新鲜的猪尸体，常用解剖器械。

【方法步骤】

（1）将猪致死，剥皮，识别下列淋巴结：下颌淋巴结、肩胛前淋巴结、腋淋巴结、股前（膝上）淋巴结、腹股沟浅淋巴结、腹股沟深淋巴结、腘淋巴结。

注意观察各淋巴结的形态、位置、大小和颜色。

（2）剖开猪的腹腔，识别下列器官：肝、心、肺、胃、小肠（十二指肠、空肠、回肠）、大肠（盲肠、结肠）、肾、睾丸、卵巢、子宫及纵隔淋巴结、肺门淋巴结、肠系膜淋巴结。

注意观察上述器官的形态、位置和解剖构造，并注意各器官之间的相互位置关系。

【技能考核】在新鲜的猪尸体上找出上述器官及淋巴结。

综合技能训练四　鸡解剖实习：鸡体表特征和主要内脏器官形态、位置识别

【目的要求】　能在活体上，识别出鸡、鸭、鹅的主要体表部位名称；重要的骨性和肌性标志；主要的皮肤衍生物；掌握家禽的解剖方法，识别家禽主要器官的形态、位置和构造。

【材料及设备】　家禽的体表名称挂图、活鸡、标本等。

【方法步骤】

1. 标本识别　先在挂图、标本上进行识别，然后在活鸡机体上识别主要器官的形态位置，并达到能熟练掌握。

（1）鸡、鸭的头部、颈部、嗉囊、胸背部、腰腹部、泄殖孔、裸区等主要体表部位。

（2）识别鸡、鸭（鹅）前肢（翼部）、后肢（腿部）各骨和关节，胸骨、尾踪骨、胸大肌、腿肌、翼下尺静脉等主要器官的所在部位。识别耻骨间距、趾骨间距。

（3）识别鸡、鸭（鹅）的皮肤衍生物。各种羽毛、喙、尾脂腺、鸡冠、肉垂、耳叶、距、趾、爪、鸭蹼、鳞片等。

2. 解剖家禽

（1）将家禽致死（可从静脉放血或用铁钉插入枕骨大孔，捣毁延髓等），如不拔毛，用水将颈部、胸部、腹部的羽毛浸湿，以免羽毛飞扬。也可用热水浸烫，拔尽羽毛，冲洗干净。仰卧于解剖台上。

（2）用力掰开两腿，使髋关节脱臼。这样禽体比较平稳，便于解剖。

（3）在喙的腹侧开始，沿颈部、胸部、腹部到泄殖孔，剪开皮肤，并向两侧剥离到两前肢、后肢与躯干相连处。

（4）在胸骨与泄殖腔之间剪开腹壁。在头部剪开一侧口咽，到食管的前端，暴露出口咽，将细塑料管或玻璃管插入喉或气管，慢慢吹气，观察气囊。可见中空壁薄的腹气囊等。

（5）从胸骨后缘两侧肋骨中部，剪开到锁骨，剪断心脏、肝与胸骨相连接的结缔组织，把胸骨翻向前方（此项操作，注意勿伤气囊），再将细塑料管或细玻璃管插入咽或气管，慢慢吹气，观察其他的气囊。如颈气囊、锁骨间气囊、前胸气囊、后胸气囊等。

（6）剪除胸骨，观察体腔内各器官的形态、位置。

3. 家禽主要器官的识别　依次摘取内脏器官进行观察。主要观察消化、呼吸、泌尿、生殖器官，以及心脏、脾、腔上囊和坐骨神经等。

【技能考核】　按照解剖步骤，进行鸡的解剖；在禽体上（鸡），识别消化器官、呼吸器官、泌尿器官、生殖器官。

任务二　生理实验

生理实验一　小肠吸收实验

【目的要求】　理解压力、渗透压对吸收的影响，并理解小肠对物质吸收的选择性。

【材料及设备】 家兔、小动物手术台、乙醚、手术器械、生理盐水、注射用水、5%葡萄糖、10%葡萄糖、10%盐水、25%硫酸镁。

【方法步骤】

(1) 将家兔固定，用乙醚麻醉，从腹中线处剖开腹腔，拉出肠管。

(2) 将空肠分数段结扎，每段长5cm左右，在各段肠管中分别注入等量的生理盐水、注射用水、5%的葡萄糖、10%葡萄糖、10%盐水、25%硫酸镁溶液，在10~20min观察其吸收状况，并做好记录，进行比较、分析。

【作业】 记录实验结果，并说明其机理。

生理实验二　影响尿生成因素实验

【目的要求】 了解一些生理因素对尿生成的影响。

【材料及设备】 兔、注射器、手术台、手术器械、膀胱套管、生理多用仪（或记滴器、电磁标、感应）、保护电极、2%戊巴比妥钠溶液、20%葡萄糖溶液、肾上腺素、垂体后叶素、生理盐水、烧杯。

【方法步骤】

1. 实验准备　家兔在实验前给予足够的饮水。以2%的戊巴比妥钠溶液静脉注射麻醉后，再固定于手术台上。

尿液的收集可选用膀胱套管法：切开腹腔，在耻骨联合前找到膀胱，在其腹面正中作一荷包缝合，再在中心剪一小口，插入膀胱套管，收紧缝线，固定膀胱套管，在膀胱套管及所连橡皮管和直套管内充满生理盐水，将直套管下端连于记滴装置（对雌性动物，为防止尿液经尿道排出，影响实验结果，可在膀胱颈部结扎）。

2. 实验项目

(1) 记录正常情况下每分钟尿分泌的滴数。可连续计数5~10min，求其平均数并观察动态变化。

(2) 耳静脉注射38℃的生理盐水20mL，记录每分钟尿分泌的滴数。

(3) 耳静脉注射38℃的葡萄糖溶液10mL，记录每分钟尿分泌的滴数。

(4) 耳静脉注射0.1%肾上腺素0.5~1mL，记录每分钟尿分泌的滴数。

(5) 耳静脉注射垂体后叶素1~2IU，记录尿分泌的滴数。

注意：在进行每一项实验步骤时，必须保持尿量基本恢复或者相对稳定后才开始，而且在每项实验前后，都要有对照记录。

【作业】 记录各项实验的结果，并能对结果做出正确解释。

生理实验三　蛙反射弧分析实验

【目的要求】 通过实验证明，任何一个反射，只有在反射弧存在并完整的情况下才能实现。

【材料及设备】 蟾蜍、解剖器械、铁架台、烧杯、滤纸片、纱布、0.5%的H_2SO_4等。

【方法步骤】

(1) 自蛙的鼓膜前缘剪去全部脑髓，制成脊蛙，悬挂在铁架台上，进行实验。

(2) 正常反射活动观察。将蛙的一只后腿浸入0.5%的H_2SO_4中，可见有屈腿反射出现。当反射出现后，迅速用清水将后腿皮肤上的 H_2SO_4 洗净。

（3）用剪刀在同侧后肢股部皮肤作一个切口，并将皮肤剥离，再用上述方法刺激，观察结果。

（4）在另一侧后肢股部背侧，沿坐骨神经的方向将皮肤作一个切口，将坐骨神经分出，并在下面穿一条线，以便将坐骨神经提起，再以同样的方法进行刺激，观察结果。剪断坐骨神经，再将其浸入 H_2SO_4 观察反应。

（5）用探针插入另一只青蛙的脊髓，将脊髓破坏，再刺激机体任何部位，观察反应。

【作业】 记录实验结果，并对各结果做出解释。

参 考 文 献

董常生, 2001. 家畜解剖学 [M]. 3版. 北京: 中国农业出版社.
范作良, 2001. 家畜解剖 [M]. 北京: 中国农业出版社.
广东省仲恺农业技术学校等, 1996. 家畜解剖生理学 [M]. 2版. 北京: 中国农业出版社.
何春林, 张文才, 1998. 畜禽解剖学 [M]. 长春: 吉林科学技术出版社.
胡登焜, 杨状来, 1998. 组织学实习彩色图谱 [M]. 北京: 人民卫生出版社.
马仲华, 2003. 家畜解剖学及组织胚胎学 [M]. 3版. 北京: 中国农业出版社.
南京农业大学, 1998. 家畜生理学 [M]. 3版. 北京: 中国农业出版社.
内蒙古农牧学院, 安徽农学院, 1998. 家畜解剖学及组织胚胎学 [M]. 2版. 北京: 中国农业出版社.
彭克美, 2009. 畜禽解剖学 [M]. 2版. 北京: 高等教育出版社.
山东省畜牧兽医学校主编, 2002. 家畜解剖生理 [M]. 3版. 北京: 中国农业出版社.
周其虎, 2001. 畜禽解剖生理 [M]. 北京: 中国农业出版社.

读者意见反馈

亲爱的读者：

　　感谢您选用中国农业出版社出版的职业教育教材。为了提升我们的服务质量，为职业教育提供更加优质的教材，敬请您在百忙之中抽出时间对我们的教材提出宝贵意见。我们将根据您的反馈信息改进工作，以优质的服务和高质量的教材回报您的支持和爱护。

　　地　　址：北京市朝阳区麦子店街 18 号楼（100125）
　　　　　　　中国农业出版社职业教育出版分社
　　联系方式：QQ（1492997993）

教材名称：_____　**ISBN：**_____

个人资料

姓名：_____　**所在院校及所学专业：**_____
通信地址：_____
联系电话：_____　**电子信箱：**_____
您使用本教材是作为：□指定教材 □选用教材 □辅导教材 □自学教材
您对本教材的总体满意度：
　从内容质量角度看 □很满意 □满意 □一般 □不满意
　　改进意见：_____
　从印装质量角度看 □很满意 □满意 □一般 □不满意
　　改进意见：_____
本教材最令您满意的是：
　□指导明确 □内容充实 □讲解详尽 □实例丰富 □技术先进实用 □其他_____
您认为本教材在哪些方面需要改进？（可另附页）
　□封面设计 □版式设计 □印装质量 □内容 □其他_____
您认为本教材在内容上哪些地方应进行修改？（可另附页）
_____
_____
本教材存在的错误：（可另附页）
　第_____页，第_____行：_____应改为：_____
　第_____页，第_____行：_____应改为：_____
　第_____页，第_____行：_____应改为：_____

　您提供的勘误信息可通过 QQ 发给我们，我们会安排编辑尽快核实改正，所提问题一经采纳，会有精美小礼品赠送。非常感谢您对我社工作的大力支持！

　欢迎访问"全国农业教育教材网"http：//www.qgnyjc.com（此表可在网上下载）
　欢迎登录"中国农业教育在线"http：//www.ccapedu.com 查看更多网络学习资源

图书在版编目（CIP）数据

动物解剖生理/周其虎主编．—3 版．—北京：
中国农业出版社，2019.9（2024.9重印）
"十二五"职业教育国家规划教材　经全国职业教育
教材审定委员会审定
ISBN 978-7-109-26096-2

Ⅰ．①动… Ⅱ．①周… Ⅲ．①动物解剖学－高等职业
教育－教材②动物学－生理学－高等职业教育－教材
Ⅳ．①Q954.5②Q4

中国版本图书馆 CIP 数据核字（2019）第 254033 号

中国农业出版社出版
地址：北京市朝阳区麦子店街 18 号楼
邮编：100125
责任编辑：徐　芳
版式设计：王　晨　责任校对：吴丽婷
印刷：北京通州皇家印刷厂
版次：2008 年 1 月第 1 版　2019 年 9 月第 3 版
印次：2024 年 9 月第 3 版北京第 13 次印刷
发行：新华书店北京发行所
开本：787mm×1092mm　1/16
印张：15.75　　插页：4
字数：368 千字
定价：43.50 元

版权所有·侵权必究
凡购买本社图书，如有印装质量问题，我社负责调换。
服务电话：010-59195115　010-59194918

动物解剖生理

彩图1 牛全身浅层肌肉

1.胸头肌 1′.颈静脉 2.颌间肌 2′.颌外动脉 3.颊肌 3′.下颌淋巴结 4.颧肌 4′.下颌骨 5.下唇降肌 5′.腮腺 6.口轮匝肌 6′.髋结节 7.上唇降肌 8.犬齿肌 9.上唇提肌 10.鼻唇降肌 11.眼轮匝肌 12.颞肌 13.颞耳肌 14.耳肌 15.背测后锯肌 16腹内斜肌 17.腹背筋膜 18.尾肌 19股薄肌 20.半腱肌 21.腓骨长肌 22.趾深屈肌 23.趾外侧深肌 24.跟腱 25.第三腓骨肌 26.趾（指）深屈肌腱 27.悬韧带 28.腕尺侧屈肌 29.腕外侧屈肌 30指外侧伸肌 31.指总伸肌 32.腕桡侧伸肌 33.腕斜伸肌 34.指内侧伸肌 35.额皮肌 36.下眼睑降肌 37.咬肌 38.耳下肌 39.颈斜方肌 40.肩胛横突肌 41.臂头肌 42.胸斜方肌 43.冈上肌 43.冈下肌 44.臂肌 45.大圆肌 46.臂三头肌 47.前臂筋膜张肌 48.背阔肌 49.腹外斜肌 50.腹侧锯肌 51.胸后深肌 52.阔筋膜张肌 53.臀中肌 54.臀股二头肌 55.乳房

（彭克美.2009.畜禽解剖学.第二版）

彩图2　马的全身浅层肌肉
(彭克美.2009.畜禽解剖学.第二版)

彩图3 牛消化系统模式

1.口腔 2.舌 3.舌下腺 4.软腭 5.咽 6.腮腺 7.颌下腺 8.喉 9.气管 10.食管 11.肝 12.门静脉 13.肝动脉 14.肝管 15.胆囊管 16.胆囊 17.胆总管 18.肝静脉 19.贲门 20.食管沟 21.瘤胃 22.网胃 23.瓣胃 24.皱胃 25.十二指肠 26.胰腺 27.十二指肠（髂曲） 28.空肠 29.回肠 30.盲肠 31.结肠 32.直肠 33.肛门

（彭克美.2009.畜禽解剖学.第二版）

彩图4 马消化系统模式

（彭克美.2009.畜禽解剖学.第二版）

彩图5 猪的内脏模式

(彭克美.2009.畜禽解剖学.第二版)

彩图6 鸡消化系统模式

(彭克美.2009.畜禽解剖学.第二版)

彩图7 小肠绒毛（H.E染色）
1.单层柱状上皮 2.杯状细胞 3.纹状缘
4.淋巴细胞 5.中央乳糜管
（胡登焜、杨状来.1998.组织学实习彩色图谱）

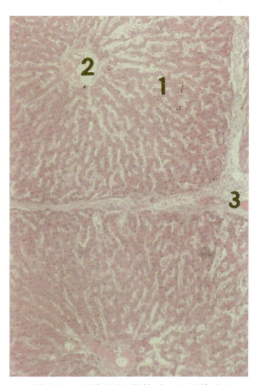

彩图8 肝的组织学构造（H.E染色）
1.肝小叶 2.中央静脉 3.门管区
（胡登焜、杨状来.1998.组织学实习彩色图谱）

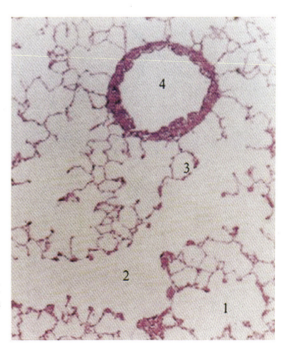

彩图9 肺的组织学构造
1.肺泡囊 2.肺泡管 3.肺泡 4.细气支管
（范作良.2006.家畜解剖）

彩图10 肾的组织学构造（肾皮质）
1. 皮质迷路和髓放线 2. 肾小体 3. 肾小管（近端小管） 4. 肾小管（远端小管）
（胡登焜、杨状来.1998.组织学实习彩色图谱）

彩图11 卵巢的组织学构造
1. 卵丘 2. 卵泡腔 3. 颗粒层
（范作良.2006.家畜解剖）

彩图12 神经元分类（银浸染色分离铺片）
1. 假单极神经元 2. 双极神经元
3、4. 多极神经元
（胡登焜、杨状来.1998.组织学实习彩色图谱）

彩图13　马血涂片

1.嗜碱性粒细胞　2、3.嗜酸性粒细胞　4.幼稚核型中性粒细胞　5.杆状核型中性粒细胞　6.分叶核型中性粒细胞　7.单核细胞　8.大淋巴细胞　9.中淋巴细胞　10.小淋巴细胞　11.血小板　12.单独的红细胞　13.串状红细胞

（马仲华.2002.家畜解剖学及组织胚胎学.第三版）

彩图14　牛血涂片

1.分叶核型嗜碱性粒细胞　2.杆状核型嗜酸性粒细胞　3.分叶核型嗜酸性粒细胞　4.幼稚核型中性粒细胞　5.杆状核型中性粒细胞　6、7.分叶核型中性粒细胞　8.单核细胞　9.大淋巴细胞　10.中淋巴细胞　11.小淋巴细胞　12.血小板　13.红细胞

（马仲华.2002.家畜解剖学及组织胚胎学.第三版）

彩图15　猪血涂片

1.嗜碱性粒细胞　2.幼稚核型嗜酸性粒细胞　3.分叶核型嗜酸性粒细胞　4.幼稚核型中性粒细胞　5.杆状核型中性粒细胞　6.分叶核型中性粒细胞　7.单核细胞　8.大淋巴细胞　9.中淋巴细胞　10.小淋巴细胞　11.浆细胞　12.血小板　13.红细胞

（马仲华.2002.家畜解剖学及组织胚胎学.第三版）

彩图16　鸡血涂片

1.嗜碱性粒细胞　2.嗜酸性粒细胞　3.中性粒细胞　4.淋巴细胞　5.单核细胞　6.红细胞　7.血小板　8.核的残片

（马仲华.2002.家畜解剖学及组织胚胎学.第三版）